JN193929

志賀浩二［著］

新装改版

線形代数30講

朝倉書店

は し が き

線形代数は，はじめて学ぶ人には，なかなか近づきにくいテーマである．その一つの理由は，微分・積分と違って，中学や高等学校で勉強してきた数学の直接の展開として，線形代数が，読者の眼の前に現われてこない点にある．もちろん，2 次の行列については，高等学校の課程の中で取り上げられているが，この素材から，n 次の行列の一般論を想像してみることは，ほとんど不可能なことに近いだろう．

他方，数多くの線形代数に関する教科書や解説書が出版されているが，これらはすべて，‘線形性とは何か’を熟知している著者たちによって書かれている．そのために，線形性について何も知らない読者にとっては，線形性をいかにわかりやすく表現すべきかという，導入部分における著者たちのさまざまな苦心が，かえって，戸惑いを感じさせる原因となることもあるようである．線形代数の入口で読者を立ち止まらせないようにするには，どうしたらよいのであろうか．

線形代数に現われるいろいろな素材――ベクトル空間，行列，線形写像，連立方程式，あるいはさらに直線や平面の方程式など――は，すべて‘線形性’の舞台の上にある．この舞台の上で演じられるものは，場合，場合に応じて，いろいろな衣裳をまとうが，一貫して流れる基調は線形性にある．読者に，線形代数を理解し，興味をもってもらうためには，読者にまずこの舞台に上がってもらわなくてはならないだろう．

私は，この点を一つの目標として，本書の執筆を試みてみようとした．そうはいっても，私も，ひとまずは‘線形性’の舞台の上に立って，執筆の筆を進めなければならなかった．しかし，できるだけ，舞台から下り，初心に戻って，読者と一緒に舞台へ上がるようにと努めたつもりであったが，目標はどの程度達せられたであろうか．

30 講と限られた中で，‘線形性’という主題を浮き上がらせるためには，たとえば，ベクトル空間の計量や二次形式に関係することなど，すべて割愛せざるを得なかった．個々の内容の理解は，もちろん望ましいことであるが，一貫して流れる‘線形性’という調べを，本書から少しでも感じとって頂ければ，私としては十分嬉しいことなのである．

終りに，本書の出版に際し，いろいろとお世話になった朝倉書店の方々に，心からお礼申し上げます．

1988 年 2 月

著　　　者

目　　次

第 1 講

ツル・カメ算と連立方程式

テーマ
- ◆ ツル・カメ算と 2 元 1 次の連立方程式
- ◆ カメ・タコ・イカ算 (？)
- ◆ 未知数と方程式の数
- ◆ 3 元 1 次の連立方程式
- ◆ 4 元 1 次の連立方程式

ツル・カメ算

ツル・カメ算の典型的な例は次のような問題である．

「いまある所に，ツルとカメがいる．頭数(あたまかず)を数えたところ 13，足の数を数えたところ 32 あった．ツルとカメの数は，それぞれいくらか」

私は，このような問題を，小学校の算術 (当時は算数とはいわなかった) の時間に習ったが，この問題はそのとき次のように解いていたようである．

いま仮に，カメがツルであったと思え (といっても，このことを正直に想像してみることは難しい．以下の説明では，むしろ，カメの 2 本の前足だけに注目せよ，といった方がよい)．このとき頭数は 13 で，足の数は $2 \times 13 = 26$ となる．この足の数が，実際の足の数 32 と違うのは，カメの残った 2 本の足 (後足！) を勘定にいれていなかったからである．したがってカメの数の 2 倍は，$32 - 26 = 6$ に等しい．ゆえにカメの数は 3 である．したがってツルの数は 10 となる．このようにして 答，ツル 10 羽，カメ 3 匹 が得られた．

連立方程式

中学校へ入って，方程式のことを習ったとき，このツル・カメ算を解くには，ツルの数を未知数 x とし，カメの数を未知数 y として，連立方程式

$$\begin{cases} x+y=13 & (1) \quad (頭の数！) \\ 2x+4y=32 & (2) \quad (足の数！) \end{cases}$$

を解けばよいことを教えてもらった．上に述べた算術による解き方を，この連立方程式の形に翻訳して述べると次のようになる．

まず，足の数をすべて2としたことは，(1) $\times$ 2 という式をつくることである．

$$(1) \times 2 \qquad 2x+2y=26$$

この式を (2) 式から辺々引くと

$$2y=6$$

ゆえに $y=3$．(1) 式に代入して $x=10$ となる．これで $x=10$，$y=3$ という答が得られた．

(1) 式と (2) 式のような方程式の組を，2元1次の連立方程式という．

カメ・タコ・イカ算（？）

この小節は，小さな童話のようなものである．

昼間の授業でツル・カメ算を教えてきた先生は，家へ帰ってから，このツル・カメ算を拡張して，もう少し新しい種類の問題を生徒の練習のために考えてみようと思い立った．足の数に変化をつけるため，カメ，タコ，イカを考えることにした．それぞれの足の数は4，8，10である．

先生は，カメ3匹，タコ7匹，イカ10匹とすると，

頭数は　　$3+7+10=20$

足の数は　　$4\times3+8\times7+10\times10=168$

となるので，次のような問題はどうだろうかと考えてみた．

「ある所に，カメとタコとイカがいる．頭数を数えたところ20，足の数を数えたところ168であった．カメとタコとイカの数を求めよ」

先生は，この問題の答は，カメ3匹，タコ7匹，イカ10匹しかないだろうと，はじめのうちは気楽に考えていたが，やがて，これ以外に，カメ2匹，タコ10匹，イカ8匹としても，やはり答となることがわかって，少しびっくりした．

そして，ツル・カメ算をこのような形で拡張するのは無理だとあきらめることにした (上の形の問題で，答が一通りでなくてよければ，やはり1つの問題とな

りうる．この問題の解答については，この講の終りの Tea Time を参照)．

カメの数を x，タコの数を y，イカの数を z とすると，先生がいま考えた問題は，連立方程式

$$\text{(I)} \quad \begin{cases} x+y+z=20 \\ 4x+8y+10z=168 \end{cases}$$

を解くことになる．

この連立方程式で x と $4x$ の項を右辺に移項すると

$$\text{(I)}' \quad \begin{cases} y+z=20-x \\ 8y+10z=168-4x \end{cases}$$

となる．(I)$'$ で $x=3$ とおくと，連立方程式

$$\text{(I)}'_3 \quad \begin{cases} y+z=17 \\ 8y+10z=156 \end{cases}$$

が得られる．これはちょうどツル・カメ算の形である．(I)$'_3$ を解くと $y=7, z=10$ となり，これが先生が最初に考えた答である．

(I)$'$ で $x=2$ とおくと，今度は連立方程式

$$\text{(I)}'_2 \quad \begin{cases} y+z=18 \\ 8y+10z=160 \end{cases}$$

が得られるが，これを解くと $y=10$，$z=8$ となり，これが，先生を少し驚かせた (I) の別解となる．

3 元 1 次の連立方程式

カメ・タコ・イカ算で，先生が望んだように答が一通りに決まらなかったのは，(I) をみるとわかるように未知数 x, y, z に対して，関係式が 2 つしかなかったからである．

答がただ一通りに決まるためには，もう 1 つ，“本質的に新しい” x, y, z に関する関係式が必要である．本質的に新しいというのは，たとえば

$$2x+2y+2z=40$$

という関係式をつけ加えても，これは (I) の上式を 2 倍しただけだから，見かけ上，式の形が違うだけである．したがってこれは本質的に新しい関係式とは見な

せない．

先生が最初に考えたように，カメ3匹，タコ7匹，イカ10匹という答だけを導くためには，何か新しい関係，たとえば，イカの数からカメの数を引くと，タコの数になる．すなわち

$$z - x = y$$

を新しい関係式としてつけ加えるとよい．この関係式は $-x - y + z = 0$ とかいても同じことである．

すなわち，(I) の代りに，連立方程式

$$\text{(II)} \quad \begin{cases} x + y + z = 20 \\ 4x + 8y + 10z = 168 \\ -x - y + z = 0 \end{cases}$$

を考えると，今度はこの連立方程式はただ一通りに解けて

$$x = 3, \quad y = 7, \quad z = 10$$

となる (次講参照)．

(II) のような形の3つの未知数を含む連立方程式を3元1次の連立方程式という．この解法については次講で論ずる．

4元1次の連立方程式

もし，先生がさらに，ツルも加えて，ツル・カメ・タコ・イカ算も考えようとしたら，答が一通りに出るためには，わずらわしくても，4つの関係を考えておかなくてはならない．x, y, z は，上のように，カメ・タコ・イカの数とし，w をツルの数とする．このとき，たとえば

$$\text{(III)} \quad \begin{cases} w + x + y + z = 14 & \text{(頭数 14)} \\ 2w + 4x + 8y + 10z = 64 & \text{(足の数 64)} \\ 4x - 8y = 0 & \text{(カメの足数 = タコの足数)} \\ 2w + 10z = 4x + 8y & \text{(ツルとイカの足数 = カメとタコの足数)} \end{cases}$$

という連立方程式をつくると，この連立方程式はただ一通りに解けて

$$w = 6, \quad x = 4, \quad y = 2, \quad z = 2$$

となる．(III) のような形の4つの未知数を含む連立方程式を4元1次の連立方

程式という.

Tea Time

カメ・タコ・イカ算の決着

先生の考えようとした問題

「頭数 20, 足の数 168 のとき, カメ・タコ・イカの数を求めよ」

に決着をつけておこう. この 1 組の答が (3, 7, 10) のことはすでに知っている. いま, カメが 3 匹から a 匹だけの増減があり, タコが 7 匹から b 匹だけの増減があり, イカが 10 匹から c 匹だけの増減があったとする. このときにも, 頭数が 20, 足の数が 168 が成り立つためには

$$\begin{cases} (3+a)+(7+b)+(10+c)=20 \\ 4(3+a)+8(7+b)+10(10+c)=168 \end{cases}$$

が成り立たなくてはならない. したがって関係式

$$\begin{cases} a+b+c=0 & (3) \\ 4a+8b+10c=0 & (4) \end{cases}$$

が得られる. $10\times(3)-(4)$ をつくると, c が消去されて

$$6a+2b=0 \quad \text{すなわち} \quad b=-3a$$

が得られる. 同様にして

$$c=2a$$

が得られる.

したがって, カメ 3 匹, タコ 7 匹, イカ 10 匹から始めて, カメを 1 匹増やすと $(a=1)$, タコは 3 匹減らし $(-3\times 1=-3)$, イカは 2 匹増やす $(c=2\times 1)$ とこれがまた問題の答となる.

a にいろいろの値を入れてみると, 問題の答は, 全体で 5 組あって, 次の表のように与えられることがわかる.

カメ (a)	タコ (b)	イカ (c)
1 (-2)	13 (6)	6 (-4)
2 (-1)	10 (3)	8 (-2)
3 (0)	7 (0)	10 (0)
4 (1)	4 (-3)	12 (2)
5 (2)	1 (-6)	14 (4)

質問　(II), (III) のような形の連立方程式をそれぞれ3元1次，4元1次の連立方程式ということはわかりました．3元は，3つの未知数をもつこと，4元は4つの未知数をもつことをいい表わしているとしても，1次というのは何をいい表わしているのですか．

答　連立方程式は，ふつうは (II) のように，未知数を含む式を左辺に集め，定数項を右辺にかくようである．(III) のようなときには，4番目の式の右辺を左辺に移項して整理しておいた方がよい．1次というのは，このとき左辺の式が，未知数について1次式となっていることを示している．たとえば2元の連立方程式

$$\begin{cases} x^2 + y^2 = 25 \\ 2x + 3y = 1 \end{cases}$$

は，上の式が，x と y についての2次式なので，2元2次の連立方程式という．

1次の連立方程式の特徴は，たとえば

$$\begin{cases} ax + by = 2 & (5) \\ a'x + b'y = 3 & (6) \end{cases}$$

という連立方程式で $8 \times (5) + 10 \times (6)$ という式をつくっても

$$(8a + 10a')x + (8b + 10b')y = 46$$

となり，やはり左辺の式が同じ1次式の形となることである．この事情が，消去法を可能にしている．

第 2 講

2元1次，3元1次の連立方程式

テーマ
- ◆2 元 1 次の連立方程式の解法—消去法
- ◆解の公式
- ◆2 次の行列式
- ◆3 元 1 次の連立方程式の解法—消去法
- ◆解の公式
- ◆3 次の行列式

2 元 1 次の連立方程式

2 元 1 次の連立方程式の一般の形は

$$\text{(I)}\quad \begin{cases} ax + by = d & (1) \\ a'x + b'y = d' & (2) \end{cases}$$

である．

ここで x, y は未知数であり，a, a'; b, b'; d, d' は定数である．この定数は，四則演算が自由にできるような数，たとえば有理数の範囲とか，実数の範囲とか，考えるべき数の範囲をあらかじめ決めておいて，その中から取り出した適当な数を表わすとする．

(I) を解くには，消去法を用いるとよい．まず未知数 y を消去するために，$(1) \times b' - (2) \times b$ をつくる．その結果は

$$(ab' - a'b)x = b'd - bd' \qquad (3)$$

である．この式の両辺に特徴的な式の形——肩つきのダッシュ (プライムと読む方が正しいが) の位置が移動すると，ab' が $-a'b$ となるように，項の符号がプラスからマイナスに変わる——が現われていることに，注意しておこう．

同様にして，x を消去すると

$$(ab' - a'b)y = ad' - a'd \qquad (4)$$

が得られる．

したがって (3) 式と (4) 式から次の結果が得られた．

> $ab' - a'b \neq 0$ ならば，連立方程式 (I) の解は
> $$x = \frac{b'd - bd'}{ab' - a'b}, \quad y = \frac{ad' - a'd}{ab' - a'b}$$
> で与えられる．

'$ab' - a'b \neq 0$ ならば' という条件については，Tea Time で述べることにする．

2次の行列式

上の解の分母，分子に登場する独特な式の形に注目して，

$$\begin{vmatrix} A & B \\ C & D \end{vmatrix} = AD - BC$$

と表わすことにする．A, B, C, D は式でも，数でも何でもよい．

【例】
$$\begin{vmatrix} 2 & 3 \\ 4 & 7 \end{vmatrix} = 2 \times 7 - 3 \times 4 = 14 - 12 = 2$$

$$\begin{vmatrix} x+1 & 6 \\ -x & 3 \end{vmatrix} = 3(x+1) - 6 \times (-x) = 3x + 3 + 6x = 9x + 3$$

この記号を使うと，上に述べた結果は次のようになる．

> $\begin{vmatrix} a & b \\ a' & b' \end{vmatrix} \neq 0$ ならば，連立方程式 (I) の解は
> $$x = \frac{\begin{vmatrix} d & b \\ d' & b' \end{vmatrix}}{\begin{vmatrix} a & b \\ a' & b' \end{vmatrix}}, \quad y = \frac{\begin{vmatrix} a & d \\ a' & d' \end{vmatrix}}{\begin{vmatrix} a & b \\ a' & b' \end{vmatrix}}$$
> と表わされる．

分母は，(I) の左辺の係数だけ取り出してつくった枠組の形をしており，分子は，右辺の定数項をそれぞれ x および y の係数におき換えてつくった枠組の形をしている．

$$\begin{array}{ccc} ax+by & ax+by=d & ax+by=d \\ a'x+b'y & a'x+b'y=d' & a'x+b'y=d' \\ \Downarrow & \Downarrow & \Downarrow \\ \begin{vmatrix} a & b \\ a' & b' \end{vmatrix} & \begin{vmatrix} d & b \\ d' & b' \end{vmatrix} & \begin{vmatrix} a & d \\ a' & d' \end{vmatrix} \\ \text{分母} & x\text{ の分子} & y\text{ の分子} \end{array}$$

【定義】 $\begin{vmatrix} A & B \\ C & D \end{vmatrix}$ を2次の行列式という.

3元1次の連立方程式

3元1次の連立方程式の一般の形は

$$\text{(II)} \quad \begin{cases} ax+by+cz=d & (5) \\ a'x+b'y+c'z=d' & (6) \\ a''x+b''y+c''z=d'' & (7) \end{cases}$$

である.

(II) を解くために，まず z を消去しよう.

(5) $\times\, c'$ − (6) $\times\, c$：

$$(ac'-a'c)x+(bc'-b'c)y=dc'-d'c \tag{8}$$

(5) $\times\, c''$ − (7) $\times\, c$：

$$(ac''-a''c)x+(bc''-b''c)y=dc''-d''c \tag{9}$$

(8) 式と (9) 式は，x と y についての2元1次の連立方程式となっている．公式に従ってこの解はすぐに求められる．すなわち

$$\tilde{D}=\begin{vmatrix} ac'-a'c & bc'-b'c \\ ac''-a''c & bc''-b''c \end{vmatrix}$$

とおく．もし $\tilde{D}\neq 0$ ならば

$$x=\frac{\begin{vmatrix} dc'-d'c & bc'-b'c \\ dc''-d''c & bc''-b''c \end{vmatrix}}{\tilde{D}}, \quad y=\frac{\begin{vmatrix} ac'-a'c & dc'-d'c \\ ac''-a''c & dc''-d''c \end{vmatrix}}{\tilde{D}}$$

である.

z も同様な形で求められる.

この解は複雑な式となっている．念のため，$c \neq 0$ のとき，上の x を，行列式の形ではなくて，ふつうの式の形にかいてみると

$$x = \frac{(dc' - d'c)(bc'' - b''c) - (dc'' - d''c)(bc' - b'c)}{(ac' - a'c)(bc'' - b''c) - (ac'' - a''c)(bc' - b'c)}$$

$$= \frac{c(db'c'' + d'b''c + d''bc' - db''c' - d'bc'' - d''b'c)}{c(a'b''c + ab'c'' + a''bc' - ab''c' - a'bc'' - a''b'c)}$$

$$= \frac{db'c'' + d'b''c + d''bc' - db''c' - d'bc'' - d''b'c}{a'b''c + ab'c'' + a''bc' - ab''c' - a'bc'' - a''b'c}$$

となる．このように確かに式は複雑であるが，分母の式をよく見ると，a, b, c と肩についている $'$ と $''$ が適当に配分されて，何か不思議な規則性のあることを暗示している．この規則性を，うまくとらえることはできないだろうか．

3次の行列式

3次の行列式を定義しよう．

【定義】
$$\begin{vmatrix} A & B & C \\ A' & B' & C' \\ A'' & B'' & C'' \end{vmatrix} = AB'C'' + A'B''C + A''BC' - A''B'C - A'BC'' - AB''C'$$

を，3次の行列式という．(問1参照．)

この行列式を用いると，(II) の解は，(I) の解と同様の形で表わされることがわかる．

すなわち (II) の係数のつくる行列式を D とおく．

$$D = \begin{vmatrix} a & b & c \\ a' & b' & c' \\ a'' & b'' & c'' \end{vmatrix}$$

$D \neq 0$ とする．そのとき，(II) の解は

$$x = \frac{\begin{vmatrix} d & b & c \\ d' & b' & c' \\ d'' & b'' & c'' \end{vmatrix}}{D}, \quad y = \frac{\begin{vmatrix} a & d & c \\ a' & d' & c' \\ a'' & d'' & c'' \end{vmatrix}}{D}, \quad z = \frac{\begin{vmatrix} a & b & d \\ a' & b' & d' \\ a'' & b'' & d'' \end{vmatrix}}{D}$$

で与えられる．

実際，行列式によって表わされた x のこの式は，前に与えた解 x の式と一致していることは，容易に確かめられる ($c=0$ のときも，成り立つことが確かめられる).

問 1　3 次の行列式は，下のように，対角線の方向で左上から右下にかけてかけ合わした項をプラス，左下から右上にかけてかけ合わした項をマイナスとして加えることにより得られていることを確かめよ.

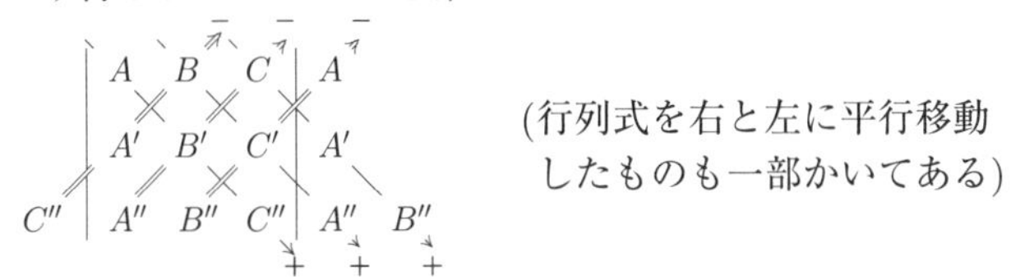

(行列式を右と左に平行移動したものも一部かいてある)

問 2　次の行列式の値を求めよ.

1) $\begin{vmatrix} 2 & -3 \\ 5 & -10 \end{vmatrix}$　　2) $\begin{vmatrix} 1 & 2 & 3 \\ -2 & 1 & 5 \\ 3 & 4 & -1 \end{vmatrix}$　　3) $\begin{vmatrix} a & b & 1 \\ 0 & a^2 & b \\ 0 & a^3 & b^2 \end{vmatrix}$

問 3　第 1 講で与えた連立方程式 (II) を行列式を用いて解いてみて，答が $x=3$, $y=7$, $z=10$ となることを確かめよ.

Tea Time

条件 $ab'-a'b\neq 0$ について

いま，$a=2$, $b=3$ のときを考えることとし，2 元 1 次連立方程式

$$(*)\quad \begin{cases} 2x+3y=6 \\ a'x+b'y=d' \end{cases}$$

で，この条件が成り立たないとき，解がどうなっているのか調べてみることにしよう.

この条件が成り立たないということは，

$$2b'-3a'=0 \tag{10}$$

となることである．このとき $(*)$ は

$$(**)\quad \begin{cases} 2x+3y=6 \\ a'(2x+3y)=2d' \end{cases}$$

となる (13 行下を参照)．すなわち 2 番目の式の左辺は，1 番目の式と本質的に同じ形となってしまう (第 1 講でのいい方に従えば，この場合 $(*)$ の 2 番目の式は，‘本質的に新しい関係’ を付してはいない)．したがって $(*)$ は

$$(**) \quad \begin{cases} 2x+3y=6 \\ 6a'=2d' \end{cases}$$

となってしまう．このことから

(i)　$3a'=d'$ という関係が成り立つときには，$2x+3y=6$ を満たす (x,y) はすべて $(*)$ の解となる．

(ii)　$(*)$ で $3a' \neq d'$ ならば，$(*)$ は解をもたない．

連立方程式と直線の関係を知っている人は，(10) 式は，$(*)$ の表わす 2 直線の勾配が一致していることを示し，(i) はこのとき，2 直線が一致すること，(ii) は 2 直線が異なり，したがって平行な 2 直線となって，交点がない場合となっていることに気がつくだろう．

$(*)\Rightarrow(**)$ の証明：(10) 式から $b'=\frac{3}{2}a'$．ゆえに $a'x+b'y=a'x+\frac{3}{2}a'y=\frac{a'}{2}(2x+3y)$．したがって $(*)$ の 2 番目の式の辺々に 2 をかけると $a'(2x+3y)=2d'$ となる．

質問　3 元 1 次の連立方程式は，係数が第 1 講 (II) のように具体的な数値で与えられているときは，何度か解いたことがありますが，一般の形の解を見たのははじめてです．分母と分子にそれぞれ 6 つも項が出る長い式となっているのに驚きました．もう 1 つ未知数を増やして 4 元 1 次の連立方程式の解の公式をつくると，どれ位の長さの式が出るのでしょうか．

答　消去法で連立方程式を解くという考えは自然だが，実際は，この講でも見たように，未知数の個数を増やしていくと手数はどんどん増えていく．消去に要する手数の多さが，解の公式に現われる式の長さとなって反映してくる．4 元 1 次の連立方程式の解の公式には，分母と分子に，24 の項をもつ式が登場してくる．5 元になると，これが 120 に増え，6 元になると 720 にもなる．もちろん，この式をそのままかくわけにはいかなくなる．しかし，行列式という考え—記法—はこの異常に増加する消去に要する手数を，式の形式として取り入れようとする考えなので，高次の行列式を導入することにより，未知数が増えた場合でも解の公式をかき表わすことができる．

第 3 講

3 次の行列式の隠された性質

テーマ

◆ 3 次の行列式を列ベクトルによってまとめてかく.
◆ 3 次の行列式の列ベクトルに関する線形性
◆ 3 次の行列式は 2 つの列ベクトルが一致すると 0 になる.
◆ 3 元 1 次連立方程式との関係
◆ 行列式の性質と消去法

3 次の行列式のあの複雑な式は，消去法の結果，必然的に得られたものであるが，この式のもつ性質をもう少し詳しく調べることによって，連立方程式との関係を一層明らかなものとしておきたい.

列ベクトル

3 次の行列式

$$\begin{vmatrix} a_1 & b_1 & c_1 \\ a_2 & b_2 & c_2 \\ a_3 & b_3 & c_3 \end{vmatrix}$$

で，縦に並んでいる 1 列目 $\begin{pmatrix} a_1 \\ a_2 \\ a_3 \end{pmatrix}$，2 列目 $\begin{pmatrix} b_1 \\ b_2 \\ b_3 \end{pmatrix}$，3 列目 $\begin{pmatrix} c_1 \\ c_2 \\ c_3 \end{pmatrix}$ をまとめて注目したい．そのため

$$\boldsymbol{a} = \begin{pmatrix} a_1 \\ a_2 \\ a_3 \end{pmatrix}, \quad \boldsymbol{b} = \begin{pmatrix} b_1 \\ b_2 \\ b_3 \end{pmatrix}, \quad \boldsymbol{c} = \begin{pmatrix} c_1 \\ c_2 \\ c_3 \end{pmatrix}$$

とおいて，これらを列ベクトルという．行列式を，この $\boldsymbol{a}$，$\boldsymbol{b}$，$\boldsymbol{c}$ の成分によって決まる 1 つの式であると見るときには，3 次の行列式を $F(\boldsymbol{a}, \boldsymbol{b}, \boldsymbol{c})$ とおく.

$$F(\boldsymbol{a},\boldsymbol{b},\boldsymbol{c}) = \begin{vmatrix} a_1 & b_1 & c_1 \\ a_2 & b_2 & c_2 \\ a_3 & b_3 & c_3 \end{vmatrix}$$

列ベクトルに関する線形性

列ベクトル $\boldsymbol{a}, \tilde{\boldsymbol{a}}$ に対して

$$\boldsymbol{a} + \tilde{\boldsymbol{a}} = \begin{pmatrix} a_1 + \tilde{a}_1 \\ a_2 + \tilde{a}_2 \\ a_3 + \tilde{a}_3 \end{pmatrix} \quad \text{ただし } \tilde{\boldsymbol{a}} = \begin{pmatrix} \tilde{a}_1 \\ \tilde{a}_2 \\ \tilde{a}_3 \end{pmatrix}$$

とおいて，$\boldsymbol{a} + \tilde{\boldsymbol{a}}$ を，$\boldsymbol{a}$ と $\tilde{\boldsymbol{a}}$ の和という．また実数 α に対して

$$\alpha\boldsymbol{a} = \begin{pmatrix} \alpha a_1 \\ \alpha a_2 \\ \alpha a_3 \end{pmatrix}$$

とおき，$\alpha\boldsymbol{a}$ を，α と $\boldsymbol{a}$ のスカラー積という．

スカラー積とは，聞きなれないいい方であるが，力学では，ベクトルに対して，数をスカラーという慣習があって，このいい方に従ったものと思う．だから，スカラー積とは，数を (ベクトルに) かけるということである．

和とスカラー積を合わせて，

$$\alpha\boldsymbol{a} + \beta\tilde{\boldsymbol{a}}$$

の形の列ベクトルを考えることができる．

このとき，行列式には，次の性質がある．

$$\text{(I)} \quad F(\alpha\boldsymbol{a} + \beta\tilde{\boldsymbol{a}}, \boldsymbol{b}, \boldsymbol{c}) = \alpha F(\boldsymbol{a},\boldsymbol{b},\boldsymbol{c}) + \beta F(\tilde{\boldsymbol{a}},\boldsymbol{b},\boldsymbol{c})$$

すなわち

$$\begin{vmatrix} \alpha a_1 + \beta\tilde{a}_1 & b_1 & c_1 \\ \alpha a_2 + \beta\tilde{a}_2 & b_2 & c_2 \\ \alpha a_3 + \beta\tilde{a}_3 & b_3 & c_3 \end{vmatrix} = \alpha \begin{vmatrix} a_1 & b_1 & c_1 \\ a_2 & b_2 & c_2 \\ a_3 & b_3 & c_3 \end{vmatrix} + \beta \begin{vmatrix} \tilde{a}_1 & b_1 & c_1 \\ \tilde{a}_2 & b_2 & c_2 \\ \tilde{a}_3 & b_3 & c_3 \end{vmatrix} \tag{1}$$

同様の性質は，2 列目，3 列目の列ベクトルに対しても成り立つ．

$$\text{(I)}' \quad \begin{aligned} F(\boldsymbol{a}, \alpha\boldsymbol{b} + \beta\tilde{\boldsymbol{b}}, \boldsymbol{c}) &= \alpha F(\boldsymbol{a},\boldsymbol{b},\boldsymbol{c}) + \beta F(\boldsymbol{a},\tilde{\boldsymbol{b}},\boldsymbol{c}) \\ F(\boldsymbol{a}, \boldsymbol{b}, \alpha\boldsymbol{c} + \beta\tilde{\boldsymbol{c}}) &= \alpha F(\boldsymbol{a},\boldsymbol{b},\boldsymbol{c}) + \beta F(\boldsymbol{a},\boldsymbol{b},\tilde{\boldsymbol{c}}) \end{aligned}$$

この列ベクトルに関する行列式の性質を，行列式は列ベクトルについて線形性をもつという．

【例】

$$\begin{vmatrix} 2+3 & 2 & 7 \\ 4+9 & 8 & -1 \\ 10+18 & 5 & 4 \end{vmatrix} = \begin{vmatrix} 2 & 2 & 7 \\ 4 & 8 & -1 \\ 10 & 5 & 4 \end{vmatrix} + \begin{vmatrix} 3 & 2 & 7 \\ 9 & 8 & -1 \\ 18 & 5 & 4 \end{vmatrix}$$

$$= 2 \times \begin{vmatrix} 1 & 2 & 7 \\ 2 & 8 & -1 \\ 5 & 5 & 4 \end{vmatrix} + 3 \times \begin{vmatrix} 1 & 2 & 7 \\ 3 & 8 & -1 \\ 6 & 5 & 4 \end{vmatrix}$$

(I) が成り立つことと同じことであるが，ここでは (1) 式が成り立つことを示しておこう．

$$\begin{vmatrix} \alpha a_1 + \beta\tilde{a}_1 & b_1 & c_1 \\ \alpha a_2 + \beta\tilde{a}_2 & b_2 & c_2 \\ \alpha a_3 + \beta\tilde{a}_3 & b_3 & c_3 \end{vmatrix} = (\alpha a_1 + \beta\tilde{a}_1)b_2c_3 + (\alpha a_2 + \beta\tilde{a}_2)b_3c_1 + \cdots$$

$$= \alpha(a_1b_2c_3 + a_2b_3c_1 + \cdots) + \beta(\tilde{a}_1b_2c_3 + \tilde{a}_2b_3c_1 + \cdots)$$

$$= \alpha \begin{vmatrix} a_1 & b_1 & c_1 \\ a_2 & b_2 & c_2 \\ a_3 & b_3 & c_3 \end{vmatrix} + \beta \begin{vmatrix} \tilde{a}_1 & b_1 & c_1 \\ \tilde{a}_2 & b_2 & c_2 \\ \tilde{a}_3 & b_3 & c_3 \end{vmatrix}$$

2 つの列ベクトルが一致しているとき

2 つの列ベクトルが一致している行列式は必ず 0 となる．すなわち次のことが成り立つ．

$$\text{(II)} \quad F(\boldsymbol{a}, \boldsymbol{a}, \boldsymbol{c}) = 0, \quad F(\boldsymbol{a}, \boldsymbol{b}, \boldsymbol{b}) = 0, \quad F(\boldsymbol{a}, \boldsymbol{b}, \boldsymbol{a}) = 0$$

この最初の式は

$$\begin{vmatrix} a_1 & a_1 & c_1 \\ a_2 & a_2 & c_2 \\ a_3 & a_3 & c_3 \end{vmatrix} = 0 \tag{2}$$

ということである．

ほかも同様だから (2) 式が成り立つことだけを見よう．そのため，第 2 講，問 1 で与えたような，3 次の行列式の展開の表示を使う．

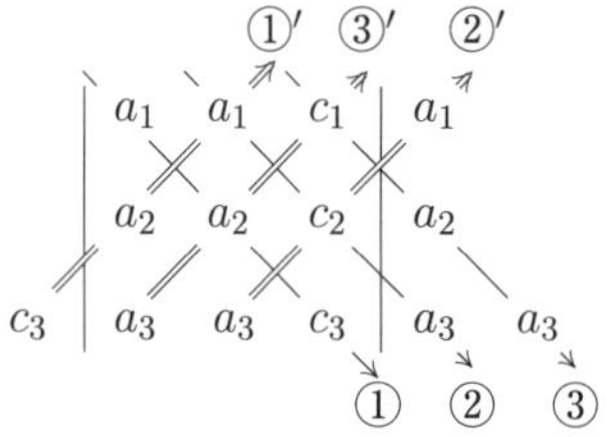

①′　③′　②′

a_1　a_1　c_1　a_1

a_2　a_2　c_2　a_2

c_3　a_3　a_3　c_3　a_3　a_3

①　②　③

このとき，左図で①と①′，②と②′，③と③′は，互いに符号が逆で打消しあっている (証明終).

連立方程式との関係

3 次の行列式のもつ性質 (I) と (II) は，行列式のもつ最も基本的な性質である．これが，第 2 講で述べた連立方程式の解法と，どのようにかかわっているかを見てみよう．いま 3 元 1 次の連立方程式

$$\begin{cases} ax+by+cz=d \\ a'x+b'y+c'z=d' \\ a''x+b''y+c''z=d'' \end{cases}$$

が解 $x=x_0$, $y=y_0$, $z=z_0$ をもつとして，x_0, y_0, z_0 がどのように表わされるかを考えてみよう．そのため 3 次の行列式

$$\begin{vmatrix} d & b & c \\ d' & b' & c' \\ d'' & b'' & c'' \end{vmatrix}$$

を考察する．第 1 列目の列ベクトルに，$d=ax_0+by_0+cz_0$，$d'=a'x_0+\cdots$，$d''=a''x_0+\cdots$ を代入して，(I) と (II) を順次適用していく．

$$\begin{vmatrix} d & b & c \\ d' & b' & c' \\ d'' & b'' & c'' \end{vmatrix} = \begin{vmatrix} ax_0+by_0+cz_0 & b & c \\ a'x_0+b'y_0+c'z_0 & b' & c' \\ a''x_0+b''y_0+c''z_0 & b'' & c'' \end{vmatrix}$$

$$= \begin{vmatrix} ax_0 & b & c \\ a'x_0 & b' & c' \\ a''x_0 & b'' & c'' \end{vmatrix} + \begin{vmatrix} by_0 & b & c \\ b'y_0 & b' & c' \\ b''y_0 & b'' & c'' \end{vmatrix} + \begin{vmatrix} cz_0 & b & c \\ c'z_0 & b' & c' \\ c''z_0 & b'' & c'' \end{vmatrix}$$

((I) による)

$$= x_0\begin{vmatrix} a & b & c \\ a' & b' & c' \\ a'' & b'' & c'' \end{vmatrix} + y_0\begin{vmatrix} b & b & c \\ b' & b' & c' \\ b'' & b'' & c'' \end{vmatrix} + z_0\begin{vmatrix} c & b & c \\ c' & b' & c' \\ c'' & b'' & c'' \end{vmatrix}$$

((I) による)

$$= x_0\begin{vmatrix} a & b & c \\ a' & b' & c' \\ a'' & b'' & c'' \end{vmatrix} \quad ((\mathrm{II})\text{ による})$$

すなわち，(一瞬のうちに!!) y_0 と z_0 が消去されてしまった．したがって

$$D = \begin{vmatrix} a & b & c \\ a' & b' & c' \\ a'' & b'' & c'' \end{vmatrix} \neq 0$$

ならば

$$x_0 = \frac{\begin{vmatrix} d & b & c \\ d' & b' & c' \\ d'' & b'' & c'' \end{vmatrix}}{D} \tag{3}$$

と表わされる．y_0, z_0 も同様に行列式を用いて表わされる．この表示は，第 2 講で求めたものと一致している．

このようにして，行列式のもつ性質 (I) と (II) は，連立方程式の消去法と深いところで，つながっていることがわかった．

問 2 次の行列式も，(I) と (II) に対応する性質をもっていることを示せ．

Tea Time

(I) と (II) を満たす式

いま見たように，行列式が (I) と (II) の性質をもつことから，連立方程式の解の表示 (3) が得られてしまった．しかし，考えてみると，解の表示にそういろいろの仕方があるとも思えない．そのことから，(I) と (II) の性質をもつものは，本質的には行列式しかないのではないかと推測されてくる．

実際，この推測は正しい．すなわち $a_1, a_2, a_3; b_1, b_2, b_3; c_1, c_2, c_3$ に関する式

$$\begin{Bmatrix} a_1 & b_1 & c_1 \\ a_2 & b_2 & c_2 \\ a_3 & b_3 & c_3 \end{Bmatrix}$$

があって，(I) と (II) の性質——列ベクトルに関する線形性と，2 列が一致する

と0——をもつならば，実はこの式は，行列式の定数倍となる．

$$\begin{Bmatrix} a_1 & b_1 & c_1 \\ a_2 & b_2 & c_2 \\ a_3 & b_3 & c_3 \end{Bmatrix} = k \begin{vmatrix} a_1 & b_1 & c_1 \\ a_2 & b_2 & c_2 \\ a_3 & b_3 & c_3 \end{vmatrix} \quad (k \text{ は定数})$$

2次の行列式の特性づけ

上の結果は興味ある事実であるが，証明に少し準備がいる．ここでは，3次の行列式の代りに，2次の行列式を考察の対象として，対応する事実を証明してみよう (この問題は第22講で再考する)．

すなわち，次の命題が成立する．“$a_1, a_2; b_1, b_2$ に関する式

$$\begin{Bmatrix} a_1 & b_1 \\ a_2 & b_2 \end{Bmatrix}$$

があって，列ベクトルに関する線形性と，2列が一致したら0という性質をもっていたとする．

そのとき，適当な定数をとると

$$\begin{Bmatrix} a_1 & b_1 \\ a_2 & b_2 \end{Bmatrix} = k \begin{vmatrix} a_1 & b_1 \\ a_2 & b_2 \end{vmatrix}$$

が成り立つ”．

まず次のことを注意しておこう．

(∗)　任意の c に対して

$$\begin{Bmatrix} a_1 & b_1 \\ a_2 & b_2 \end{Bmatrix} = \begin{Bmatrix} a_1 & b_1 + ca_1 \\ a_2 & b_2 + ca_2 \end{Bmatrix}$$

【証明】　右辺 $= \begin{Bmatrix} a_1 & b_1 \\ a_2 & b_2 \end{Bmatrix} + c \begin{Bmatrix} a_1 & a_1 \\ a_2 & a_2 \end{Bmatrix} = \begin{Bmatrix} a_1 & b_1 \\ a_2 & b_2 \end{Bmatrix} =$ 左辺

簡単のため $a_1 \neq 0$ の場合だけを考えることにする．

$$\begin{aligned} \begin{Bmatrix} a_1 & b_1 \\ a_2 & b_2 \end{Bmatrix} &= \begin{Bmatrix} a_1 & 0 \\ a_2 & b_2 - \dfrac{b_1}{a_1}a_2 \end{Bmatrix} && (*) \text{ の式で } c = -\frac{b_1}{a_1} \\ &= \left(b_2 - \frac{b_1}{a_1}a_2\right) \times \begin{Bmatrix} a_1 & 0 \\ a_2 & 1 \end{Bmatrix} && \text{2列目に関する線形性} \\ &= \left(b_2 - \frac{b_1}{a_1}a_2\right) \times \begin{Bmatrix} a_1 & 0 \\ 0 & 1 \end{Bmatrix} && \text{2列目に } a_2 \text{ をかけて1列目から引く} \end{aligned}$$

$$
\begin{aligned}
&= \left(b_2 - \frac{b_1}{a_1}a_2\right) \times a_1 \times \begin{Bmatrix} 1 & 0 \\ 0 & 1 \end{Bmatrix} \\
&= (a_1 b_2 - a_2 b_1) \times \begin{Bmatrix} 1 & 0 \\ 0 & 1 \end{Bmatrix}
\end{aligned}
$$

したがって $k = \begin{Bmatrix} 1 & 0 \\ 0 & 1 \end{Bmatrix}$ とおくと

$$
\begin{Bmatrix} a_1 & b_1 \\ a_2 & b_2 \end{Bmatrix} = k \begin{vmatrix} a_1 & b_1 \\ a_2 & b_2 \end{vmatrix}
$$

となる．特に $\begin{Bmatrix} 1 & 0 \\ 0 & 1 \end{Bmatrix} = 1$ が成り立っているときには，$\begin{Bmatrix} a_1 & b_1 \\ a_2 & b_2 \end{Bmatrix}$ は行列式 $\begin{vmatrix} a_1 & b_1 \\ a_2 & b_2 \end{vmatrix}$ と一致する．

第 4 講

方程式・関数・写像

テーマ
- ◆1 次方程式と 1 次関数
- ◆2 次方程式と 2 次関数
- ◆$\boldsymbol{R}$ から $\boldsymbol{R}$ への写像という観点
- ◆2 元 1 次連立方程式と写像
- ◆2 次元の数ベクトル空間 $\boldsymbol{R}^2$
- ◆$\boldsymbol{R}^2$ から $\boldsymbol{R}^2$ への写像
- ◆3 元 1 次連立方程式と $\boldsymbol{R}^3$ から $\boldsymbol{R}^3$ への写像
- ◆カメ・タコ・イカ算 (?) と，$\boldsymbol{R}^3$ から $\boldsymbol{R}^2$ への写像

前講までの連立方程式の話から，主題をしだいに線形写像へと移していきたい．

方程式と関数

1 次方程式

$$2x + 3 = 1 \tag{1}$$

において，x は未知数であって，この方程式を解いてみることにより $x = -1$ が得られる．未知数 x は，いわばこの方程式によって縛られている，ある未知なる数である．

もしこの束縛をといて，x を変数として自由に動かすならば，$2x + 3$ の値もそれに応じて変わってくる．その関係は

$$y = 2x + 3 \tag{2}$$

という関数関係によって表わされる．y は x の 1 次関数であり，x はここでは変数となる．

座標平面上で，1 次関数のグラフは直線として表わされる．いまの場合 (2) 式のグラフは，傾き 2，y 軸との切片が 3 である直線となる．このとき，最初の方

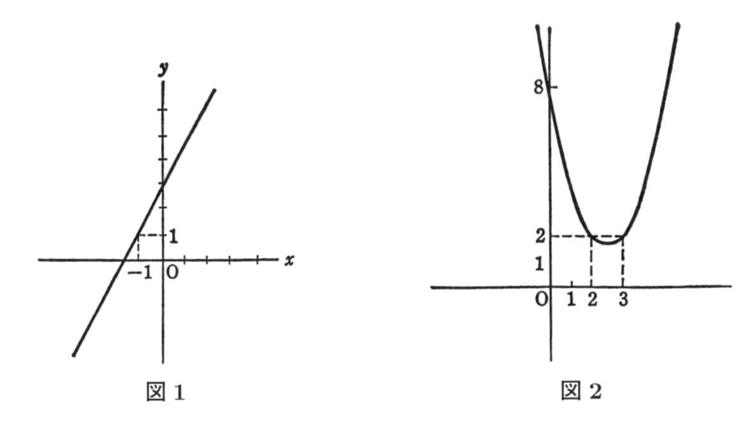

図 1　　　図 2

程式 (1) は，この直線上で，y 座標が 1 となる点の x 座標を求めることに対応してくる．一度，方程式 (1) から 1 次関数 (2) へと移行すると，(1) 式が特に特別なものではなくなってきて，(1) 式の代りに

$$2x+3=5 \quad とか \quad 2x+3=-8$$

という方程式をとっても，(1) 式と同じレベルで，これらの方程式を見ることができるようになる．

同じように 2 次方程式

$$x^2-5x+8=2 \tag{3}$$

の解は，$x=2$ と $x=3$ であるが，ここでも x を変数として，2 次関数

$$y=x^2-5x+8 \tag{4}$$

を考えると，(3) 式は，(4) 式で $y=2$ となるグラフ上の点の x 座標の値を求めることになっている．2 次関数 (4) のグラフは，図 2 のような放物線で与えられている．もちろん，関数 (4) を考えたからといって，(3) 式を解くことが容易になることはないが，私達の視点が，グラフを通して自由になってくることは確かである．

関数と写像

実数は数直線上の点として表わされていると考える．したがって，実数の集り $\boldsymbol{R}$ というときには，数直線を頭において考えることにする．このとき，(2) 式は，数直線 $\boldsymbol{R}$ の各点 x に対して，数直線 $\boldsymbol{R}$ の点 y を対応させる 1 つの対応関係を与

えていると考えることもできる．図1のグラフは，この対応関係を示しているが，もっとこのような見方だけを強調したければ，この対応を，図3のようにかいておくと一層はっきりするかもしれない．

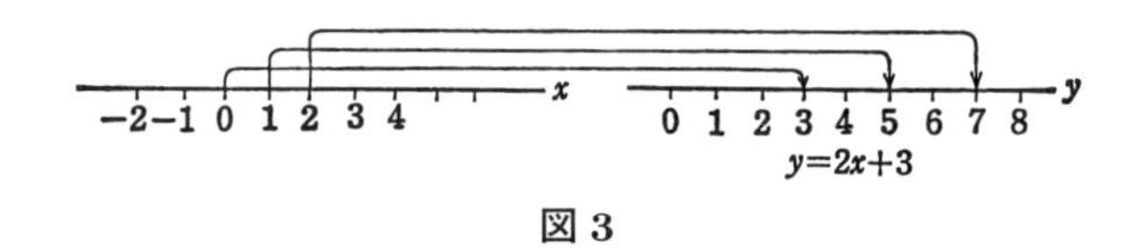

図3

同様に(4)式は，2次式で与えられた$\boldsymbol{R}$から$\boldsymbol{R}$への写像を表わしている．

2元1次連立方程式と写像

さて，連立方程式もこのような観点から見直してみよう．ツル・カメ算から出てきた連立方程式

$$\begin{cases} x+y=13 \\ 2x+4y=32 \end{cases} \tag{5}$$

をもう一度考察しよう．ここで未知数x, yを，自由に動ける変数として考え直したらどうなるであろうか．このとき，x, yに関する2つの関数

$$\begin{cases} u=x+y \\ v=2x+4y \end{cases} \tag{6}$$

が登場してくるだろう．((6)式では(5)式の左辺と右辺を取り換えたような形でかいている)．(6)式は，xとyが自由に$\boldsymbol{R}$の中を動くとき，それに応じて，(u, v)という2つの実数の組が決まるという対応関係を示している．このとき，出発点となった方程式(5)は，$(u, v)=(13, 32)$となるのは，xとyがどのようなときかを問うていることになる．

2次元の数ベクトル

あとでの説明の便宜さも考えて，(6)の左辺に現われた2つの実数の組を$\begin{pmatrix} u \\ v \end{pmatrix}$のように縦にかくことにする．$\begin{pmatrix} u \\ v \end{pmatrix}$を2次元の数ベクトル，またはこのようなかき表わし方だけに注目して，2次元の縦ベクトルということもある．

2次元の数ベクトル全体の集りを$\boldsymbol{R}^2$とかく．数ベクトル$\begin{pmatrix} u \\ v \end{pmatrix}$の$u$を$x$座標，

v を y 座標と考えると，数ベクトルは，座標平面上の点を表わしていると考えられ，$\boldsymbol{R}^2$ は座標平面であると考えることができる．たとえば $\begin{pmatrix}2\\3\end{pmatrix}$ は，x 座標が 2，y 座標が 3 の点を表わしており，$\begin{pmatrix}0\\0\end{pmatrix}$ は，座標原点を表わしている (図 4 参照).

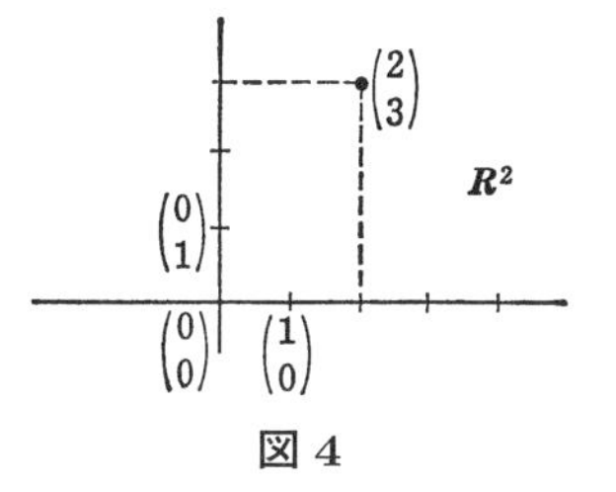

図 4

このような用語を用意しておけば，(6) 式は $\boldsymbol{R}^2$ から $\boldsymbol{R}^2$ への 1 つの写像

$$\begin{pmatrix}x\\y\end{pmatrix} \longrightarrow \begin{pmatrix}u\\v\end{pmatrix}$$

を与えていると考えることができる．この対応を T とかく．すなわち

$$T\begin{pmatrix}x\\y\end{pmatrix} = \begin{pmatrix}u\\v\end{pmatrix}$$

であり，ここで $u = x + y$, $v = 2x + 4y$ である．

この場合，(2) や (4) 式の場合と違うのは，T のグラフをかくわけにはいかないということである．T を図示する表わし方は，図 5 のようなものしかない (実際，ふつうのグラフのかき方に見習うとすると，xy 平面に直交する，互いに直交するさらに 2 本の数直線をとってそれを u 軸，v 軸としなければならないだろう．しかし，3 次元の世界に住む私達には，このような図を直覚することはできないのである！)．あとで (第 8 講)，このような写像を，もう少し具体的に図示すること

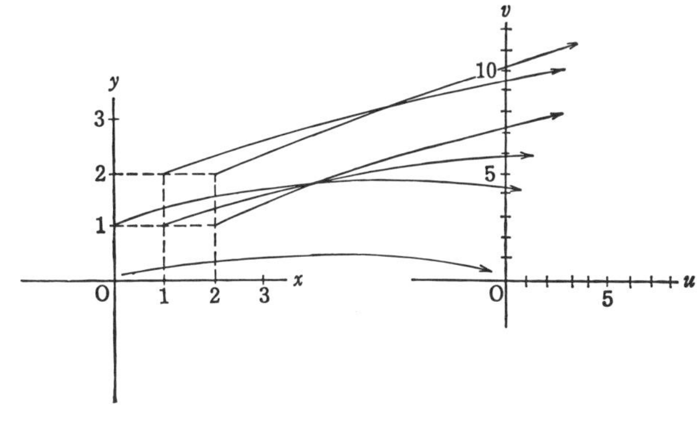

図 5

を述べるだろう．

写像 T については，$u=x+y$，$v=2x+4y$ という関係から，もちろん，いくらかのことはわかる．たとえば，原点を通る傾き m の直線 $y=mx$ は，写像 T によって

$$u = x + mx = (1+m)x$$
$$v = 2x + 4mx = 2(1+2m)x$$

に移る．この 2 式から x を消去すると

$$v = \frac{2(1+2m)}{1+m}u$$

となり，原点を通る直線の式となっている．すなわち，原点を通る xy 平面の直線は，写像 T によって，uv 平面の原点を通る直線へと移される．

3 元 1 次連立方程式と写像

3 元 1 次の連立方程式

$$\begin{cases} x+y+z=20 \\ 4x+8y+10z=168 \\ -x-y+z=0 \end{cases} \tag{7}$$

に対しても，対応して写像

$$\begin{cases} u=x+y+z \\ v=4x+8y+10z \\ w=-x-y+z \end{cases} \tag{8}$$

を考えることができる．このとき方程式 (7) は，この写像で $u=20, v=168, w=0$ となるような変数 x,y,z の値は何かと聞いていることになる．

この場合，この写像の背景となっているところは，実数の 3 つの組からなる空間 $\boldsymbol{R}^3$ であって，(8) 式は写像

$$T : \begin{pmatrix} x \\ y \\ z \end{pmatrix} \longrightarrow \begin{pmatrix} u \\ v \\ w \end{pmatrix}$$

を与えていると考えられる．

連立方程式と写像

(7) 式の代りに

$$\begin{cases} x+y+z=20 \\ 4x+8y+10z=168 \end{cases} \tag{8}$$

を満たすような x, y, z の関係は何か，と問うことも 1 つの方程式であると見ることができる (カメ・タコ・イカ算 (?) 第 1 講参照)．このとき，答は一通りには決まらないが，x, y, z はまったく勝手に動くというわけにもいかない．これを写像の立場で見れば，$\boldsymbol{R}^3$ から $\boldsymbol{R}^2$ への写像

$$\begin{cases} u=x+y+z \\ v=4x+8y+10z \end{cases}$$

をまず考えることになる．この写像で，座標平面 $\boldsymbol{R}^2$ 上の点 $\begin{pmatrix} 20 \\ 168 \end{pmatrix}$ に移るような $\begin{pmatrix} x \\ y \\ z \end{pmatrix}$ は，どんな点か，を聞いているのが，連立方程式 (8) であるということになる．

Tea Time

$\boldsymbol{R}^2$ から $\boldsymbol{R}^2$ への写像

平面 $\boldsymbol{R}^2$ から平面 $\boldsymbol{R}^2$ への写像の一般の形は

$$\begin{cases} u=f(x,y) \\ v=g(x,y) \end{cases}$$

となる．ここで $f(x,y)$，$g(x,y)$ は，x と y の関数である．たとえば，$u = x^3y+5x\sin x$，$v = -8xy^6+3y^3$ は，$\boldsymbol{R}^2$ から $\boldsymbol{R}^2$ への 1 つの写像の例を与えている．このような写像は，グラフ表示ができないから，(x,y) が変化していくとき，(u,v) がどのように変わるかを調べることは，非常に難しいことになる．

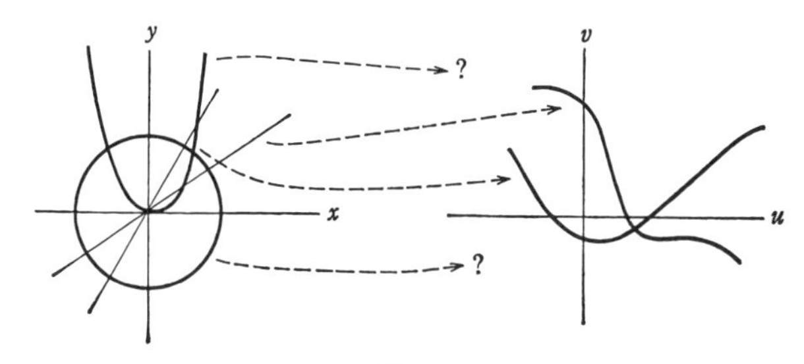

図 6

たとえば，ある写像によって，xy 平面上の原点を通る直線 $y = mx$ が，uv 平面のどのような図形に移るかがわかったとしても，同じ写像で xy 平面の原点中心の円 $x^2 + y^2 = r^2$ が，どのような図形に移るかは一般にはわからない．また放物線 $y = ax^2$ が，uv 平面でどのような図形になるかもわからない (図 6 参照)．写像を調べるといっても，一般には，写像のもつごく限られた性質しか調べることができない．このようなごく限られた性質に関する知識から，一般的な性質をいかに推察し，導いていくかということが，数学の難しいが，興味ある問題となってくるのである．

質問　講義の中に出てきた写像 $u = x + y, v = 2x + 4y$ の性質を調べるのに，ツル・カメ算で，まず頭数に注目したのと似たような考えで，まず

$$S : \begin{cases} X = x + y \\ Y = y \end{cases}$$

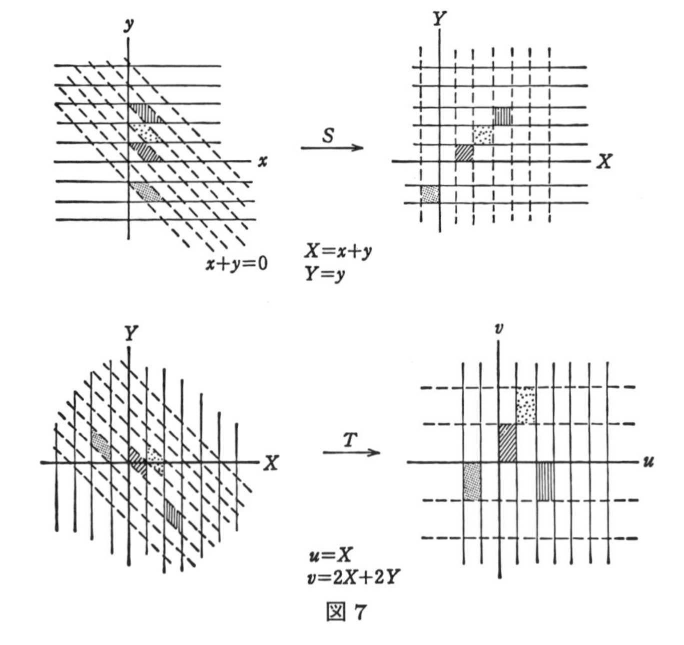

図 7

という xy 平面から XY 平面への写像を考え，次に XY 平面から uv 平面への写像

$$T: \begin{cases} u = X \\ v = 2X + 2Y \end{cases}$$

を考えた方が，ずっと簡単になると思いますが．

答　確かにそのとおりである．写像 S と T については，図 7 で示しておいた．S で移して，それから T で移すことを，S と T の合成写像というが，いまの場合，最初に与えられた写像 $u = x + y,\ v = 2x + 4y$ が S と T の合成写像となっているわけである．一般の写像を調べるときにも，ちょうど物質の組成を元素にまで分解して調べるように，できるだけ簡単な写像にまで分解して，与えられた写像を，それらの写像の合成として表わそうという考えが非常に有効に用いられることがある．

第 5 講

2 次元のベクトル

テーマ
- ◆2 次元の数ベクトルの和とスカラー積
- ◆演算の基本規則
- ◆座標平面上での表示
- ◆向きのついた線分
- ◆平面上のベクトル——平行移動で移り合う向きのついた線分の同一視
- ◆2 次元の数ベクトルと平面上のベクトル

2 次元の数ベクトルについては，すでに前講で述べてある．ここでは 2 次元の数ベクトルを

$$\boldsymbol{x} = \begin{pmatrix} x_1 \\ x_2 \end{pmatrix}$$

のように表わす．

ベクトルの和とスカラー積

第 3 講で，3 次の行列式から，その各列を取り出してつくった列ベクトルに対して，ベクトルの和とスカラー積を定義しておいた．

同じようにして，2 次元の数ベクトル $\boldsymbol{x} = \begin{pmatrix} x_1 \\ x_2 \end{pmatrix}$，$\boldsymbol{y} = \begin{pmatrix} y_1 \\ y_2 \end{pmatrix}$ に対して

$$和：\boldsymbol{x} + \boldsymbol{y} = \begin{pmatrix} x_1 + y_1 \\ x_2 + y_2 \end{pmatrix}$$

を定義することができる．また実数 α と $\boldsymbol{x}$ に対して

$$スカラー積：\alpha\boldsymbol{x} = \begin{pmatrix} \alpha x_1 \\ \alpha x_2 \end{pmatrix}$$

を定義することができる．

このベクトルの和とスカラー積に関し，ごくふつうに考えられるような演算規

則が成り立つ．すなわち，次の8つの規則が成り立つ．

演算の基本規則

❶ $\boldsymbol{x}+\boldsymbol{y}=\boldsymbol{y}+\boldsymbol{x}$

❷ $(\boldsymbol{x}+\boldsymbol{y})+\boldsymbol{z}=\boldsymbol{x}+(\boldsymbol{y}+\boldsymbol{z})$

❸ すべての $\boldsymbol{x}$ に対し，$\boldsymbol{x}+\boldsymbol{0}=\boldsymbol{x}$ を成り立たせるようなベクトル $\boldsymbol{0}$ が存在する．

❹ すべての $\boldsymbol{x}$ に対し，$\boldsymbol{x}+\boldsymbol{x}'=\boldsymbol{0}$ を成り立たせるようなベクトル $\boldsymbol{x}'$ が存在する．

❺ $1\boldsymbol{x}=\boldsymbol{x}$

❻ $\alpha(\beta\boldsymbol{x})=(\alpha\beta)\boldsymbol{x}$

❼ $\alpha(\boldsymbol{x}+\boldsymbol{y})=\alpha\boldsymbol{x}+\alpha\boldsymbol{y}$

❽ $(\alpha+\beta)\boldsymbol{x}=\alpha\boldsymbol{x}+\beta\boldsymbol{x}$

ここで $\boldsymbol{0}=\begin{pmatrix}0\\0\end{pmatrix}$ であり，$\boldsymbol{x}=\begin{pmatrix}x_1\\x_2\end{pmatrix}$ に対して，$\boldsymbol{x}'=\begin{pmatrix}-x_1\\-x_2\end{pmatrix}$ である．

$\boldsymbol{0}$ は，零ベクトルといい，誤解のおそれのないときには，数のゼロと同じ記号 0 を用いる．$\boldsymbol{x}'$ を $-\boldsymbol{x}$ で表わす．もちろん $-\boldsymbol{x}$ は $(-1)\boldsymbol{x}$ に等しい．

座標平面上での表示

平面上に，2本の数直線を原点で交わるように直角に引くことによって，1つの直交座標が得られる．座標原点をOとする．

数ベクトル $\boldsymbol{x}=\begin{pmatrix}x_1\\x_2\end{pmatrix}$ が与えられたとしよう．このときこの座標平面上に，始点がO，終点が $\mathrm{P}(x_1,x_2)$ であるような線分OPを引く．始点と終点をはっきりさせるために，この線分を $\overrightarrow{\mathrm{OP}}$ とかき，向きのついた線分という．$\overrightarrow{\mathrm{OP}}$ は $\boldsymbol{x}$ を表わしていると考える(図8参照)．$\boldsymbol{x}$ が零ベクトルのときは，Pも原点Oとなり，$\overrightarrow{\mathrm{OP}}$ は原点だけとなるが，これも退化した特別な線分と見なすことにする．

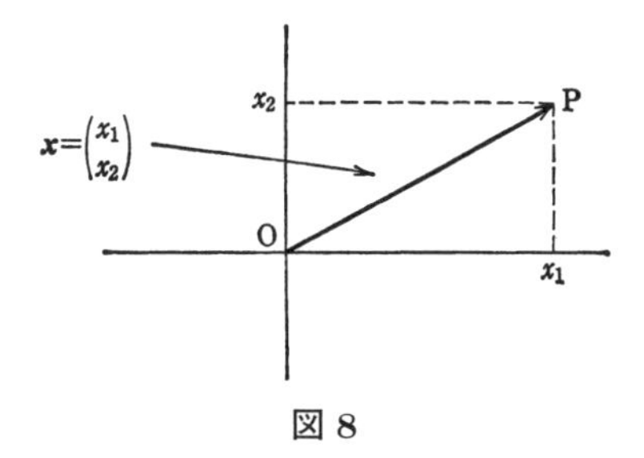

図8

$\boldsymbol{x} \neq 0$ ならば，$\overrightarrow{\mathrm{OP}}$ はふつうの意味で向きのついた線分である．

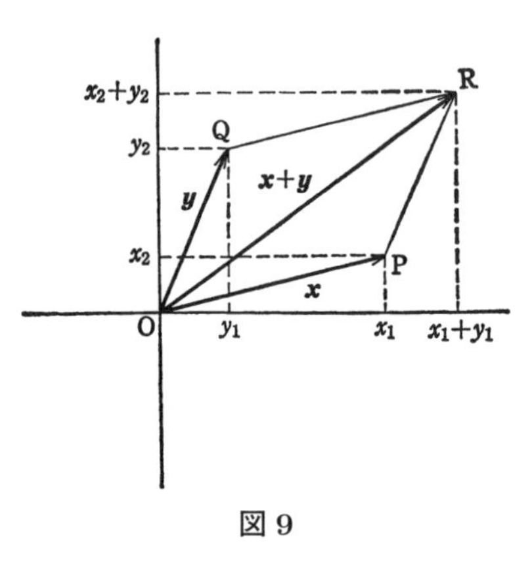

図 9

$\boldsymbol{x}$ を表わす，向きのついた線分を $\overrightarrow{\mathrm{OP}}$，$\boldsymbol{y}$ を表わす向きのついた線分を $\overrightarrow{\mathrm{OQ}}$ とする．

1)　$\boldsymbol{x} \neq \boldsymbol{y} \quad \Rightarrow \quad \overrightarrow{\mathrm{OP}} \neq \overrightarrow{\mathrm{OQ}}$

2)　$\boldsymbol{x}+\boldsymbol{y}$ は，OP，OQ を一辺とする平行四辺形 OPRQ をかいたとき，対角線 $\overrightarrow{\mathrm{OR}}$ で表わされる (図 9 参照).

3)　$\alpha\boldsymbol{x}$ は，$\alpha>0$ のときには，$\overrightarrow{\mathrm{OP}}$ を α 倍に延長したものとなり，$\alpha<0$ のときには，$\overrightarrow{\mathrm{OP}}$ を O を中心にして $180°$ 回転してから $|\alpha|$ 倍に延長したものとなる (図 10 参照).

これらのことは図を見ると明らかであろう．ただし 2) では，$\boldsymbol{y}=\alpha\boldsymbol{x}$ (OP の延長上に OQ がある場合) のときには，平行四辺形 OPQR はかけないので，このいい方は適当でないが，これも 2) の退化した特別な場合と考えることにする．

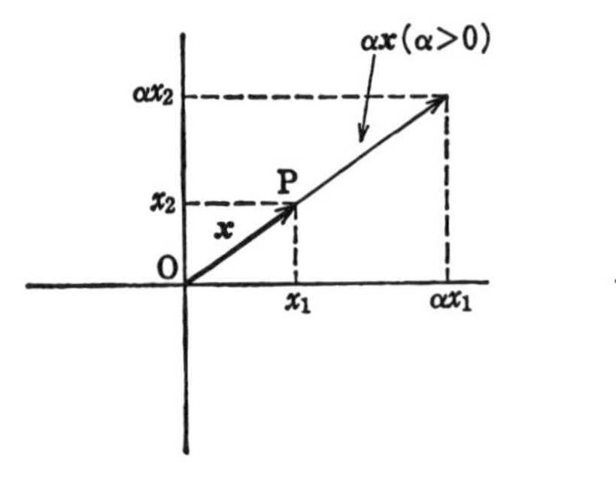

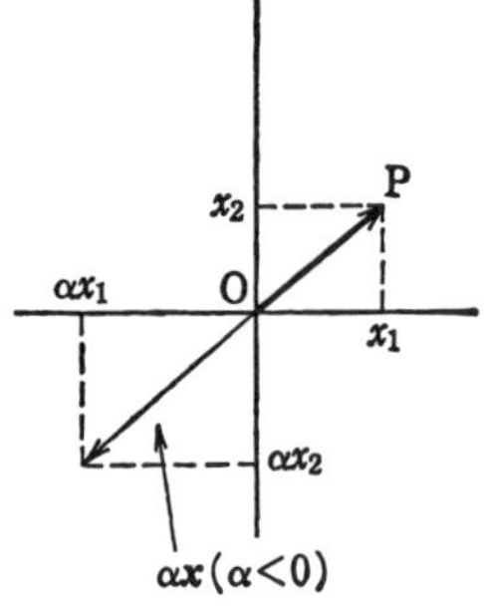

図 10

平面上のベクトル

物理では，しばしば，始点を固定しないで，平行移動して移り合えるような向きのついた線分 $\overrightarrow{\mathrm{PQ}}$ は，ある同じ物理的な作用を示していると考えた方が便利な

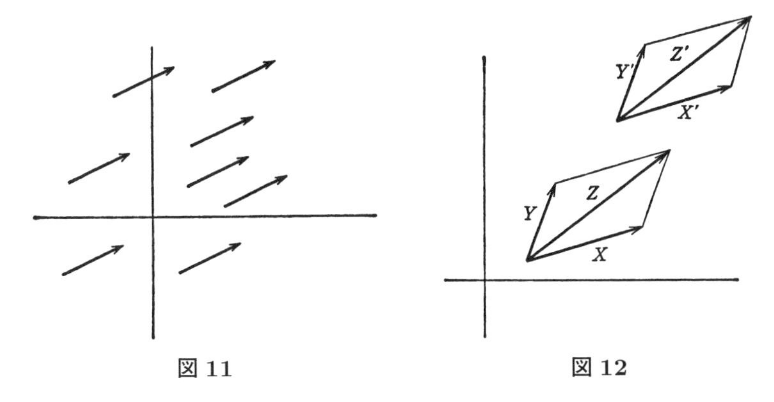

図 11　　　　図 12

ことがある．このことは数学的には，図 11 で矢印で表わされたものは，ある一つの‘同じもの’を表わしていると考えることに対応している．このある‘同じもの’を，平面上のベクトルということにする．

地球上にいる人達で，同じ国籍をもつ人は，ある‘同じもの’，すなわち国を表わしている．たとえば日本人のひとりひとりは，‘ある同じもの’日本を表わしている．似たようなたとえであるが，いろいろな地方に咲く桜の木を考えてみるとよい．1 本，1 本の桜の木は具体的な対象であるが，それらの表わす‘ある同じもの’桜は抽象的な概念である．

平面上で，ひとつひとつの線分は具体的にかけるが，平行移動で移り合えるもの全体が表わすある‘同じもの’は，抽象的なものであって，それが上に述べた平面上のベクトルという概念になる．平面上のベクトルを $\tilde{\boldsymbol{x}}$ のように表わすことにする．図 12 で，向きのついた線分 X，X' は同じ $\tilde{\boldsymbol{x}}$ を表わし，Y，Y' は同じ $\tilde{\boldsymbol{y}}$ を表わしているとする．このとき，X と Y のつくる平行四辺形の対角線 Z は，平行移動することにより，X' と Y' のつくる平行四辺形の対角線 Z' へと移る．すなわち，向きのついた線分 Z と Z' は，同じ平面上のベクトル $\tilde{\boldsymbol{z}}$ を表わしている．$\tilde{\boldsymbol{z}}$ を，$\tilde{\boldsymbol{x}}$ と $\tilde{\boldsymbol{y}}$ との和 $\tilde{\boldsymbol{x}}+\tilde{\boldsymbol{y}}$ であると定義する．

このようにして，平面上のベクトル $\tilde{\boldsymbol{x}}$ と $\tilde{\boldsymbol{y}}$ に対して，

$$\text{和}:\tilde{\boldsymbol{x}}+\tilde{\boldsymbol{y}}$$

を定義することができる．同様に，実数 α に対して

$$\text{スカラー積}:\alpha\tilde{\boldsymbol{x}}$$

を定義することができる．

このように，和とスカラー積を，平面上のベクトルに対して定義したとき，〔演

算の基本規則〕❶〜❽は，やはりそのまま成り立つ．

2次元の数ベクトルと平面上のベクトル

2次元の数ベクトルと，平面上のベクトルの考えは，結局同じものをいい表わしているようでもあるが，またまるで違った対象であるようにも見える．この点をもう少し明らかなものにしておこう．

この2つの概念の違いは，視点を与える背景の違いであるといってよい．

数ベクトルの背景は，座標平面であり，ここでは，直交座標を1つ決めておく必要がある．座標平面では，その上のある1点に注目することは，この点を決める座標 (x_1, x_2) に注目することと同じことである．点を見る私達の視線の先には，常に実数の2つの組——座標——が見えている．このような背景を基にして，数ベクトル $\boldsymbol{x} = \begin{pmatrix} x_1 \\ x_2 \end{pmatrix}$ が，座標平面上の点P，または向きのついた線分 $\overrightarrow{\mathrm{OP}}$ として投影されてくる．

しかし，平面を物理的に見たとき，1つの座標をとるということに，どれだけ確定した意味があるだろうか．たとえば，座標原点をどこにとるかにしても，太陽の中心にとっても，地球の中心にとっても，あるいは身近な，私達の近くにある何かある1点をとってもよいわけである．座標の選び方は，考える対象によって一番便利なものをとればよいのであって，どの座標系がよく，どの座標系が悪いなどといういい方には，ア・プリオリには何の意味もない．一度，そのように考えてくると，私達の視点は随分変わってくる．

このような視点に立つと，座標軸も何もない，どこまでも広がった平面上に何か数学的な対象を導入するには，どうしたらよいかを考えてみたくなる．私達はもちろんこのような平面上で1つの三角形を考えることはできる．しかし，すぐ眼の前にかいた三角形と，ずっと遠くにある三角形とがまったく無関係ならば，そもそも背景に広い平面を考えている意味がなくなってくるだろう．私達は，合同という概念 (運動と裏返しで重ね合わせが可能！) を導入することにより，はじめて，近い，遠いの区別なくこの平面上のどこかにある‘同じ三角形’を考えることができるようになったのである．

同じように，向きのついたいくつかの線分を考えるとき，これらの間に何の関係もなかったならば，眼の前にかいた線分と，はるか彼方にかいた線分を，加え合わすことなど考えつくこともできなかったろう．

遠くにある三角形の性質を調べるとき，それと合同な三角形を眼の前の紙にかいて，その性質を明らかにし，「これがその三角形の性質だ」というように，向きのついた線分についても，平行移動で移り合えるものを等しいと思って，これをベクトルということにすれば，遠くにある線分は必要ならば近くに引き寄せて考えることにより，たとえば，向きが等しいか違うかも考えることができ，また加法やスカラー積も定義されてくる．そして「演算の基本規則❶〜❽はベクトルの性質だ」といえることになるだろう．

平面上に，座標軸を１つとって，平行な線分の中で，特に始点が原点のものをとることは，１つのベクトルに対し代表となる線分を指定したことを意味する．この代表は，'名前' $\begin{pmatrix} x_1 \\ x_2 \end{pmatrix}$ をもっている．このようにして，平面のベクトルと数ベクトルとの間に，次のような関係があることがわかる．

$$\text{平面のベクトル} \Longleftarrow \left\{ \begin{array}{c} \vdots \\ \| \\ \text{向きのついた線分} \\ \| \ \text{平行} \\ \text{向きのついた線分} \\ \| \\ \vdots \end{array} \right\} \xrightarrow[\text{座標軸を１つとる}]{\text{代表}} \overrightarrow{\mathrm{OP}} \Longrightarrow \mathrm{P} \leftrightarrow \underset{\text{数ベクトル}}{\begin{pmatrix} x_1 \\ x_2 \end{pmatrix}}$$

問１　実数の組 $\begin{pmatrix} x_1 \\ x_2 \end{pmatrix}$ と $\begin{pmatrix} y_1 \\ y_2 \end{pmatrix}$ に次のような演算 $\tilde{+}$ と $\alpha\circ$ を導入したとき，「演算の基本法則」❶〜❽のうちいくつかの性質は成り立たなくなる．どれが成り立たなくなるか調べよ．

1)　$$\begin{pmatrix} x_1 \\ x_2 \end{pmatrix} \tilde{+} \begin{pmatrix} y_1 \\ y_2 \end{pmatrix} = \begin{pmatrix} x_1 + y_2 \\ x_2 + y_1 \end{pmatrix}$$

$$\alpha \circ \begin{pmatrix} x_1 \\ x_2 \end{pmatrix} = \begin{pmatrix} \alpha x_1 \\ x_2 \end{pmatrix}$$

2)　$$\begin{pmatrix} x_1 \\ x_2 \end{pmatrix} \tilde{+} \begin{pmatrix} y_1 \\ y_2 \end{pmatrix} = \begin{pmatrix} x_1 + y_1 \\ x_2 \end{pmatrix}$$

$$\alpha \circ \begin{pmatrix} x_1 \\ x_2 \end{pmatrix} = \begin{pmatrix} \alpha x_1 \\ 2\alpha x_2 \end{pmatrix}$$

Tea Time

質問　平面上のベクトルという概念は，抽象的なものであることはわかりましたが，抽象性に徹すると，何のイメージもわかなくなるようで不安です．先生はどのようなイメージをもっておられるのでしょうか．

答　数学を理解する仕方は，個人，個人によって違うので，このような問に対して，一般的な答を述べるわけにはいかない．私自身の答は次のようになるだろうか．'桜' は抽象化された概念かもしれないが，'桜' というときに，私は，特定されないが，何かある桜の木を思い浮かべている．この具体的なものを思い浮かべるという具象化の力が私達の中になかったならば，逆に抽象化という思考作用もなかったろう．平面のベクトルというとき，私は，平面の中にある向きのついた1つの線分をイメージとしてもち，それを考えている．しかしこの線分のイメージに伴うように，この線分を平行移動して得られるもう1つの線分のイメージがときどき現われてくる．この意識は，調べているのは，1つの線分だけではなくて，この2つの線分に共通な性質であることを常に忘れないよう，注意を喚起しているようである．

第 6 講

2次元の数ベクトル空間 $\boldsymbol{R}^2$

テーマ
- ◆ 数ベクトルに，なぜ乗法を考えないのか．
- ◆ 座標のとり方によらない性質
- ◆ ベクトル空間 $\boldsymbol{R}^2$
- ◆ $\boldsymbol{R}^2$ から $\boldsymbol{R}^2$ への線形写像の定義
- ◆ 線形写像と平行四辺形の像

1つの疑問とその答

$\boldsymbol{R}^2$ は，2次元の数ベクトル $\begin{pmatrix} x_1 \\ x_2 \end{pmatrix}$ 全体のつくる集りであって，そこに和とスカラー積という2つの演算を定義してきた．

しかし，数ベクトルは，2つの実数の組であり，一方，実数の中には，加法だけではなく，乗法もあって，この2つが四則演算の基本となっている．それでは，$\boldsymbol{R}^2$ の中にも，たとえば乗法を $\boldsymbol{x} = \begin{pmatrix} x_1 \\ x_2 \end{pmatrix}$，$\boldsymbol{y} = \begin{pmatrix} y_1 \\ y_2 \end{pmatrix}$ に対し

$$\boldsymbol{x} \times_? \boldsymbol{y} = \begin{pmatrix} x_1 y_1 \\ x_2 y_2 \end{pmatrix}$$

と定義することは，実数の乗法のごく自然な一般化ではないだろうか？　なぜ，この乗法を考えないのだろうか？

実際，線形代数学の範囲の中で，このような乗法を考えることはしない．しかしそういうだけではいかにも不親切である．ここでやはりその理由は述べておかなくてはならないだろう．

ベクトル $\boldsymbol{x}$ と $\boldsymbol{y}$ との和 $\boldsymbol{x} + \boldsymbol{y}$ は，平面上のベクトルで表わしたとき，$\boldsymbol{x}$ と $\boldsymbol{y}$ のつくる平行四辺形の対角線として表示されたが，$\boldsymbol{x} \times_? \boldsymbol{y}$ には，そのような座標のとり方によらない表示ができないのである．

この点をもっとはっきり述べておこう．いま

$$\boldsymbol{x} = \begin{pmatrix} 2 \\ 0 \end{pmatrix}, \quad \boldsymbol{y} = \begin{pmatrix} 0 \\ 2 \end{pmatrix}$$

をとる．このとき $\boldsymbol{x} \neq 0$，$\boldsymbol{y} \neq 0$ であるが，上の定義に従えば

$$\boldsymbol{x} \times_? \boldsymbol{y} = \boldsymbol{0}$$

となる．したがって，どんなベクトル $\boldsymbol{z}$ をもってきても

$$\boldsymbol{x} \times_? \boldsymbol{y} + \boldsymbol{z} = \boldsymbol{z} \tag{1}$$

となる．$\boldsymbol{x}$ と $\boldsymbol{y}$ を座標平面上に向きのついた線分として表わすと，$\boldsymbol{x}$ は x 軸上にあり，$\boldsymbol{y}$ は y 軸上にある (図 13)．しかし，前講で述べたような，平面上のベクトルの観点に立ってみると，座標軸をこのようなものに限る必要はないわけである．

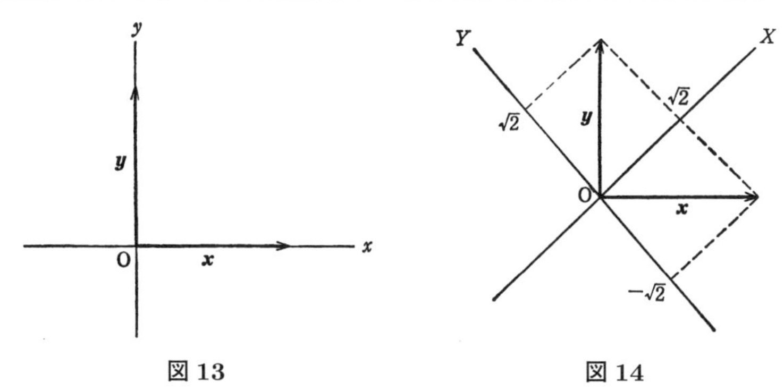

図 13　　　図 14

いま，xy 軸を 45° 回転して，これを新しい XY 座標軸にとったとする．この XY 軸を用いて，向きのついた線分 x, y を座標で表現しようとすると，

$$\boldsymbol{x} = \begin{pmatrix} \sqrt{2} \\ -\sqrt{2} \end{pmatrix}, \quad \boldsymbol{y} = \begin{pmatrix} \sqrt{2} \\ \sqrt{2} \end{pmatrix}$$

となる (図 14)．したがって XY 軸で，$\boldsymbol{x}, \boldsymbol{y}$ を表わしている人は

$$\boldsymbol{x} \times_? \boldsymbol{y} = \begin{pmatrix} 2 \\ -2 \end{pmatrix}$$

というだろう．したがって，このとき，どんな $\boldsymbol{z}$ をとっても

$$\boldsymbol{x} \times_? \boldsymbol{y} + \boldsymbol{z} \neq \boldsymbol{z} \tag{2}$$

となる．(1) 式と (2) 式はまったく異なった結論である．もし，$\boldsymbol{x} \times_? \boldsymbol{y}$ の定義が，$\boldsymbol{x}$ と $\boldsymbol{y}$ を表わす向きのついた線分だけで，図形的に決まるものならば，(1) 式と

(2) 式のように，座標軸のとり方で，等式が成り立ったり，成り立たなくなったりはしないだろう．

すなわち，$\boldsymbol{x} \times_? \boldsymbol{y}$ の定義は，座標をただ1つとめて考えるときは意味があるとしても，座標の任意性を許し，考える対象は平面上のベクトルであるとすると，まったく意味のないものとなるのである．

線形代数では，考える対象は，むしろ平面上のベクトルであって，したがって2次元数ベクトルの中だけで定義される演算 $\times_?$ は，採用しないのである．

ベクトル空間 $\boldsymbol{R}^2$

2次元の数ベクトルのつくる集り $\boldsymbol{R}^2$ で，考える演算は，ベクトルの和 $\boldsymbol{x}+\boldsymbol{y}$ と，スカラー積 $\alpha\boldsymbol{x}$ だけであると約束したとき，$\boldsymbol{R}^2$ は1つのベクトル空間をつくるという．

同じことを次のようにいうことがある．‘数ベクトルのつくる集合 $\boldsymbol{R}^2$ に，和とスカラー積の構造を与えたものを，ベクトル空間 $\boldsymbol{R}^2$ という’．

ベクトル空間 $\boldsymbol{R}^2$ の性質を調べることは，前講の終りに述べたことを参照すれば，実は平面上のベクトルの性質を，数ベクトルという代表だけに注目して，調べていることになる．

線形写像の定義

ベクトル空間 $\boldsymbol{R}^2$ の中で許される基本演算が $\boldsymbol{x}+\boldsymbol{y}$ と $\alpha\boldsymbol{x}$ だけだとすると，$\boldsymbol{R}^2$ から $\boldsymbol{R}^2$ への写像 T で，最も重要なものは，この基本演算を保つような写像であろう．

【定義】 $\boldsymbol{R}^2$ から $\boldsymbol{R}^2$ への写像 T が次の性質を満たすとき，線形写像という．

1) $T(\boldsymbol{x}+\boldsymbol{y}) = T(\boldsymbol{x}) + T(\boldsymbol{y})$

2) $T(\alpha\boldsymbol{x}) = \alpha T(\boldsymbol{x})$

たとえば，写像

$$T : \begin{pmatrix} x_1 \\ x_2 \end{pmatrix} \longrightarrow \begin{pmatrix} u_1 \\ u_2 \end{pmatrix} \quad (T\boldsymbol{x} = \boldsymbol{u})$$

が

$$\begin{cases} u_1 = ax_1 + bx_2 \\ u_2 = cx_1 + dx_2 \end{cases} \tag{3}$$

の形で与えられているとき，T は線形写像である．

【証明】　$T\boldsymbol{y} = \boldsymbol{v}$ とする．すなわち

$$\begin{cases} v_1 = ay_1 + by_2 \\ v_2 = cy_1 + dy_2 \end{cases} \tag{4}$$

とする．

(3) 式と (4) 式を辺々加えると

$$\begin{cases} u_1 + v_1 = ax_1 + bx_2 + ay_1 + by_2 \\ \qquad\qquad = a(x_1 + y_1) + b(x_2 + y_2) \\ u_2 + v_2 = c(x_1 + y_1) + d(x_2 + y_2) \end{cases}$$

この式は，

$$T : \begin{pmatrix} x_1 + y_1 \\ x_2 + y_2 \end{pmatrix} \longrightarrow \begin{pmatrix} u_1 + v_1 \\ u_2 + v_2 \end{pmatrix} = \begin{pmatrix} u_1 \\ u_2 \end{pmatrix} + \begin{pmatrix} v_1 \\ v_2 \end{pmatrix}$$

を示している．すなわち

$$T(\boldsymbol{x} + \boldsymbol{y}) = \boldsymbol{u} + \boldsymbol{v} = T(\boldsymbol{x}) + T(\boldsymbol{y})$$

となり，1) が成り立つ．

同様に (3) 式の両辺を α 倍することにより，2) の成り立つことがわかる．　■

線形写像と平行四辺形の像

線形写像 $T : \boldsymbol{R}^2 \to \boldsymbol{R}^2$ によって，一般には，平行四辺形の像は平行四辺形となる．

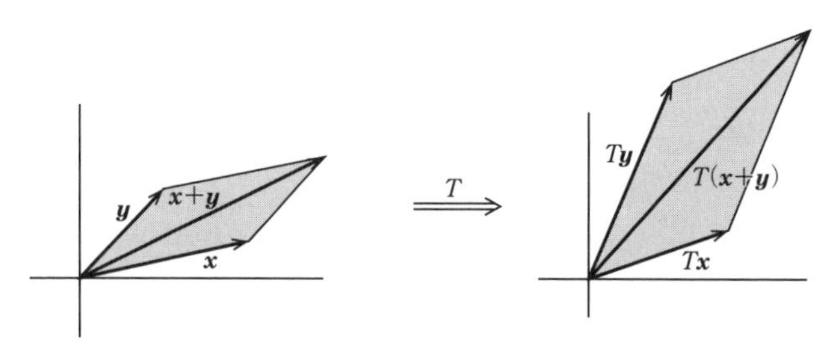

図 15

このことは，$\boldsymbol{x}$ と $\boldsymbol{y}$ でつくられる平行四辺形の対角線 $\boldsymbol{x}+\boldsymbol{y}$ が，T によって，$T\boldsymbol{x}$ と $T\boldsymbol{y}$ でつくられる平行四辺形の対角線 $T\boldsymbol{x}+T\boldsymbol{y}$ に移されている (線形写像の条件 1)！) ことからわかる (図 15).

ここで一般的にとかいたのは，$\boldsymbol{x}$ と $\boldsymbol{y}$ が平行四辺形のそれぞれの 1 辺をつくるように選んでおいても，場合によっては，$T\boldsymbol{y}$ は $T\boldsymbol{x}$ のつくる直線上にのってしまって，$T\boldsymbol{x}$ と $T\boldsymbol{y}$ が平行四辺形の 2 辺とならないことがおきるからである.

【例】 $T\begin{pmatrix}x_1\\x_2\end{pmatrix}=\begin{pmatrix}x_1\\0\end{pmatrix}$ とする．この線形写像 T に対して，

$$\boldsymbol{x}=\begin{pmatrix}1\\0\end{pmatrix},\quad \boldsymbol{y}=\begin{pmatrix}1\\1\end{pmatrix}$$

とおくと，

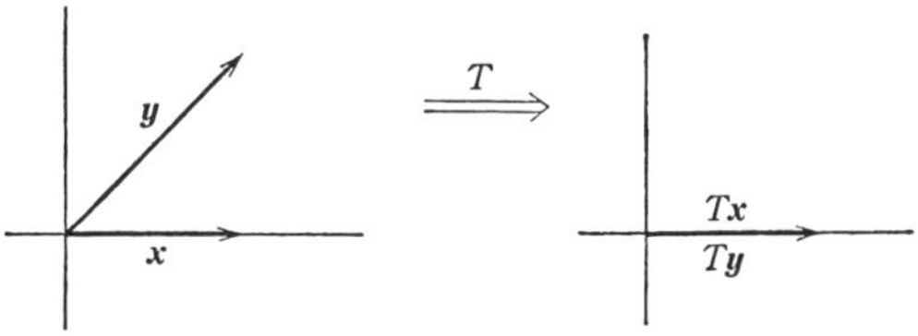

図 16

$$T\boldsymbol{x}=\begin{pmatrix}1\\0\end{pmatrix},\quad T\boldsymbol{y}=\begin{pmatrix}1\\0\end{pmatrix}$$

となり，$T\boldsymbol{x}$ と $T\boldsymbol{y}$ は一致して，平行四辺形の 2 辺とはならない (図 16).

T が線形写像でないときは，平行四辺形の像は，平行四辺形とはならないことを，簡単な例で見ておこう.

【例】 $T\begin{pmatrix}x_1\\x_2\end{pmatrix}=\begin{pmatrix}x_1+1\\x_2\end{pmatrix}$ は線形写像ではない.

なぜなら

$$T(\boldsymbol{x}+\boldsymbol{y})=T\left(\begin{pmatrix}x_1\\x_2\end{pmatrix}+\begin{pmatrix}y_1\\y_2\end{pmatrix}\right)=T\begin{pmatrix}x_1+y_1\\x_2+y_2\end{pmatrix}=\begin{pmatrix}x_1+y_1+1\\x_2+y_2\end{pmatrix}$$

一方

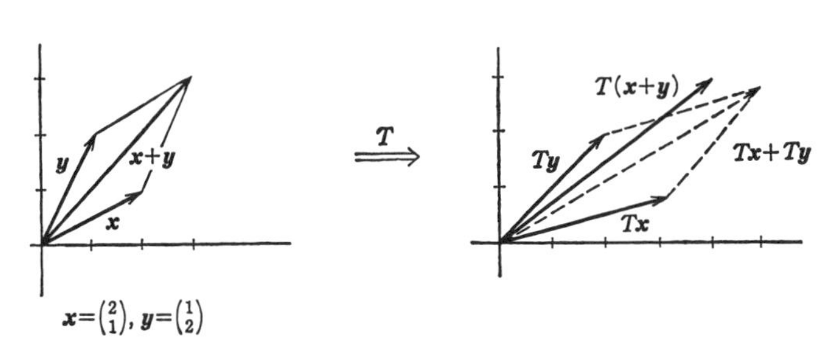

図 17

$$T(\boldsymbol{x})+T(\boldsymbol{y})=\begin{pmatrix}x_1+1\\x_2\end{pmatrix}+\begin{pmatrix}y_1+1\\y_2\end{pmatrix}=\begin{pmatrix}x_1+y_1+2\\x_2+y_2\end{pmatrix}$$

となり，$T(\boldsymbol{x}+\boldsymbol{y})\neq T(\boldsymbol{x})+T(\boldsymbol{y})$ となるからである．この T に対して，平行四辺形の像が平行四辺形に移っていないことは，図 17 で示しておいた．

問 1　$\boldsymbol{R}^2$ から $\boldsymbol{R}^2$ への次の写像 T は，線形写像かどうか調べよ．

1)　$T\begin{pmatrix}x_1\\x_2\end{pmatrix}=\begin{pmatrix}x_2\\x_1\end{pmatrix}$

2)　$T\begin{pmatrix}x_1\\x_2\end{pmatrix}=\begin{pmatrix}x_1+1\\x_2-1\end{pmatrix}$

3)　$T\begin{pmatrix}x_1\\x_2\end{pmatrix}=\begin{pmatrix}x_1x_2\\x_2\end{pmatrix}$

Tea Time

線形写像は，0 を 0 に移す

T を $\boldsymbol{R}^2$ から $\boldsymbol{R}^2$ への線形写像とする．このとき

$$T(\mathbf{0})=\mathbf{0}$$

が成り立つことは，注意しておいた方がよい．このことは，

$$\mathbf{0}=\mathbf{0}+\mathbf{0}$$

したがって

$$T(\mathbf{0})=T(\mathbf{0}+\mathbf{0})=T(\mathbf{0})+T(\mathbf{0})$$

ゆえに

$$T(\mathbf{0})=\mathbf{0}$$

(あるいはもっと簡単に $\mathbf{0}=0\boldsymbol{x}$，ゆえに $T(\mathbf{0})=0T(\boldsymbol{x})=\mathbf{0}$ ($\boldsymbol{x}$ は任意のベクトル))

もちろん，$T(\mathbf{0})=\mathbf{0}$ は，T が線形写像となるための必要条件ではあるが，十分条件ではない．たとえば

$$T\begin{pmatrix}x_1\\x_2\end{pmatrix}=\begin{pmatrix}{x_1}^2\\x_2\end{pmatrix}$$

は，$T(\mathbf{0})=\mathbf{0}$ であるが，線形写像ではない．

質問　線形写像は，一般には，平行四辺形を平行四辺形に移すといわれましたが，平行四辺形の内部の点も，ちゃんと平行四辺形の内部の点に移っているのでしょうか．

答　確かにその点を説明すべきであった．図を用いて説明しよう．$\boldsymbol{x}$ と $\boldsymbol{y}$ を平行四辺形の 2 辺とする．P をこの平行四辺形の内部の任意の点とする．図のように P を通る $\boldsymbol{y}$ に平行な線分と，$\boldsymbol{x}$ に平行な線分を引く．これらの線分が $\boldsymbol{x}$ と $\boldsymbol{y}$ とに交わる点は，適当な α $(0<\alpha<1)$ と β $(0<\beta<1)$ により，$\alpha\boldsymbol{x}$ と $\beta\boldsymbol{y}$ と表わされる (α と β は縮尺率！)．したがって P は，

$$\alpha\boldsymbol{x}+\beta\boldsymbol{y}$$

となる．ゆえに P は T によって

$$T(\alpha\boldsymbol{x}+\beta\boldsymbol{y})=\alpha T(\boldsymbol{x})+\beta T(\boldsymbol{y})$$

へと移される．この点は，$T(\boldsymbol{x})$，$T(\boldsymbol{y})$ を 2 辺とする平行四辺形の内部にある．

したがって，線形写像 T は，一般には，平行四辺形 (内部も含めて) を平行四辺形 (内部も含めて) へと移しているのである．

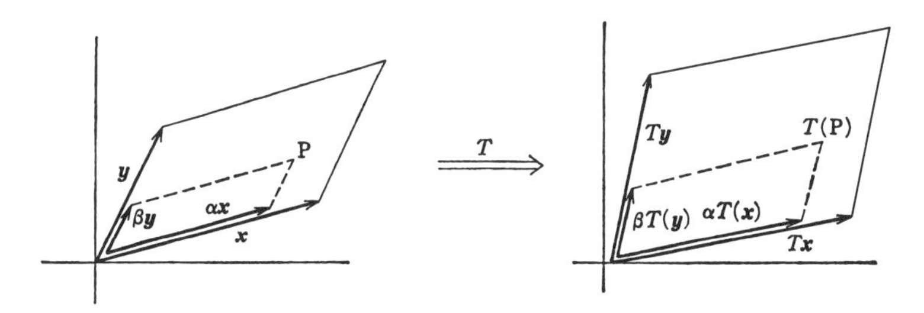

図 18

第 7 講

線形写像と行列 ($\boldsymbol{R}^2$ の場合)

テーマ

◆ 数ベクトルの基底ベクトルによる表示
◆ 線形写像の具体的な表示
◆ 線形写像 $T: \boldsymbol{R}^2 \to \boldsymbol{R}^2$ の 2 次の行列による表示
◆ 合成写像と行列の積
◆ 行列の積の演算規則
◆ 行列の和とスカラー積

数ベクトルの基底ベクトルによる表示

$\boldsymbol{e}_1 = \begin{pmatrix} 1 \\ 0 \end{pmatrix}$，$\boldsymbol{e}_2 = \begin{pmatrix} 0 \\ 1 \end{pmatrix}$ を，$\boldsymbol{R}^2$ の基底ベクトルという．このとき，任意の数ベクトル $\boldsymbol{x} = \begin{pmatrix} x_1 \\ x_2 \end{pmatrix}$ は

$$\begin{aligned} \boldsymbol{x} = \begin{pmatrix} x_1 \\ x_2 \end{pmatrix} &= x_1 \begin{pmatrix} 1 \\ 0 \end{pmatrix} + x_2 \begin{pmatrix} 0 \\ 1 \end{pmatrix} \\ &= x_1 \boldsymbol{e}_1 + x_2 \boldsymbol{e}_2 \end{aligned} \tag{1}$$

と表わされる．すなわち任意の $\boldsymbol{x}$ は，2 つの基底ベクトル $\boldsymbol{e}_1, \boldsymbol{e}_2$ を何倍かして，それを加えることによって得られている．

線形写像の具体的な表示

T を $\boldsymbol{R}^2$ から $\boldsymbol{R}^2$ への写像とし，

$$T\begin{pmatrix} x_1 \\ x_2 \end{pmatrix} = \begin{pmatrix} u_1 \\ u_2 \end{pmatrix}$$

とする．このとき次の結果が成り立つ．

> T が線形写像となるための必要かつ十分な条件は，適当な定数 a, b, c, d によって，T が
>
> $$\begin{cases} u_1 = ax_1 + bx_2 \\ u_2 = cx_1 + dx_2 \end{cases} \tag{2}$$
>
> と表わされることである．

【証明】 条件が十分なこと，すなわち T がこのように表わされていれば線形写像となることは，前講で証明しておいた．

条件が必要なことを示そう．T を線形写像とする．任意の $\boldsymbol{x}$ をとり，これを (1) 式のように表示しておく．そのとき，T の線形性から

$$\begin{aligned} T(\boldsymbol{x}) &= T(x_1\boldsymbol{e}_1 + x_2\boldsymbol{e}_2) \\ &= x_1T(\boldsymbol{e}_1) + x_2T(\boldsymbol{e}_2) \end{aligned}$$

となる．したがって

$$T(\boldsymbol{e}_1) = \begin{pmatrix} a \\ c \end{pmatrix}, \quad T(\boldsymbol{e}_2) = \begin{pmatrix} b \\ d \end{pmatrix}$$

とおくと，

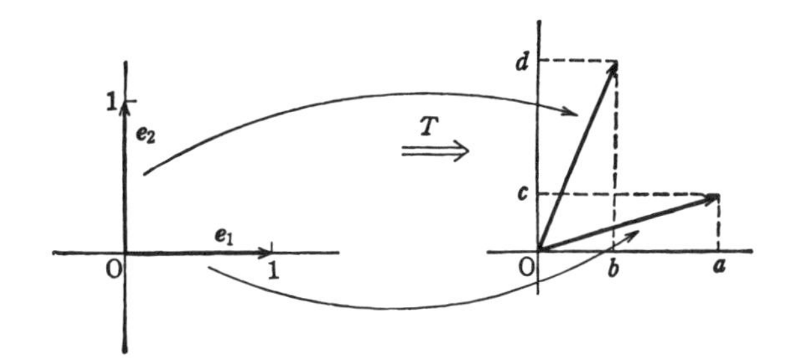

図 19

$$\begin{aligned} T(\boldsymbol{x}) = T\begin{pmatrix} x_1 \\ x_2 \end{pmatrix} &= x_1\begin{pmatrix} a \\ c \end{pmatrix} + x_2\begin{pmatrix} b \\ d \end{pmatrix} \\ &= \begin{pmatrix} ax_1 \\ cx_1 \end{pmatrix} + \begin{pmatrix} bx_2 \\ dx_2 \end{pmatrix} \\ &= \begin{pmatrix} ax_1 + bx_2 \\ cx_1 + dx_2 \end{pmatrix} \end{aligned}$$

となり，したがって (2) 式が成り立つ． ∎

すなわち，T が線形写像となることは，数ベクトルの成分を用いて，式の形で表示してみると，(2) 式のように，定数項を含まない x_1 と x_2 に関する 1 次式として表わされるということである．この意味で線形写像のことを 1 次写像とか，1 次変換ということもある．

上の証明の途中に現われた事実は，あとで使うこともあるので，取り出してかいておこう．

> 線形写像 T の表示 (2) において
>
> $$T(\boldsymbol{e}_1) = \begin{pmatrix} a \\ c \end{pmatrix}, \quad T(\boldsymbol{e}_2) = \begin{pmatrix} b \\ d \end{pmatrix}$$

【例】 座標平面を，原点を中心として，角 θ だけ (時計の針と逆方向に) 回転する写像 T は線形写像である (回転によっても，平行四辺形の形は保たれるし，1 つのベクトルが他のベクトルの何倍になっているという性質も保たれる)．角 θ だけ回転すると，点 (1, 0) は座標 $(\cos\theta, \sin\theta)$ をもつ点に移り，点 (0, 1) は，座標 $(-\sin\theta, \cos\theta)$ をもつ点に移る．したがって T を表わす式は

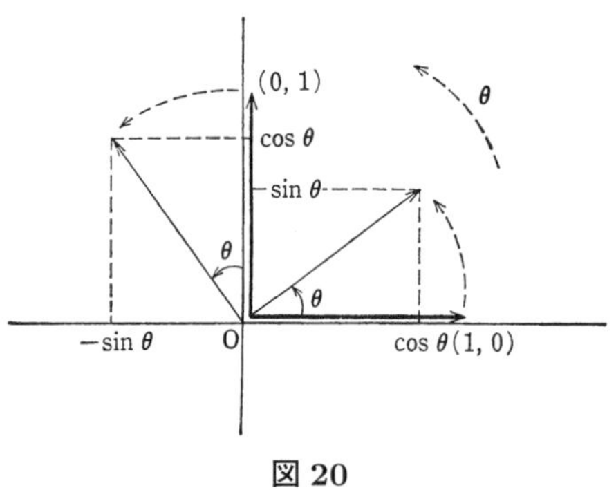

図 20

$$\begin{cases} u_1 = \cos\theta\, x_1 - \sin\theta\, x_2 \\ u_2 = \sin\theta\, x_1 + \cos\theta\, x_2 \end{cases}$$

となる．

線形写像の行列表示

T が $\boldsymbol{R}^2$ から $\boldsymbol{R}^2$ への線形写像のとき，関係 (2) を

$$\begin{pmatrix} u_1 \\ u_2 \end{pmatrix} = \begin{pmatrix} a & b \\ c & d \end{pmatrix} \begin{pmatrix} x_1 \\ x_2 \end{pmatrix}$$

とかき，T の行列表示という．この右辺に現われた

$$\begin{pmatrix} a & b \\ c & d \end{pmatrix}$$

を2次の行列という.

上に述べたことを繰り返せば，この第1列目の列ベクトル $\begin{pmatrix} a \\ c \end{pmatrix}$ が $T(\boldsymbol{e}_1)$ を表わし，第2列目の列ベクトル $\begin{pmatrix} b \\ d \end{pmatrix}$ が $T(\boldsymbol{e}_2)$ を表わしている.

合成写像と行列の積

$\boldsymbol{R}^2$ から $\boldsymbol{R}^2$ への2つの線形写像 S, T が与えられたとき，

$$S \circ T(\boldsymbol{x}) = S(T(\boldsymbol{x}))$$

とおくことにより，S と T の合成写像 $S \circ T$ を考えることができる．あるいは

$$\underbrace{\boldsymbol{R}^2 \xrightarrow{T} \boldsymbol{R}^2 \xrightarrow{S} \boldsymbol{R}^2}_{S \circ T}$$

とかいておいた方がわかりやすいかもしれない.

合成写像 $S \circ T$ は，再び線形写像となる．実際，T と S の線形性を順次使うことにより，

$$\begin{aligned} S \circ T(\boldsymbol{x} + \boldsymbol{y}) = S(T(\boldsymbol{x} + \boldsymbol{y})) &= S(T(\boldsymbol{x}) + T(\boldsymbol{y})) \\ &= S \circ T(\boldsymbol{x}) + S \circ T(\boldsymbol{y}) \end{aligned}$$

同様にして

$$S \circ T(\alpha \boldsymbol{x}) = S(T(\alpha \boldsymbol{x})) = S(\alpha T(\boldsymbol{x})) = \alpha S \circ T(\boldsymbol{x})$$

が得られるからである．次のことを示しておこう.

S を表わす行列を $A = \begin{pmatrix} a & b \\ c & d \end{pmatrix}$，$T$ を表わす行列を $B = \begin{pmatrix} a' & b' \\ c' & d' \end{pmatrix}$

とする．このとき

> 合成写像 $S \circ T$ を表わす行列は
>
> $$\begin{pmatrix} aa' + bc' & ab' + bd' \\ ca' + dc' & cb' + dd' \end{pmatrix} \tag{3}$$
>
> で与えられる.

【証明】 基底ベクトル $\boldsymbol{e}_1, \boldsymbol{e}_2$ に対して $S \circ T(\boldsymbol{e}_1)$，$S \circ T(\boldsymbol{e}_2)$ を求めてみよう．

$$\begin{aligned} S \circ T(\boldsymbol{e}_1) &= S(a'\boldsymbol{e}_1 + c'\boldsymbol{e}_2) = a'S(\boldsymbol{e}_1) + c'S(\boldsymbol{e}_2) \\ &= a'(a\boldsymbol{e}_1 + c\boldsymbol{e}_2) + c'(b\boldsymbol{e}_1 + d\boldsymbol{e}_2) \\ &= (aa' + bc')\boldsymbol{e}_1 + (ca' + dc')\boldsymbol{e}_2, \end{aligned}$$

同様にして

$$S \circ T(\boldsymbol{e}_2) = \big(ab' + bd'\big)\boldsymbol{e}_1 + \big(cb' + dd'\big)\boldsymbol{e}_2$$

となる．このそれぞれの $\boldsymbol{e}_1, \boldsymbol{e}_2$ の係数は，ちょうど (3) 式の行列の列ベクトルになっていることがわかる．したがって $S \circ T$ を表わす行列は (3) 式である．■

(3) 式を行列 A, B の積といい，AB で表わす．そして，これを，行列 A と B に対する1つの演算規則であると考えることにする．

行列の積：$\begin{pmatrix} a & b \\ c & d \end{pmatrix}\begin{pmatrix} a' & b' \\ c' & d' \end{pmatrix} = \begin{pmatrix} aa' + bc' & ab' + bd' \\ ca' + dc' & cb' + dd' \end{pmatrix}$

この積を求める規則は，よく見ると次のように矢印の方向でかけ合わせて加えていることがわかる．

$$\begin{pmatrix} \Longrightarrow \\ \end{pmatrix}\begin{pmatrix} \Big\Downarrow & \end{pmatrix} = \begin{pmatrix} \blacksquare & \\ & \end{pmatrix}, \quad \begin{pmatrix} \Longrightarrow \\ \end{pmatrix}\begin{pmatrix} & \Big\Downarrow \end{pmatrix} = \begin{pmatrix} & \blacksquare \\ & \end{pmatrix}$$

$$\begin{pmatrix} \\ \Longrightarrow \end{pmatrix}\begin{pmatrix} \Big\Downarrow & \end{pmatrix} = \begin{pmatrix} & \\ \blacksquare & \end{pmatrix}, \quad \begin{pmatrix} \\ \Longrightarrow \end{pmatrix}\begin{pmatrix} & \Big\Downarrow \end{pmatrix} = \begin{pmatrix} & \\ & \blacksquare \end{pmatrix}$$

行列の和とスカラー積

行列の和とスカラー積を次のように定義する．

行列の和：$\begin{pmatrix} a & b \\ c & d \end{pmatrix} + \begin{pmatrix} a' & b' \\ c' & d' \end{pmatrix} = \begin{pmatrix} a + a' & b + b' \\ c + c' & d + d' \end{pmatrix}$

スカラー積：$\alpha\begin{pmatrix} a & b \\ c & d \end{pmatrix} = \begin{pmatrix} \alpha a & \alpha b \\ \alpha c & \alpha d \end{pmatrix}$　(α は実数)

2次の行列を $A, B, C, \ldots$ のようにかき，和 $A + B$ とスカラー積 αA の性質を調べてみると，容易にわかるように，第5講で述べたベクトルの演算に関する〔演算の基本規則〕❶～❽に対応する規則が，ここでも成り立つことがわかる．

ここで零ベクトルに対応するものは，零行列

$$0=\begin{pmatrix}0 & 0\\ 0 & 0\end{pmatrix}$$

である．

問 1　$A=\begin{pmatrix}1 & 0\\ 1 & 1\end{pmatrix}$，$B=\begin{pmatrix}1 & 1\\ 0 & 1\end{pmatrix}$ とする．AB と BA を求め，この場合

$$AB \neq BA$$

となることを示せ．

問 2　どんな行列 X をとっても

$$AX = XA$$

が成り立つような A は

$$A=\begin{pmatrix}a & 0\\ 0 & a\end{pmatrix}$$

の形のものに限ることを示せ．

問 3　次の等式を示せ．

1)　$A(B+C)=AB+AC$

2)　$(A+B)C=AC+BC$

3)　$(AB)C=A(BC)$

Tea Time

行列の積を用いて三角関数の加法定理を導く

座標平面を，原点を中心として角 θ だけ (時計の針と逆方向に) 回転する写像を T_θ とすると，T_θ は線形写像である (前述)．はじめに角 θ' だけ回転し，引続いて角 θ だけ回転すると，結果においては，原点を中心として，角 $\theta+\theta'$ だけ回転したことになる．すなわち，T_θ と $T_{\theta'}$ の合成写像は，$T_{\theta+\theta'}$ である．$T_{\theta+\theta'}=T_\theta T_{\theta'}$．このことを行列で表わすと

$$\begin{pmatrix}\cos(\theta+\theta') & -\sin(\theta+\theta')\\ \sin(\theta+\theta') & \cos(\theta+\theta')\end{pmatrix}=\begin{pmatrix}\cos\theta & -\sin\theta\\ \sin\theta & \cos\theta\end{pmatrix}\begin{pmatrix}\cos\theta' & -\sin\theta'\\ \sin\theta' & \cos\theta'\end{pmatrix}$$

となる．右辺を行列の積の規則に従って計算し，左辺と見くらべると

$$\cos(\theta+\theta')=\cos\theta\cos\theta'-\sin\theta\sin\theta'$$

$$\sin(\theta+\theta') = \sin\theta\cos\theta' + \cos\theta\sin\theta'$$

となる．この公式は，三角関数の加法定理といわれている．

質問　行列の積は，合成写像を表わしていることはわかりましたが，行列の和とスカラー積は，線形写像の立場ではどのように説明されるのでしょうか．

答　行列 A は，線形写像 S を表わすとし，行列 B は，線形写像 T を表わしているとする．そのとき，任意の $\boldsymbol{x}$ に対し，$S(\boldsymbol{x})+T(\boldsymbol{x})$ を対応させる対応は，新しい線形写像となる．この線形写像を $S+T$ とかくと，$S+T$ を行列で表現したものがちょうど $A+B$ となっている (図 21)．

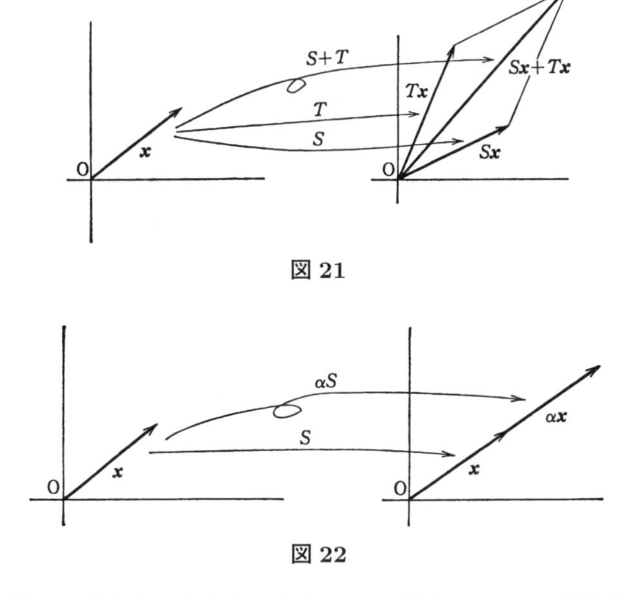

図 21

図 22

また，実数 α が与えられたとき，任意の $\boldsymbol{x}$ に対して $\alpha S(\boldsymbol{x})$ を対応させる対応は，また新しい線形写像となる．この線形写像を αS とかくと，αS を行列で表現したものが，ちょうど αA となっている (図 22)．

第 8 講

正則写像 ($\boldsymbol{R}^2$ の場合)

テーマ

- ◆ 2 次元の数ベクトルに対しての 1 次独立性
- ◆ 1 次独立性と斜交座標系
- ◆ 斜交座標系の基底ベクトル
- ◆ 正則写像
- ◆ 正則写像によって，1 次独立性は保たれる．
- ◆ 正則写像と逆写像

1 次独立な 2 つのベクトル

2 次元の数ベクトル $\boldsymbol{x}, \boldsymbol{y}$ に対して，1 次独立の概念を導入したい．

まず $\boldsymbol{x}$ も $\boldsymbol{y}$ も零ベクトルでないときには，$\boldsymbol{y}$ が $\boldsymbol{x}$ の何倍かとなっていないとき，すなわちベクトル $\boldsymbol{y}$ がベクトル $\boldsymbol{x}$ の延長上にないとき，$\boldsymbol{y}$ は $\boldsymbol{x}$ と独立な方向にあるという．あるいは，$\boldsymbol{y}$ は $\boldsymbol{x}$ と 1 次独立であるという．このいい方は，図 23 の上からも明快である．

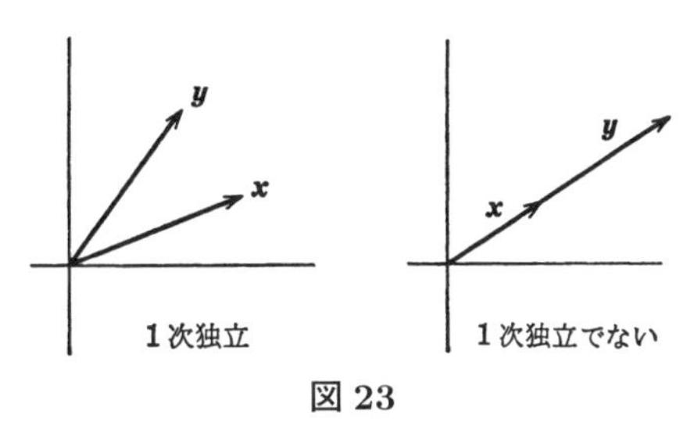

図 23

もちろん $\boldsymbol{y}$ が $\boldsymbol{x}$ の延長上になければ，$\boldsymbol{x}$ は $\boldsymbol{y}$ の延長上にない．すなわち 1 次独立という関係は，$\boldsymbol{x}$ と $\boldsymbol{y}$ につき相互的である．したがって，$\boldsymbol{x}$ と $\boldsymbol{y}$ は互いに 1 次独立であるといういい方の方がよいだろう．

問題は，$\boldsymbol{x}$ と $\boldsymbol{y}$ の少なくとも一方が零ベクトルとなったとき，独立ということをどう考えるかにかかっている．私達は，$\boldsymbol{x}$ と $\boldsymbol{y}$ のうち，どちらか一方が零ベクトルのときには，$\boldsymbol{x}$ と $\boldsymbol{y}$ は 1 次独立でないと考えることにしたい．

この場合も含めて，1 次独立の定義を与えるには，次のようにするとよい．

【定義】 数ベクトル $\boldsymbol{x}$ と $\boldsymbol{y}$ が1次独立であるとは,

$$\alpha\boldsymbol{x} + \beta\boldsymbol{y} = 0 \tag{1}$$

となるのは, $\alpha = \beta = 0$ のときに限るときである.

$\boldsymbol{x}$ と $\boldsymbol{y}$ が, この定義に従って1次独立であるとしよう. このとき, $\boldsymbol{x} \neq 0$, $\boldsymbol{y} \neq 0$ である. なぜなら, もし $\boldsymbol{x} = 0$ とすると

$$1\boldsymbol{x} + 0\boldsymbol{y} = 0$$

となり, 関係 (1) 式が $\alpha = 1$, $\beta = 0$ で成り立ってしまうからである.

また, $\boldsymbol{x}$ と $\boldsymbol{y}$ が1次独立でないということは, α と β のどちらか少なくとも一方, たとえば α が0でなくて関係 (1) が成り立つことであり, このとき

$$\boldsymbol{y} = -\frac{\alpha}{\beta}\boldsymbol{x}$$

となる. すなわち $\boldsymbol{y}$ は $\boldsymbol{x}$ の延長上にあることになる.

結局, $\boldsymbol{x}$ と $\boldsymbol{y}$ が1次独立であるという上の定義は, $\boldsymbol{x} \neq 0$, $\boldsymbol{y} \neq 0$ であって, かつ $\boldsymbol{x}$ と $\boldsymbol{y}$ は独立な方向にあるということを述べていることになる.

斜交座標

$\boldsymbol{f}_1$ と $\boldsymbol{f}_2$ を1次独立なベクトルとする. 座標平面上の任意の点Pをとる. Pが, $\boldsymbol{f}_1$ の延長線上にあるときは, $\overrightarrow{\mathrm{OP}} = \alpha\boldsymbol{f}_1$ と表わされ, Pが $\boldsymbol{f}_2$ の延長線上にあるときは, $\overrightarrow{\mathrm{OP}} = \beta\boldsymbol{f}_2$ と表わされる (α, β は適当な定数). これ以外のときには, $\boldsymbol{f}_1$ を何倍かし, $\boldsymbol{f}_2$ を何倍かして, これらを2辺とする平行四辺形をつくると, 点Pはこの平行四辺形の他の頂点となるようにできる (図24). すなわち, $\boldsymbol{x} = \overrightarrow{\mathrm{OP}}$ とすると, いずれの場合でも, 定数 α, β を適当にとることにより

$$\boldsymbol{x} = \alpha\boldsymbol{f}_1 + \beta\boldsymbol{f}_2 \tag{2}$$

と表わされる.

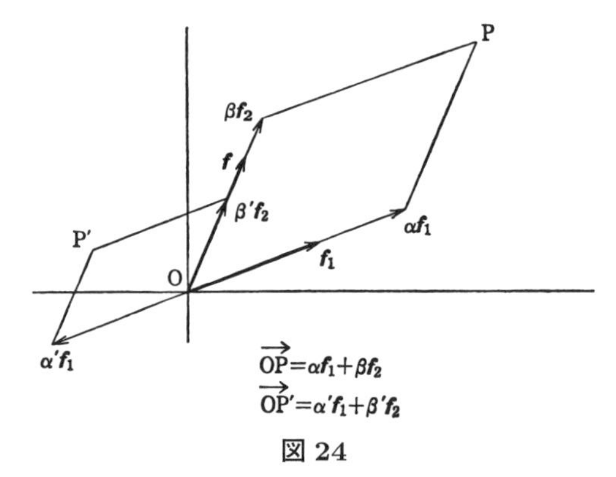

図 24

$\beta = 0$ のときが，$\boldsymbol{x}$ が $\boldsymbol{f}_1$ の延長上にある場合であり，$\alpha = 0$ のときが，$\boldsymbol{x}$ が $\boldsymbol{f}_2$ の延長上にあるときである．

$\boldsymbol{x}$ が与えられたとき，(2) 式のような表わし方は一通りである．これは図からも明らかであるが，$\boldsymbol{f}_1$ と $\boldsymbol{f}_2$ が 1 次独立であるという定義に戻って，次のように示すこともできる．

$$\boldsymbol{x} = \alpha\boldsymbol{f}_1 + \beta\boldsymbol{f}_2 = \alpha'\boldsymbol{f}_1 + \beta'\boldsymbol{f}_2$$

と二通りに表わされたとする．このとき

$$(\alpha - \alpha')\boldsymbol{f}_1 + (\beta - \beta')\boldsymbol{f}_2 = 0$$

したがって 1 次独立の定義から，$\alpha = \alpha'$，$\beta = \beta'$ となる．

平面上の任意の点 P，同じことであるが任意のベクトル $\boldsymbol{x}$ が，(2) 式のようにただ一通りに表わされるということは，この係数 α と β を，点 P (または $\boldsymbol{x}$) に対する新しい 1 つの座標と考えてもよいことを意味している．このようにして得られた座標を，$\{\boldsymbol{f}_1, \boldsymbol{f}_2\}$ を斜交座標系として得られた斜交座標という．そして，$\boldsymbol{f}_1, \boldsymbol{f}_2$ を，この斜交座標系の基底ベクトルという．

すなわち

> 1 次独立な 2 つのベクトル $\boldsymbol{f}_1, \boldsymbol{f}_2$ は，斜交座標系の基底ベクトルとなる．

正 則 写 像

$\boldsymbol{R}^2$ から $\boldsymbol{R}^2$ への写像 T が 1 対 1 であるとは

$$\boldsymbol{x} \neq \boldsymbol{y} \quad \Rightarrow \quad T(\boldsymbol{x}) \neq T(\boldsymbol{y})$$

が成り立つことである．線形写像 T に対しては $T(0) = 0$ だから，T が 1 対 1 の線形写像ならば，$T(\boldsymbol{x}) = 0$ となる $\boldsymbol{x}$ は 0 だけである．

【定義】 $\boldsymbol{R}^2$ から $\boldsymbol{R}^2$ への線形写像 T が 1 対 1 のとき，T は正則な写像であるという．

正則写像の 1 つの基本的な性質は，次のことが成り立つことである．

> T を正則な写像とする．このとき，1 次独立なベクトル $\boldsymbol{x}, \boldsymbol{y}$ の T による像 $T(\boldsymbol{x})$，$T(\boldsymbol{y})$ は，また 1 次独立である．

【証明】　$\alpha T(\boldsymbol{x}) + \beta T(\boldsymbol{y}) = 0$ という関係が成り立つのは，$\alpha = \beta = 0$ のときだけであることを示すとよい．T の線形性を用いると，この関係から

$$T(\alpha \boldsymbol{x} + \beta \boldsymbol{y}) = 0$$

が導かれる．T は 1 対 1 だから，このことが成り立つのは

$$\alpha \boldsymbol{x} + \beta \boldsymbol{y} = 0$$

のときだけである．$\boldsymbol{x}$ と $\boldsymbol{y}$ は 1 次独立だから，$\alpha = \beta = 0$ となる． ∎

$\boldsymbol{R}^2$ の基底ベクトル

$$\boldsymbol{e}_1 = \begin{pmatrix} 1 \\ 0 \end{pmatrix}, \quad \boldsymbol{e}_2 = \begin{pmatrix} 0 \\ 1 \end{pmatrix}$$

は 1 次独立である．T を正則な写像とし，

$$\boldsymbol{f}_1 = T(\boldsymbol{e}_1), \quad \boldsymbol{f}_2 = T(\boldsymbol{e}_2)$$

とおくと，上の結果から，$\boldsymbol{f}_1, \boldsymbol{f}_2$ は 1 次独立となり，したがって $\{\boldsymbol{f}_1, \boldsymbol{f}_2\}$ は斜交座標の基底ベクトルをつくっている．

いま，任意のベクトル $\boldsymbol{x}$ を

$$\boldsymbol{x} = x_1 \boldsymbol{e}_1 + x_2 \boldsymbol{e}_2$$

と表わしておくと，

$$T(\boldsymbol{x}) = x_1 \boldsymbol{f}_1 + x_2 \boldsymbol{f}_2$$

となる．

このことは，標準的な直交座標で，座標 (x_1, x_2) をもつ点 P は，正則な写像 T によって，斜交座標系 $\{\boldsymbol{f}_1, \boldsymbol{f}_2\}$ に関して同じ座標 (x_1, x_2) をもつ点 P$'$ に移って

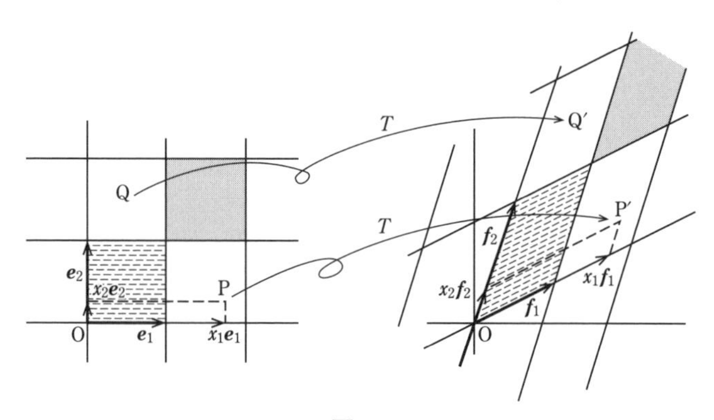

図 25

いることを意味している (読者は，図 25 で，この対応の仕方をよく見ておいてほしい).

このことからまた

(∗) T が正則写像のとき，任意の $\boldsymbol{y}$ に対して

$$T(\boldsymbol{x}) = \boldsymbol{y}$$

となる $\boldsymbol{x}$ が，ただ 1 つ存在する

こともわかる．なぜなら

$$\boldsymbol{y} = y_1\boldsymbol{f}_1 + y_2\boldsymbol{f}_2 \tag{3}$$

と表わしたとき，$T(\boldsymbol{x}) = \boldsymbol{y}$ となる $\boldsymbol{x}$ は

$$\boldsymbol{x} = y_1\boldsymbol{e}_1 + y_2\boldsymbol{e}_2 \tag{4}$$

で与えられるからである．

なお，(3) 式と (4) 式との対応を示したいままでの議論を振り返ってみると，同時に，次のことも示されたことになる．

T を $\boldsymbol{R}^2$ から $\boldsymbol{R}^2$ への線形写像とする．もし $T(\boldsymbol{e}_1)$，$T(\boldsymbol{e}_2)$ が 1 次独立ならば，T は正則な写像である．

逆　写　像

T が正則写像のとき，(∗) から任意の $\boldsymbol{y}$ に対して，$T(\boldsymbol{x}) = \boldsymbol{y}$ となる $\boldsymbol{x}$ がただ 1 つ決まる．したがって

$$\boldsymbol{y} \longrightarrow \boldsymbol{x}$$

という対応が得られる．この対応を T^{-1} とかき，T の逆写像という．(3) 式と (4) 式を見くらべると，T^{-1} は線形写像であることは明らかであろう．T と T^{-1} との関係は下の図式のようになっている．

$$\begin{array}{ccc} \boldsymbol{R}^2 & \underset{T^{-1}}{\overset{T}{\rightleftarrows}} & \boldsymbol{R}^2 \\ \cup & & \cup \\ \boldsymbol{x} & \leftrightarrow & \boldsymbol{y} \end{array}$$

したがって $T^{-1}(T(\boldsymbol{x})) = \boldsymbol{x}$，$T(T^{-1}(\boldsymbol{y})) = \boldsymbol{y}$ が成り立つ．

問1　$\boldsymbol{R}^2$ から $\boldsymbol{R}^2$ への線形写像が行列

$$\begin{pmatrix} 1 & 1 \\ 1 & 2 \end{pmatrix}$$

で与えられているとき，実際斜交座標をとって，(3) 式と (4) 式の対応をいくつかの点で調べてみよ．

問2　T を $\boldsymbol{R}^2$ から $\boldsymbol{R}^2$ への線形写像とし，$\boldsymbol{f}_1, \boldsymbol{f}_2$ を1次独立なベクトルとする．もし $T(\boldsymbol{f}_1)$，$T(\boldsymbol{f}_2)$ が再び1次独立なベクトルとなるならば，T は正則写像であることを示せ．

Tea Time

一つの注意

斜交座標という考えを用いて，正則な写像の対応を，図25のように示すことは，非常に見やすくて便利である．しかし，たとえば

$$A = \begin{pmatrix} 1 & 1 \\ 1 & 2 \end{pmatrix}, \quad B = \begin{pmatrix} 2 & -1 \\ 1 & 2 \end{pmatrix}$$

と行列で表わされる写像に対して，A, B の写像する模様を，斜交座標系を用いて，図26，図27のように表示しても，この2つの表示だけから，合成写像 AB の写像の模様を図示することは難しい．実際合成写像 AB を斜交座標を用いてこのように図示したければ，図27の座標ベクトルを A で移して

$$\boldsymbol{f}_1 = A\begin{pmatrix} 2 \\ 1 \end{pmatrix} = \begin{pmatrix} 3 \\ 4 \end{pmatrix},$$

$$\boldsymbol{f}_2 = A\begin{pmatrix} -1 \\ 2 \end{pmatrix} = \begin{pmatrix} 1 \\ 3 \end{pmatrix}$$

とおき，$\boldsymbol{f}_1, \boldsymbol{f}_2$ を基底ベクトルとする斜交座標系を用いる必要がある．

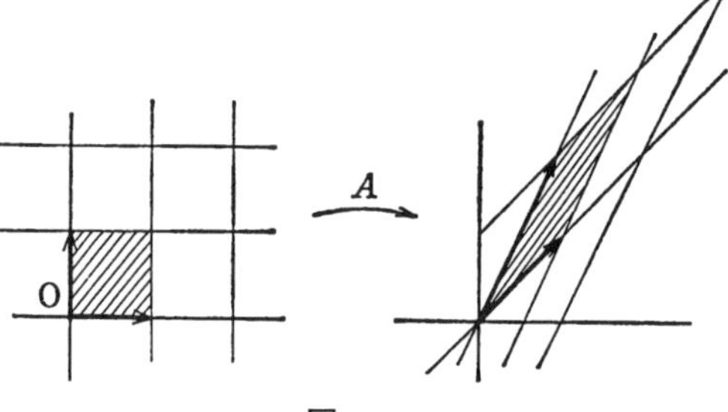

図26

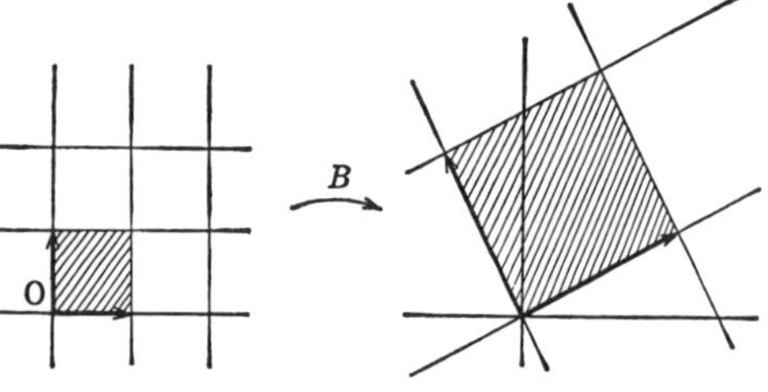

図27

質問　斜交座標は，直交座標のようによく使われるのでしょうか．

答　いま見たように，斜交座標から直交座標へは線形写像 (1 次式！) で移れるから，直線の式などを扱うときには，それほど大きな違いはない．しかし，一般的には，図形を取り扱う場合，斜交座標では数式の表示が難しくなって，特定な問題に対するとき以外には，あまり用いられないのがふつうである．

たとえば，直交座標で，座標 $(1,2)$ をもつ点 P の原点からの距離は $\sqrt{1^2+2^2}=\sqrt{5}$ であるが，斜交軸のなす角が θ である斜交座標で，座標 $(1,2)$ をもつ点 P の原点からの距離は

$$\sqrt{1^2+2^2+2\times 1\times 2\cos\theta}$$
$$=\sqrt{5+4\cos\theta}$$

となって，式が複雑となる．

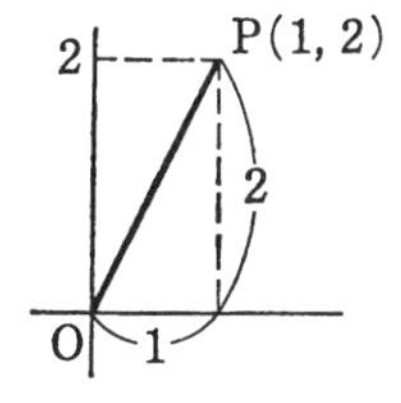

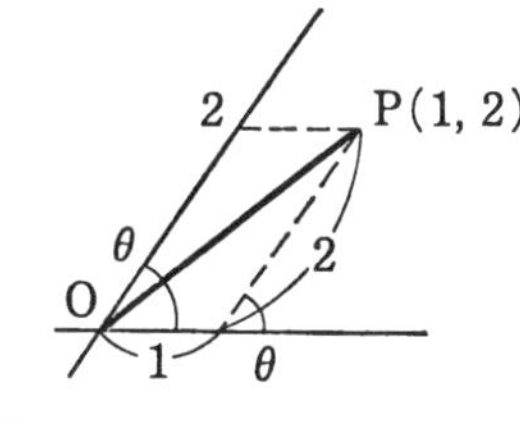

図 28

第 9 講

逆写像と連立方程式

テーマ

- ◆ 正則行列と列ベクトルの 1 次独立性
- ◆ 逆写像の行列表示，逆行列
- ◆ 逆行列の具体的な表示——連立方程式の解
- ◆ $D = ad - bc$ の幾何学的な意味
- ◆ 逆行列の積

正則行列

$\boldsymbol{R}^2$ から $\boldsymbol{R}^2$ への正則な線形写像 T が行列

$$A = \begin{pmatrix} a & b \\ c & d \end{pmatrix}$$

で表わされているとき，この行列 A を正則行列という．A の列ベクトルは，前講で $\boldsymbol{f}_1, \boldsymbol{f}_2$ と表わしたものである．このことに注意すると，前講での議論から次のことが成り立つことがわかる．

> A が正則行列となる必要かつ十分な条件は，列ベクトル
>
> $$\begin{pmatrix} a \\ c \end{pmatrix}, \quad \begin{pmatrix} b \\ d \end{pmatrix}$$
>
> が 1 次独立なことである．

逆行列

正則な線形写像 T には，逆写像 T^{-1} が存在する．T^{-1} も線形写像だから，T^{-1} をある行列によって表わすことができる．この行列を A^{-1} とおき，A の逆行列という．

$\boldsymbol{R}^2$ の恒等写像 I, すなわち各ベクトル $\boldsymbol{x}$ を自分自身に対応させる線形写像 I を表わす行列は

$$E = \begin{pmatrix} 1 & 0 \\ 0 & 1 \end{pmatrix}$$

であって, E を単位行列という.

$T^{-1}(T(\boldsymbol{x})) = \boldsymbol{x}$, $T(T^{-1}(\boldsymbol{y})) = \boldsymbol{y}$ は,

$$T^{-1} \circ T = I, \quad T \circ T^{-1} = I$$

と表わされ, これはまた行列表示へと移って

$$\boxed{A^{-1}A = E, \quad AA^{-1} = E}$$

と表わされる.

逆行列の表示

$\boldsymbol{x} = \begin{pmatrix} x_1 \\ x_2 \end{pmatrix}$ と $\boldsymbol{y} = \begin{pmatrix} y_1 \\ y_2 \end{pmatrix}$ の間に関係 $A\boldsymbol{x} = \boldsymbol{y}$ が成り立つということは

$$\begin{pmatrix} a & b \\ c & d \end{pmatrix} \begin{pmatrix} x_1 \\ x_2 \end{pmatrix} = \begin{pmatrix} y_1 \\ y_2 \end{pmatrix}$$

あるいは同じことであるが

$$\begin{cases} ax_1 + bx_2 = y_1 \\ cx_1 + dx_2 = y_2 \end{cases}$$

が成り立つことである. したがって $A^{-1}\boldsymbol{y} = \boldsymbol{x}$ の表示を求めるには, この連立方程式を解いて, $\boldsymbol{x}$ を $\boldsymbol{y}$ で表わすとよい. 第 2 講での公式を用いると, x_1, x_2 は, y_1, y_2 によって

$$\begin{cases} x_1 = \dfrac{d}{D} y_1 - \dfrac{b}{D} y_2 \\ x_2 = \dfrac{-c}{D} y_1 + \dfrac{a}{D} y_2 \end{cases} \tag{1}$$

と表わされていることがわかる. ここで

$$D = ad - bc$$

であり, すぐあとで注意するように, A が正則行列のとき, $D \neq 0$ となっている.

(1) 式は

$$\begin{pmatrix} x_1 \\ x_2 \end{pmatrix} = \begin{pmatrix} \dfrac{d}{D} & \dfrac{-b}{D} \\ \dfrac{-c}{D} & \dfrac{a}{D} \end{pmatrix} \begin{pmatrix} y_1 \\ y_2 \end{pmatrix} = \frac{1}{D} \begin{pmatrix} d & -b \\ -c & a \end{pmatrix} \begin{pmatrix} y_1 \\ y_2 \end{pmatrix}$$

と表わされる．したがって

$$A^{-1} = \frac{1}{D} \begin{pmatrix} d & -b \\ -c & a \end{pmatrix}$$

であることがわかった．

$\boldsymbol{D = ad - bc}$ の幾何学的な意味

前講のように

$$\boldsymbol{f}_1 = \begin{pmatrix} a \\ c \end{pmatrix}, \quad \boldsymbol{f}_2 = \begin{pmatrix} b \\ d \end{pmatrix}$$

とおく．A が正則行列ならば，$\boldsymbol{f}_1$ と $\boldsymbol{f}_2$ は 1 次独立であって，したがって座標平面上で，$\boldsymbol{f}_1$ と $\boldsymbol{f}_2$ を 2 辺とする平行四辺形 Γ をつくることができる (図 29).

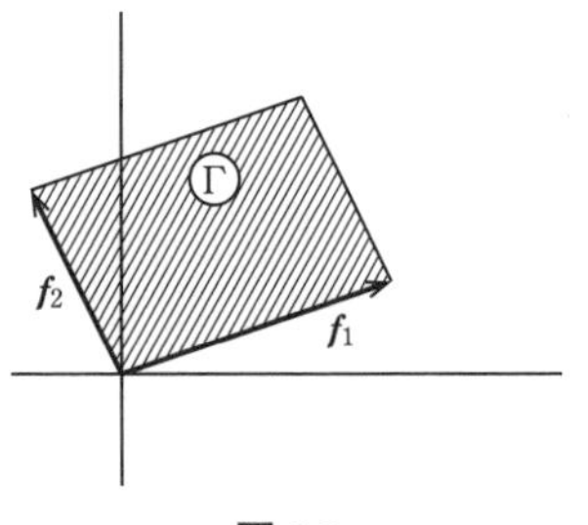

図 29

このとき

$$(*) \quad \Gamma \text{の面積} = \pm(ad - bc)$$

が成り立つ．ここで右辺の符号は，$\boldsymbol{f}_1$ から $\boldsymbol{f}_2$ へ回る向きが，時計の針と逆方向のときは $+$，そうでないときには $-$ をとる．このように符号をとっておくと，右辺は常に正となる．

したがってさしあたりこの結果を認めることにすれば，A が正則行列ならば Γ の面積は正であり，したがって

$$D = ad - bc \neq 0$$

が常に成り立つ．

もし, A が正則行列でなければ, $\boldsymbol{f}_1$ と $\boldsymbol{f}_2$ は 1 次独立でなく，したがって $\boldsymbol{f}_1 = \alpha \boldsymbol{f}_2$

か $\boldsymbol{f}_2 = \beta \boldsymbol{f}_1$ と表わされ，このときは反対に $ad - bc = 0$ となることは容易に確かめられる (Γ がつぶれている！).

まとめると次のことが示された.

$$A = \begin{pmatrix} a & b \\ c & d \end{pmatrix} \text{ が正則行列} \Longleftrightarrow D = \begin{vmatrix} a & b \\ c & d \end{vmatrix} \neq 0$$

そこで $(*)$ を証明することがまだ残っている．これは図 30 で

$$\Gamma \text{ の面積} = 2 \times (\triangle \mathrm{OBD} \text{ の面積})$$

であり，一方 △OBD の面積は，長方形 ACDE の面積から，△OAB，△BCD，△ODE の面積を引けば求められる．この計算は簡単なので，ここでは省略する.

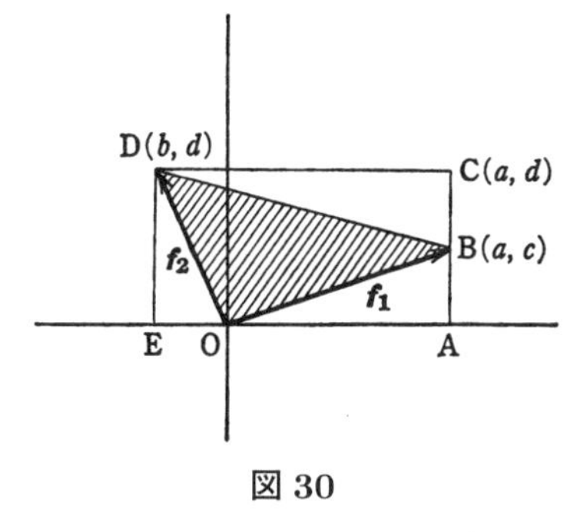

図 30

逆行列の積

S と T が, $\boldsymbol{R}^2$ から $\boldsymbol{R}^2$ への正則な線形写像ならば, 合成写像 $S \circ T$ もまた正則である．実際, $\boldsymbol{x} \neq \boldsymbol{y}$ ならば $T(\boldsymbol{x}) \neq T(\boldsymbol{y})$ であり，したがってまた $S(T(\boldsymbol{x})) \neq S(T(\boldsymbol{y}))$ が成り立つからである.

S を表わす行列を A，T を表わす行列を B とすると，このことは,

A, B が正則行列ならば, AB も正則行列である

ことを示している.

このとき逆行列について，次の公式が成り立つ.

$$(AB)^{-1} = B^{-1} A^{-1}$$

この公式は直接計算してもわかるが，それでは，左辺と右辺で積の順序が逆になる理由がはっきりしない．これは次のように A, B に対応する写像 S, T に戻って考えると簡明である.

$$\overset{S\circ T}{\longrightarrow}$$
$$\boldsymbol{R}^2 \underset{T^{-1}}{\overset{T}{\rightleftarrows}} \boldsymbol{R}^2 \underset{S^{-1}}{\overset{S}{\rightleftarrows}} \boldsymbol{R}^2$$
$$\underset{(S\circ T)^{-1}}{\longleftarrow}$$

逆写像は，戻ってくる写像だから，行くときとは順序が逆となり，この図からも明らかに $(S\circ T)^{-1} = T^{-1}\circ S^{-1}$ となる．この式を行列で表わせば，$(AB)^{-1} = B^{-1}A^{-1}$ が示されたことになる．

問 1　次の逆行列を求めよ．

1) $\begin{pmatrix} 2 & 3 \\ 4 & -5 \end{pmatrix}$

2) $\begin{pmatrix} \cos\theta & -\sin\theta \\ \sin\theta & \cos\theta \end{pmatrix}$

問 2　2 つの行列 A, B をとって，かけたところ

$$AB = \begin{pmatrix} 1 & 2 \\ 2 & 4 \end{pmatrix}$$

になったという．このとき，A, B のうち少なくとも 1 つは正則行列ではないことを示せ．

Tea Time

質問　行列と行列式とは言葉が似ていて，どうもまぎらわしいのですが，ここでのお話，特に，正則行列となる判定条件が $D \neq 0$ で与えられる，を聞いて，私なりに思ったことは次のようなことです．行列を 2 次関数にたとえれば，行列式は，行列に対して判別式のような役目をしていると考えてよいのだろうかということです．この点はどうなのでしょうか．

答　このように，類似をたどることによって，新しい概念を理解しようと試みることは，大変よいことだと思う．行列は一種の関数記号のようなものであるし，行列式は行列の成分——係数に相当する——からつくられた式である．この点で

は，この行列と行列式の関係は，2 次関数と判別式の関係に類似している．また行列が正則であるかどうかの判定に，行列式の値が 0 でないことが用いられることは，2 次関数のグラフが x 軸と交わるか交わらないかの判定に，判別式の符号が用いられることと，強い類似性がある．

しかし，これはあくまで機能的な類似であって，本質的な類似というべきものではないだろう．実際，行列で表わされる式は，いくつかの変数に関係する 1 次式であって，それがもつ性質は，2 次関数とまったく異なっている．行列式による判別も，ベクトルの 1 次独立性であって，2 次式の場合のような，実解，虚解の判別などに直接用いられることはない．

第 10 講

$\boldsymbol{R}^3$ 上の線形写像

テーマ

◆ ベクトル空間 $\boldsymbol{R}^3$
◆ 線形写像 $T:\boldsymbol{R}^3 \to \boldsymbol{R}^3$ の 3 次の行列による表示
◆ 合成写像と行列の積
◆ 1 次独立な 3 つのベクトル
◆ 平面に独立な方向
◆ 空間の斜交座標
◆ 正則写像と逆写像

ベクトル空間 $\boldsymbol{R}^3$

3 次元の数ベクトル

$$\boldsymbol{x} = \begin{pmatrix} x_1 \\ x_2 \\ x_3 \end{pmatrix}, \quad \boldsymbol{y} = \begin{pmatrix} y_1 \\ y_2 \\ y_3 \end{pmatrix}, \quad \cdots$$

などの全体がつくる集合に，和とスカラー積を

$$\text{和}:\boldsymbol{x}+\boldsymbol{y} = \begin{pmatrix} x_1+y_1 \\ x_2+y_2 \\ x_3+y_3 \end{pmatrix}$$

$$\text{スカラー積}:\alpha\boldsymbol{x} = \begin{pmatrix} \alpha x_1 \\ \alpha x_2 \\ \alpha x_3 \end{pmatrix}$$

によって導入したものを，$\boldsymbol{R}^3$ で表わす．

$$\boldsymbol{e}_1 = \begin{pmatrix} 1 \\ 0 \\ 0 \end{pmatrix}, \quad \boldsymbol{e}_2 = \begin{pmatrix} 0 \\ 1 \\ 0 \end{pmatrix}, \quad \boldsymbol{e}_3 = \begin{pmatrix} 0 \\ 0 \\ 1 \end{pmatrix}$$

を $\boldsymbol{R}^3$ の基底ベクトルという．任意のベクトル $\boldsymbol{x}$ は，ただ一通りに

$$\boldsymbol{x} = x_1\boldsymbol{e}_1 + x_2\boldsymbol{e}_2 + x_3\boldsymbol{e}_3$$

と表わされる．x_1, x_2, x_3 を $\boldsymbol{x}$ の (座標) 成分という．

線形写像と行列

$\boldsymbol{R}^3$ から $\boldsymbol{R}^3$ への写像 T は

$$T(\boldsymbol{x}+\boldsymbol{y}) = T(\boldsymbol{x}) + T(\boldsymbol{y}), \quad T(\alpha\boldsymbol{x}) = \alpha T(\boldsymbol{x})$$

を満たすとき，線形写像であるという．

線形写像 T が与えられたとき

$$T(\boldsymbol{x}) = x_1T(\boldsymbol{e}_1) + x_2T(\boldsymbol{e}_2) + x_3T(\boldsymbol{e}_3)$$

が成り立ち，したがって

$$T(\boldsymbol{e}_1) = \begin{pmatrix} a_{11} \\ a_{21} \\ a_{31} \end{pmatrix}, \quad T(\boldsymbol{e}_2) = \begin{pmatrix} a_{12} \\ a_{22} \\ a_{32} \end{pmatrix}, \quad T(\boldsymbol{e}_3) = \begin{pmatrix} a_{13} \\ a_{23} \\ a_{33} \end{pmatrix}$$

とおくと (a_{ij} の添字 i, j は，i が座標成分の番号，j が $\boldsymbol{e}_j$ の j を示している)，

$$T(\boldsymbol{x}) = \begin{pmatrix} a_{11}x_1 + a_{12}x_2 + a_{13}x_3 \\ a_{21}x_1 + a_{22}x_2 + a_{23}x_3 \\ a_{31}x_1 + a_{32}x_2 + a_{33}x_3 \end{pmatrix} \tag{1}$$

となる．

9 個の実数 a_{ij} $(i, j = 1, 2, 3)$ を，縦，横に

$$\begin{pmatrix} a_{11} & a_{12} & a_{13} \\ a_{21} & a_{22} & a_{23} \\ a_{31} & a_{32} & a_{33} \end{pmatrix}$$

と並べたものを3次の行列という．横の列を‘行’といい，縦の列を‘列’という．a_{ij} の添字 i, j は，i 行，j 列に a_{ij} がおかれていることを示す，いわば‘番地’である．

(1) は，$T(\boldsymbol{x}) = \boldsymbol{y} = \begin{pmatrix} y_1 \\ y_2 \\ y_3 \end{pmatrix}$ とすると，行列を用いて

$$\begin{pmatrix} y_1 \\ y_2 \\ y_3 \end{pmatrix} = \begin{pmatrix} a_{11} & a_{12} & a_{13} \\ a_{21} & a_{22} & a_{23} \\ a_{31} & a_{32} & a_{33} \end{pmatrix} \begin{pmatrix} x_1 \\ x_2 \\ x_3 \end{pmatrix} \tag{2}$$

と表わされる (矢印は，かけ合わせていく方向を示している).

逆に (2) 式のような形で与えられた対応 $\boldsymbol{x} \to \boldsymbol{y}$ は，線形写像である.

このようにして，$\boldsymbol{R}^3$ から $\boldsymbol{R}^3$ への線形写像と，3 次の行列とが 1 対 1 に対応する.

合成写像と行列の積

$\boldsymbol{R}^3$ から $\boldsymbol{R}^3$ への 2 つの線形写像 S と T が与えられ，S と T は，それぞれ行列 A, B によって表わされているとする．このとき，合成写像

$$S \circ T : \boldsymbol{R}^3 \longrightarrow \boldsymbol{R}^3, \quad S \circ T(\boldsymbol{x}) = S(T(\boldsymbol{x}))$$

は，再び線形写像となって，$S \circ T$ を表わす行列 C は，行列 A と B を次のような規則でかけ合わせて得られた行列で与えられる.

$$\underset{S \circ T}{\begin{pmatrix} \boxed{c_{11}} & c_{12} & c_{13} \\ c_{21} & \boxed{c_{22}} & c_{23} \\ c_{31} & c_{32} & c_{33} \end{pmatrix}} = \underset{S}{\begin{pmatrix} \boxed{a_{11} \to a_{12} \Rightarrow a_{13}} \\ \boxed{a_{21} \to a_{22} \Rightarrow a_{23}} \\ a_{31} \quad a_{32} \quad a_{33} \end{pmatrix}} \underset{T}{\begin{pmatrix} b_{11} & b_{12} & b_{13} \\ \downarrow & \downarrow & \\ b_{21} & b_{22} & b_{23} \\ \Downarrow & \Downarrow & \\ b_{31} & b_{32} & b_{33} \end{pmatrix}} \tag{3}$$

一般には，和の記号 $\sum$ を用いて，この演算規則は

$$c_{ij} = \sum_{k=1}^{3} a_{ik} b_{kj}$$

で表わされる.

行列 C を A と B の積といい，$C = AB$ と表わす.

(3) 式の証明は，2 次の行列の積の場合と同様に

$$S \circ T(\boldsymbol{e}_j) = S(T(\boldsymbol{e}_j)) = S\left(\sum_{k=1}^{3} b_{kj} \boldsymbol{e}_k\right) = \sum_{k=1}^{3} b_{kj} S(\boldsymbol{e}_k) = \sum_{i=1}^{3} \sum_{k=1}^{3} a_{ik} b_{kj} \boldsymbol{e}_i$$

から行列の定義に戻って得られる.

3 次の行列の和とスカラー積についても，2 次の行列の場合と同様に定義することができる.

1 次独立な 3 つのベクトル

3 次元の 3 つの数ベクトル $\boldsymbol{x}, \boldsymbol{y}, \boldsymbol{z}$ が 1 次独立であるとは，

$$\alpha \boldsymbol{x} + \beta \boldsymbol{y} + \gamma \boldsymbol{z} = 0 \tag{4}$$

となるのは，$\alpha = \beta = \gamma = 0$ のときに限るときである．

このとき，$\boldsymbol{x}, \boldsymbol{y}, \boldsymbol{z}$ のどれも 0 でないことをまず注意しておこう．実際，もし $\boldsymbol{x} = 0$ ならば，(4) 式が $\alpha = 1$，$\beta = \gamma = 0$ で成り立ってしまうからである．

1 次独立であるとは何を意味しているのかを知るには，2 次元の場合と同様に，3 次元の座標空間を考えて，数ベクトル $\boldsymbol{x} = \begin{pmatrix} x_1 \\ x_2 \\ x_3 \end{pmatrix}$ は，原点 O から，点 $\mathrm{P}(x_1, x_2, x_3)$ への有向線分 $\overrightarrow{\mathrm{OP}}$ で表わされていると，幾何学的に考えてみるとよい (図 31).

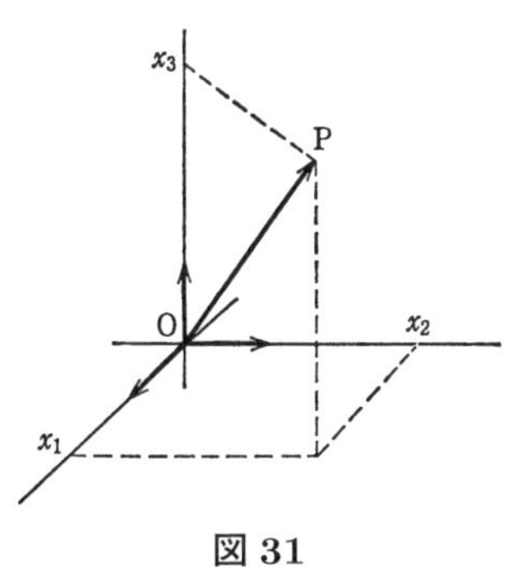

図 31

いま，$\boldsymbol{x}, \boldsymbol{y}, \boldsymbol{z}$ は 1 次独立とし，$\boldsymbol{x}, \boldsymbol{y}, \boldsymbol{z}$ はそれぞれ有向線分 $\overrightarrow{\mathrm{OP}}$，$\overrightarrow{\mathrm{OQ}}$，$\overrightarrow{\mathrm{OR}}$ で表わされているとする．すなわち P，Q，R のそれぞれの座標は $(x_1, x_2, x_3), (y_1, y_2, y_3), (z_1, z_2, z_3)$ である．このとき

i)　$\overrightarrow{\mathrm{OQ}}$ は，$\overrightarrow{\mathrm{OP}}$ の延長上にはない．

もし，延長上の上にあれば $\boldsymbol{y} = \mu \boldsymbol{x}$ の形となり，したがって，(4) 式が $-\mu \boldsymbol{x} + 1\boldsymbol{y} + 0\boldsymbol{z} = 0$ $(\beta = 1 (\neq 0)!)$ で成り立ってしまい，$\boldsymbol{x}, \boldsymbol{y}, \boldsymbol{z}$ が 1 次独立であることに反する．

このことは，$\overrightarrow{\mathrm{OP}}$ と $\overrightarrow{\mathrm{OQ}}$ が 1 つの平面をはることを意味している．もう少しはっきりいえば，$\mu\overrightarrow{\mathrm{OP}}$ と $+\,\nu\overrightarrow{\mathrm{OQ}}$ $(\mu, \nu \in \boldsymbol{R})$ というベクトル全体は，1 つの平面を形づくる (図 32).

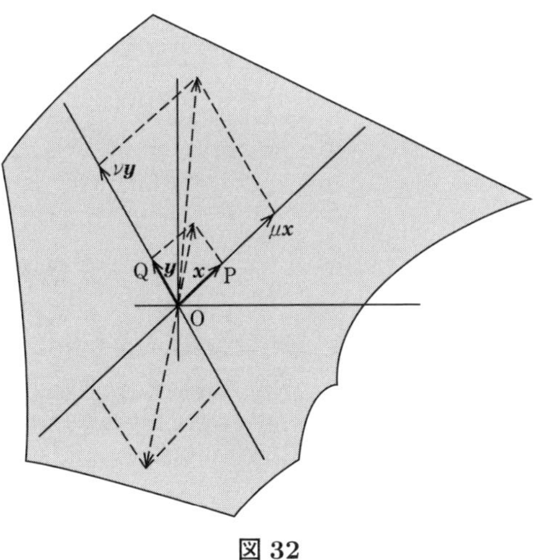

図 32

ii)　$\overrightarrow{\mathrm{OR}}$ は，$\overrightarrow{\mathrm{OP}}$ と $\overrightarrow{\mathrm{OQ}}$ のはる平面上には載っていない．

もし，平面上に載っていれば，適当な μ，ν をとると $\boldsymbol{z} = \mu \boldsymbol{x} + \nu \boldsymbol{y}$ と表わされることになり，したがっ

て (4) 式が

$$-\mu\boldsymbol{x} - \nu\boldsymbol{y} + \boldsymbol{z} = 0 \quad (\gamma = 1(\neq 0)!)$$

で成り立ってしまい，1 次独立性に反する．

このことは，$\overrightarrow{\mathrm{OR}}$ が，この平面と独立な方向を向いていて，したがって，$\overrightarrow{\mathrm{OP}}$，$\overrightarrow{\mathrm{OQ}}$，$\overrightarrow{\mathrm{OR}}$ という 3 つの有向線分が，空間をはることを意味している．すなわち，$\mu\overrightarrow{\mathrm{OP}} + \nu\overrightarrow{\mathrm{OQ}} + \lambda\overrightarrow{\mathrm{OR}}$ $(\mu, \nu, \lambda \in \boldsymbol{R})$ という形で表わされるベクトルは，空間のベクトル全体をわたることになる (図 33).

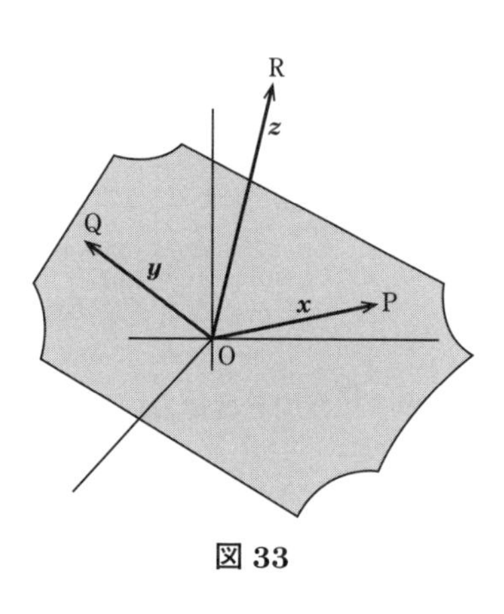

図 33

空間の斜交座標

$\boldsymbol{f}_1, \boldsymbol{f}_2, \boldsymbol{f}_3$ を 3 つの 1 次独立なベクトルとする．このとき，上に述べたことから，任意のベクトル $\boldsymbol{x}$ は，必ずただ一通りに

$$\boldsymbol{x} = \alpha\boldsymbol{f}_1 + \beta\boldsymbol{f}_2 + \gamma\boldsymbol{f}_3$$

と表わされる．表わし方がただ一通りのことは，もしもう 1 つの表わし方 $\boldsymbol{x} = \alpha'\boldsymbol{f}_1 + \beta'\boldsymbol{f}_2 + \gamma'\boldsymbol{f}_3$ があったとすれば $0 = (\alpha - \alpha')\boldsymbol{f}_1 + (\beta - \beta')\boldsymbol{f}_2 + (\gamma - \gamma')\boldsymbol{f}_3$ となって，1 次独立性から，$\alpha = \alpha'$，$\beta = \beta'$，$\gamma = \gamma'$ が結論されるからである．

ベクトルは，すべて空間の有向線分と同一視しておくと，このことは，$\boldsymbol{x}$ の新しい座標として (α, β, γ) をとってもよいことを意味している．$\boldsymbol{f}_1, \boldsymbol{f}_2, \boldsymbol{f}_3$ は，この座標系の基底ベクトルである．このようにして得られる空間の座標を，斜交座標という．

正 則 写 像

2 次元の場合と同様に次の定義を与える．

【定義】　$\boldsymbol{R}^3$ から $\boldsymbol{R}^3$ への線形写像 T が 1 対 1 のとき，T は正則な写像であるという．

2 次元の場合と同様に考えることにより，T が正則な写像ならば

$$\boldsymbol{f}_1 = T(\boldsymbol{e}_1), \quad \boldsymbol{f}_2 = T(\boldsymbol{e}_2), \quad \boldsymbol{f}_3 = T(\boldsymbol{e}_3)$$

は1次独立であって，任意のベクトル $\boldsymbol{x}$ は T によって

$$x_1\boldsymbol{e}_1 + x_2\boldsymbol{e}_2 + x_3\boldsymbol{e}_3 \xrightarrow{T} x_1\boldsymbol{f}_1 + x_2\boldsymbol{f}_2 + x_3\boldsymbol{f}_3$$

へと移されることがわかる．

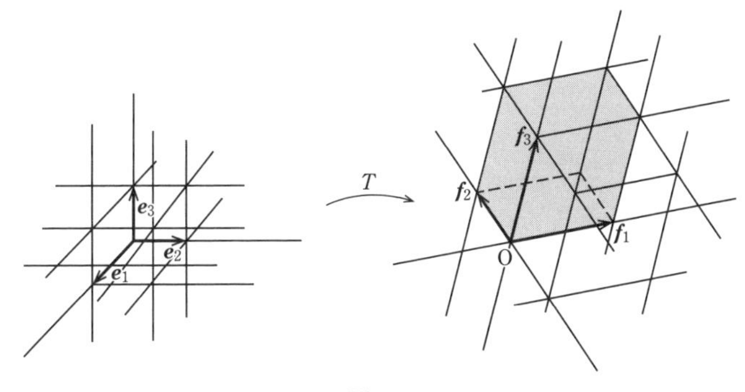

図 34

すなわち，写像 T は直交座標で座標 (x_1, x_2, x_3) で表わされる点を，斜交座標系 $\{\boldsymbol{f}_1, \boldsymbol{f}_2, \boldsymbol{f}_3\}$ に関し，同じ座標 (x_1, x_2, x_3) をもつ点に移す．

このことから，正則な写像 T は，逆写像 T^{-1} をもつことがわかる．T^{-1} はまた線形な写像となる．

$$T^{-1} \circ T(\boldsymbol{x}) = \boldsymbol{x}, \quad T \circ T^{-1}(\boldsymbol{y}) = \boldsymbol{y}$$

が成り立つ．

問 1　次の行列で表わされる線形写像で，正則写像となるものはどれか．

1) $\begin{pmatrix} 1 & 1 & 1 \\ 0 & 1 & 1 \\ 0 & 0 & 1 \end{pmatrix}$,　　2) $\begin{pmatrix} -1 & 2 & 1 \\ -2 & 1 & -1 \\ 1 & 1 & 2 \end{pmatrix}$

Tea Time

空間の斜交座標

空間の斜交座標系 $\{\boldsymbol{f}_1, \boldsymbol{f}_2, \boldsymbol{f}_3\}$ で基本となるのは，$\boldsymbol{f}_1, \boldsymbol{f}_2, \boldsymbol{f}_3$ ではられた平行六面体である．平面の場合，1次独立なベクトル $\boldsymbol{f}_1, \boldsymbol{f}_2$ をとると，$m\boldsymbol{f}_1 + n\boldsymbol{f}_2$ $(m, n = 0, \pm 1, \pm 2, \ldots)$ によって，平面上に(斜めの方向に走る)格子模様が描かれ

るが，空間の場合，この格子模様を描くことに相当するのは，$\boldsymbol{f}_1, \boldsymbol{f}_2, \boldsymbol{f}_3$ によってはられる平行六面体を，平行移動して，空間を，合同な平行六面体で満たしてしまうことである (図 35)．そしてこのとき得られる頂点が，斜交座標系 $\{\boldsymbol{f}_1, \boldsymbol{f}_2, \boldsymbol{f}_3\}$ に関して，整数の座標 (l, m, n) $(l, m, n = 0, \pm 1, \pm 2, \ldots)$ をもつ点を表わしていることになる．

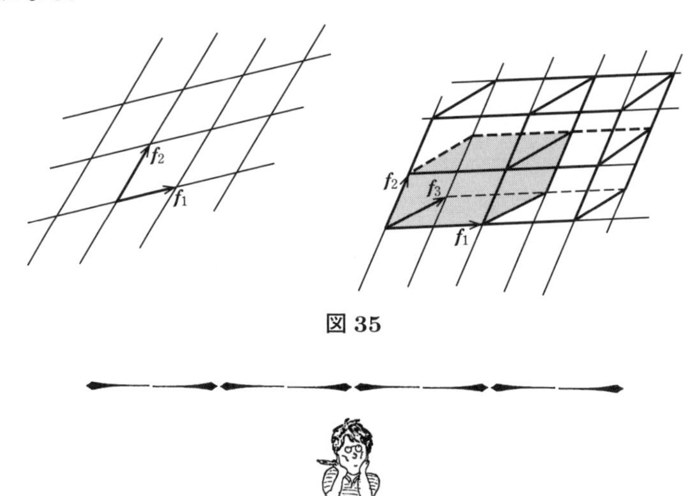

図 35

質問　平面では，3 本の 1 次独立なベクトルはありませんが，空間では，3 本の 1 次独立なベクトルがあります．空間に 3 本の 1 次独立なベクトルがあるということは，平面とは独立な方向にもう 1 本直線が引けるということからきていると思います．1 次独立なベクトルの個数は，次元といった考えと密接に関係してくるのでしょうか．

答　‘次元’ とは何かということを，一般的な立場から取り扱うことはなかなか難しいことであるが，ベクトル空間の立場に限るならば，質問は，非常によい点に気がついたと思う．1 次独立の定義は，ベクトルの基本演算である和と，スカラー積だけで述べられている．この定義が，私達の空間の直覚，平面と空間の違いをベクトルの言葉だけで示していることに注意するならば，これを足がかりとして，空間的な表象をもたない 4 次元，5 次元などの高次元の世界にも，ベクトル空間の視点から近づいていくことができるようになるだろう．実際，これは，第 13 講以下の主題となる．

第 11 講

消去法と基本変形

テーマ
- ◆ $\boldsymbol{R}^3$ から $\boldsymbol{R}^3$ への正則写像と逆写像
- ◆ 3 元 1 次連立方程式と逆写像
- ◆ 消去法の手続き
- ◆ 基本行列
- ◆ 消去法の手続きの行列による表示 $\Longrightarrow$ 基本変形

逆写像と連立方程式

第 9 講で，$\boldsymbol{R}^2$ から $\boldsymbol{R}^2$ への正則写像 T の逆写像 T^{-1} について，連立方程式との関係を述べたが，同様のことは $\boldsymbol{R}^3$ から $\boldsymbol{R}^3$ への正則写像 T の逆写像 T^{-1} についても成り立つ．

$\boldsymbol{R}^3$ から $\boldsymbol{R}^3$ への正則写像 T が行列

$$A = \begin{pmatrix} a_{11} & a_{12} & a_{13} \\ a_{21} & a_{22} & a_{23} \\ a_{31} & a_{32} & a_{33} \end{pmatrix}$$

で与えられているとき，行列 A は正則であるという．

このとき，$\boldsymbol{x} = \begin{pmatrix} x_1 \\ x_2 \\ x_3 \end{pmatrix}$，$\boldsymbol{y} = \begin{pmatrix} y_1 \\ y_2 \\ y_3 \end{pmatrix}$ に対して

$$T(\boldsymbol{x}) = \boldsymbol{y}$$

という関係は，連立方程式

$$\begin{cases} a_{11}x_1 + a_{12}x_2 + a_{13}x_3 = y_1 \\ a_{21}x_1 + a_{22}x_2 + a_{23}x_3 = y_2 \\ a_{31}x_1 + a_{32}x_2 + a_{33}x_3 = y_3 \end{cases} \tag{1}$$

で表わされる．したがって，T の逆写像 T^{-1} に対し

$$T^{-1}(\boldsymbol{y}) = \boldsymbol{x}$$

という関係は，(1) 式を解いて，x_1, x_2, x_3 を y_1, y_2, y_3 によって表わすことに対応してくる．T^{-1} を表わす行列は，A の逆行列 A^{-1} である．(1) 式を解くことは，すでに第2講で学んでいるから，この段階ですでに A^{-1} を求めることはできるのである．しかしこの解の公式は複雑であって，この公式から，逆行列 A^{-1} の形をここで直接示すことは，多少ためらわれる．逆行列 A^{-1} の一般の形については，正則な行列の行列式 (第25講) を述べたあとで，もう少し整理してかき表わすことにしよう．

消　去　法

しかし，A の逆行列 A^{-1} を求めるには，(1) 式を解けばよいならば，具体的に係数が与えられたときには，実際，消去法を用いて (1) 式を解いてしまう手続きの中に A^{-1} を見出す手がかりがあるかもしれない．ここではこの消去法の1つ1つの段階は行列によって表わしていくことができるだろうかということを考えてみよう．

具体的な例として，第1講の (II) で取り上げた連立方程式

$$(*)\quad \begin{cases} x+y+z=20 & (2) \\ 4x+8y+10z=168 & (3) \\ -x-y+z=0 & (4) \end{cases}$$

を考えることにする．この連立方程式は，行列を用いて表わすと次のようになる．

$$\begin{pmatrix} 1 & 1 & 1 \\ 4 & 8 & 10 \\ -1 & -1 & 1 \end{pmatrix}\begin{pmatrix} x \\ y \\ z \end{pmatrix}=\begin{pmatrix} 20 \\ 168 \\ 0 \end{pmatrix} \qquad (5)$$

$(*)$ を解くために，まず (3) 式と (4) 式の左辺から x を消去したい．そのため (3) 式の代りに $-4\times(2)+(3)$ をおき，(4) 式の代りに $(2)+(4)$ をおく．これを順次行なうと次のようになる．

$$(*)\quad \Longrightarrow \begin{cases} x+\ y+\ z=20 \\ \qquad 4y+6z=88 \\ -x-\ y+\ z=0 \end{cases} \Longrightarrow (**)\ \begin{cases} x+\ y+\ z=20 & (6) \\ \qquad 4y+6z=88 & (7) \\ \qquad\qquad 2z=20 & (8) \end{cases}$$

連立方程式を解きなれている人ならば，この形から，まず (8) 式から $z=10$ となり，これを (7) 式に代入して $y=7$，これを (6) 式に代入して $x=3$ が直ちに得

られるだろうが，説明の便宜上，ここではもう少しまわりくどく行なう．

(7) 式の代りに $\frac{1}{4}\times(7)$ をおき，次にこの式を (6) 式から引く．

$$(**) \implies \begin{cases} x+y+\phantom{\frac{3}{2}}z=20 \\ \qquad y+\frac{3}{2}z=22 \\ \qquad\quad 2z=20 \end{cases} \implies (***) \begin{cases} x \qquad -\frac{1}{2}z=-2 & (9) \\ \qquad y+\frac{3}{2}z=22 & (10) \\ \qquad\quad 2z=20 & (11) \end{cases}$$

(11) 式の代りに $\frac{1}{2}\times(11)$ をおき，次にこの式の $\frac{1}{2}$ 倍を (9) 式に加え，また $-\frac{3}{2}$ 倍を (10) 式に加える．

$$(***) \implies \begin{cases} x \qquad -\frac{1}{2}z=-2 \\ \qquad y+\frac{3}{2}z=22 \\ \qquad\quad z=10 \end{cases} \implies \begin{cases} x \qquad\qquad =3 \\ \qquad y+\frac{3}{2}z=22 \\ \qquad\quad z=10 \end{cases}$$

$$\implies \begin{cases} x \qquad =3 \\ \quad y \quad =7 \\ \qquad z=10 \end{cases}$$

これで答が得られた．

基本行列

連立方程式 $(*)$ が行列によって (5) 式のように表示されているのだから，上の消去法も，行列の形で述べてみたい．そのため次の 2 つのタイプの行列を考える．

(a)　$i\neq j$ に対し

$P(i,j;c)$：対角線上は 1，$a_{ij}=c$，残りは 0

$$【例】\quad P(1,2;c)=\begin{pmatrix} 1 & c & 0 \\ 0 & 1 & 0 \\ 0 & 0 & 1 \end{pmatrix},\quad P(3,1;c)=\begin{pmatrix} 1 & 0 & 0 \\ 0 & 1 & 0 \\ c & 0 & 1 \end{pmatrix}$$

(b)　$c\neq 0$ に対し

$R(i;c)$：対角線上は a_{ii} を除いて 1，$a_{ii}=c$，残りは 0

$$【例】\quad R(1;c)=\begin{pmatrix} c & 0 & 0 \\ 0 & 1 & 0 \\ 0 & 0 & 1 \end{pmatrix},\quad R(3;c)=\begin{pmatrix} 1 & 0 & 0 \\ 0 & 1 & 0 \\ 0 & 0 & c \end{pmatrix}$$

この $P(i,j;c)$ と $R(i;c)$ を基本行列という (第 19 講で，もう 1 つ別のタイプの基本行列を導入する).

このとき，行列の積を計算することにより，次のことが成り立つことがわかる.

行列 A の左から $P(i,j;c)$ をかけると，A の i 行に A の j 行の c 倍が加えられる.

【例】
$$P(1,2;c)A = \begin{pmatrix} 1 & c & 0 \\ 0 & 1 & 0 \\ 0 & 0 & 1 \end{pmatrix}\begin{pmatrix} a_{11} & a_{12} & a_{13} \\ a_{21} & a_{22} & a_{23} \\ a_{31} & a_{32} & a_{33} \end{pmatrix}$$
$$= \begin{pmatrix} a_{11}+ca_{21} & a_{12}+ca_{22} & a_{13}+ca_{23} \\ a_{21} & a_{22} & a_{23} \\ a_{31} & a_{32} & a_{33} \end{pmatrix}$$

行列 A の左から $R(i;c)$ をかけると，A の i 行が c 倍される.

【例】
$$R(3;c)A = \begin{pmatrix} 1 & 0 & 0 \\ 0 & 1 & 0 \\ 0 & 0 & c \end{pmatrix}\begin{pmatrix} a_{11} & a_{12} & a_{13} \\ a_{21} & a_{22} & a_{23} \\ a_{31} & a_{32} & a_{33} \end{pmatrix} = \begin{pmatrix} a_{11} & a_{12} & a_{13} \\ a_{21} & a_{22} & a_{23} \\ ca_{31} & ca_{32} & ca_{33} \end{pmatrix}$$

なお，$P(i,j;c)$，$R(i;c)$ は正則行列であって，逆行列は
$$P(i,j;c)^{-1} = P(i,j;-c)$$
$$R(i;c)^{-1} = R\left(i;\frac{1}{c}\right)$$
となっていることを注意しよう.

消去法と基本変形

さて，連立方程式 $(*)$ へ戻ると，$(*) \Longrightarrow (**) \Longrightarrow (***) \Longrightarrow$ ‘解’ への過程は，すべて，ある式を何倍かして他の式に加えるか，あるいはある式を (0 でない数で) 何倍かしているだけである.

したがって連立方程式 $(*)$ を (5) 式のように行列で表示しておくと，これらの過程は，すべて適当な $P(i,j;c)$，$R(i;c)$ を左からかけていくことにより得られているはずである．このことを見てみよう.

$(*) \Longrightarrow (**)$ は行列で表わすと次のようになる．

$$(*) \quad \begin{pmatrix} 1 & 1 & 1 \\ 4 & 8 & 10 \\ -1 & -1 & 1 \end{pmatrix} \begin{pmatrix} x \\ y \\ z \end{pmatrix} = \begin{pmatrix} 20 \\ 168 \\ 0 \end{pmatrix}$$

$$\xrightarrow[\text{を左からかける}]{\text{両辺に } P(2,1;-4)} \begin{pmatrix} 1 & 1 & 1 \\ 0 & 4 & 6 \\ -1 & -1 & 1 \end{pmatrix} \begin{pmatrix} x \\ y \\ z \end{pmatrix} = \begin{pmatrix} 1 & 0 & 0 \\ -4 & 1 & 0 \\ 0 & 0 & 1 \end{pmatrix} \begin{pmatrix} 20 \\ 168 \\ 0 \end{pmatrix} \quad \text{右辺} = \begin{pmatrix} 20 \\ 88 \\ 0 \end{pmatrix}$$

$$\xrightarrow[\text{を左からかける}]{\text{両辺に } P(3,1;1)} \begin{pmatrix} 1 & 1 & 1 \\ 0 & 4 & 6 \\ 0 & 0 & 2 \end{pmatrix} \begin{pmatrix} x \\ y \\ z \end{pmatrix} = \begin{pmatrix} 1 & 0 & 0 \\ 0 & 1 & 0 \\ 1 & 0 & 1 \end{pmatrix} \begin{pmatrix} 20 \\ 88 \\ 0 \end{pmatrix} = \begin{pmatrix} 20 \\ 88 \\ 20 \end{pmatrix}$$

これは連立方程式の形でかくと $(**)$ である．

さらに操作を続けていく．

$$\xrightarrow[\text{左からかける}]{\text{両辺に } R\left(2;\frac{1}{4}\right) \text{ を}} \begin{pmatrix} 1 & 1 & 1 \\ 0 & 1 & \frac{3}{2} \\ 0 & 0 & 2 \end{pmatrix} \begin{pmatrix} x \\ y \\ z \end{pmatrix} = \begin{pmatrix} 1 & 0 & 0 \\ 0 & \frac{1}{4} & 0 \\ 0 & 0 & 1 \end{pmatrix} \begin{pmatrix} 20 \\ 88 \\ 20 \end{pmatrix} \quad \text{右辺} = \begin{pmatrix} 20 \\ 22 \\ 20 \end{pmatrix}$$

$$\xrightarrow[\text{を左からかける}]{\text{両辺に } P(1,2;-1)} \begin{pmatrix} 1 & 0 & -\frac{1}{2} \\ 0 & 1 & \frac{3}{2} \\ 0 & 0 & 2 \end{pmatrix} \begin{pmatrix} x \\ y \\ z \end{pmatrix} = \begin{pmatrix} 1 & -1 & 0 \\ 0 & 1 & 0 \\ 0 & 0 & 1 \end{pmatrix} \begin{pmatrix} 20 \\ 22 \\ 20 \end{pmatrix} \quad \text{右辺} = \begin{pmatrix} -2 \\ 22 \\ 20 \end{pmatrix}$$

これは連立方程式の形でかくと $(***)$ である．さらにこの両辺に，順次 $R\left(3;\dfrac{1}{2}\right)$，$P\left(1,3;\dfrac{1}{2}\right)$，$P\left(2,3;-\dfrac{3}{2}\right)$ を左からかけていくと，$(***) \Longrightarrow$ 解への操作が終わって，結局

$$\begin{pmatrix} 1 & 0 & 0 \\ 0 & 1 & 0 \\ 0 & 0 & 1 \end{pmatrix} \begin{pmatrix} x \\ y \\ z \end{pmatrix} = \begin{pmatrix} 3 \\ 7 \\ 10 \end{pmatrix}$$

すなわち

$$\begin{pmatrix} x \\ y \\ z \end{pmatrix} = \begin{pmatrix} 3 \\ 7 \\ 10 \end{pmatrix}$$

となる．

行列の上だけからいえば，最初

$$\begin{pmatrix} 1 & 1 & 1 \\ 4 & 8 & 10 \\ -1 & -1 & 1 \end{pmatrix}$$

から出発して順次左から $P(2,1;-4)$，$P(3,1;1)$，$R\left(2;\dfrac{1}{4}\right)$，$\ldots$，$P\left(2,3;-\dfrac{3}{2}\right)$ をかけていくと，単位行列

$$\begin{pmatrix} 1 & 0 & 0 \\ 0 & 1 & 0 \\ 0 & 0 & 1 \end{pmatrix}$$

に達するということである．具体的には，ある行を何倍かして，他の行に加え，またある行を (0 でない数で) 何倍かするという操作を何回か繰り返すことにより，単位行列に達したということである．このとき右辺には解が現われる．

正則行列は，すべてこのような操作を繰り返していくことにより，単位行列にまで変形していくことができる．これを，行列の基本変形という (第 19 講，問 2 参照).

問 1　次の行列を基本変形で単位行列にまで変形せよ．

$$1)\ \begin{pmatrix} 1 & 2 & -1 \\ 0 & 1 & 1 \\ 2 & 3 & 4 \end{pmatrix}, \qquad 2)\ \begin{pmatrix} \cos\theta & -\sin\theta & 0 \\ \sin\theta & \cos\theta & 0 \\ 0 & 0 & 1 \end{pmatrix}$$

問 2　基本行列 $P(i,j;c)$，$R(i;c)$ は $\boldsymbol{R}^3$ から $\boldsymbol{R}^3$ への線形写像と考えるとき，直交座標系を，どのような斜交座標系へと移している写像かを考察せよ．

Tea Time

基本変形と逆行列

講義の中で述べたことをまとめてかくと

$$P\left(2,3;-\frac{3}{2}\right)P\left(1,3;\frac{1}{2}\right)\cdots P(3,1;1)P(2,1;-4)\begin{pmatrix} 1 & 1 & 1 \\ 4 & 8 & 10 \\ -1 & -1 & 1 \end{pmatrix}$$

$$= \begin{pmatrix} 1 & 0 & 0 \\ 0 & 1 & 0 \\ 0 & 0 & 1 \end{pmatrix}$$

この式は，$P\left(2,3;-\frac{3}{2}\right)P\left(1,3;\frac{1}{2}\right)\cdots P(3,1;1)P(2,1;-4)$ を B とおくと

$$BA=E$$

を意味している．ここで $A=\begin{pmatrix}1&1&1\\4&8&10\\-1&-1&1\end{pmatrix}$ とおいた．この式は実は

$$B=A^{-1}$$

であること示している (第 19 講参照)．このような長い基本行列の積によって逆行列を表わすことに，どれだけ実際的な意味があるかと思われるかもしれないが，実はこれは効果的に用いられる．なぜなら

$$A^{-1}=B=P\left(2,3;-\frac{3}{2}\right)\cdots P(3,1;1)\ P(2,1;-4)E$$

だから，単位行列 $E=\begin{pmatrix}1&0&0\\0&1&0\\0&0&1\end{pmatrix}$ に，まず 1 行目の -4 倍を 2 行目に加える，次に 1 行目を 3 行目に加える，$\cdots$ という操作を繰り返していくと，A が A^{-1} に達するとき，すなわち基本変形で

$$A\longrightarrow P(2,1;-4)A\longrightarrow\cdots\cdots\longrightarrow E$$

となるとき，同じ基本変形を同時に E にほどこしていくと

$$E\longrightarrow P(2,1;-4)E\longrightarrow\cdots\cdots\longrightarrow A^{-1}$$

となるのである．

いまの場合，このようにして A^{-1} を求めてみると

$$A^{-1}=\begin{pmatrix}\frac{9}{4}&-\frac{1}{4}&\frac{1}{4}\\-\frac{7}{4}&\frac{1}{4}&-\frac{3}{4}\\\frac{1}{2}&0&\frac{1}{2}\end{pmatrix}$$

であることがわかる．

第 12 講

$\boldsymbol{R}^3$ から $\boldsymbol{R}^2$ への線形写像

テーマ

◆ $\boldsymbol{R}^3$ から $\boldsymbol{R}^2$ への線形写像と行列表示

◆ 2 行 3 列の行列

◆ $\boldsymbol{R}^3$ から $\boldsymbol{R}^2$ への線形写像は 1 対 1 にならない.

◆ 線形写像の核

◆ 部分空間

線形写像

$\boldsymbol{R}^3$ も $\boldsymbol{R}^2$ もベクトル空間の構造——ベクトルの和とスカラー積——をもつ. したがって, $\boldsymbol{R}^3$ から $\boldsymbol{R}^2$ への写像 T が線形写像であるということを, $\boldsymbol{R}^3$ から $\boldsymbol{R}^3$ への写像の場合と同様に定義することができる (図 36).

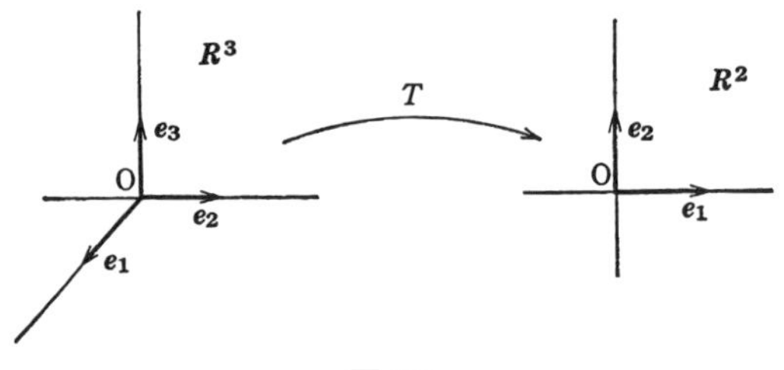

図 36

すなわち, $\boldsymbol{R}^3$ から $\boldsymbol{R}^2$ への写像 T が

$$T(\boldsymbol{x}+\boldsymbol{y}) = T(\boldsymbol{x}) + T(\boldsymbol{y}), \quad T(\alpha\boldsymbol{x}) = \alpha T(\boldsymbol{x})$$

を満たすとき, 線形写像であるという.

$\boldsymbol{e}_1 = \begin{pmatrix} 1 \\ 0 \\ 0 \end{pmatrix}$, $\boldsymbol{e}_2 = \begin{pmatrix} 0 \\ 1 \\ 0 \end{pmatrix}$, $\boldsymbol{e}_3 = \begin{pmatrix} 0 \\ 0 \\ 1 \end{pmatrix}$ を $\boldsymbol{R}^3$ の基底ベクトル, $\tilde{\boldsymbol{e}}_1 = \begin{pmatrix} 1 \\ 0 \end{pmatrix}$, $\tilde{\boldsymbol{e}}_2 = \begin{pmatrix} 0 \\ 1 \end{pmatrix}$ を $\boldsymbol{R}^2$ の基底ベクトルとする. T を $\boldsymbol{R}^3$ から $\boldsymbol{R}^2$ への線形写像とする. このとき

$$T(\boldsymbol{e}_1) = a_{11}\tilde{\boldsymbol{e}}_1 + a_{21}\tilde{\boldsymbol{e}}_2 = \begin{pmatrix} a_{11} \\ a_{21} \end{pmatrix}$$

$$T(\boldsymbol{e}_2) = a_{12}\tilde{\boldsymbol{e}}_1 + a_{22}\tilde{\boldsymbol{e}}_2 = \begin{pmatrix} a_{12} \\ a_{22} \end{pmatrix}$$

$$T(\boldsymbol{e}_3) = a_{13}\tilde{\boldsymbol{e}}_1 + a_{23}\tilde{\boldsymbol{e}}_2 = \begin{pmatrix} a_{13} \\ a_{23} \end{pmatrix}$$

とおくと，任意の $\boldsymbol{R}^3$ のベクトル $\boldsymbol{x} = \begin{pmatrix} x_1 \\ x_2 \\ x_3 \end{pmatrix}$ に対して

$$\begin{aligned} T(\boldsymbol{x}) &= T(x_1\boldsymbol{e}_1 + x_2\boldsymbol{e}_2 + x_3\boldsymbol{e}_3) \\ &= x_1T(\boldsymbol{e}_1) + x_2T(\boldsymbol{e}_2) + x_3T(\boldsymbol{e}_3) \\ &= \begin{pmatrix} a_{11}x_1 + a_{12}x_2 + a_{13}x_3 \\ a_{21}x_1 + a_{22}x_2 + a_{23}x_3 \end{pmatrix} \end{aligned}$$

となる．$T(\boldsymbol{x}) = \boldsymbol{y} = \begin{pmatrix} y_1 \\ y_2 \end{pmatrix}$ とすると，この結果は行列を用いて，簡明に

$$\begin{pmatrix} y_1 \\ y_2 \end{pmatrix} = \begin{pmatrix} a_{11} & a_{12} & a_{13} \\ a_{21} & a_{22} & a_{23} \end{pmatrix} \begin{pmatrix} x_1 \\ x_2 \\ x_3 \end{pmatrix}$$

と表わされる．すなわち，$\boldsymbol{R}^3$ から $\boldsymbol{R}^2$ への線形写像は 2 行 3 列の行列で表わされる．

【例】 連立方程式

$$(*) \quad \begin{cases} x + y + z = 20 \\ 4x + 8y + 10z = 168 \end{cases}$$

を考えることは，線形写像の立場では，行列

$$\begin{pmatrix} 1 & 1 & 1 \\ 4 & 8 & 10 \end{pmatrix}$$

で与えられる $\boldsymbol{R}^3$ から $\boldsymbol{R}^2$ への線形写像 T を考えて，$T(\boldsymbol{x}) = \begin{pmatrix} 20 \\ 168 \end{pmatrix}$ となるベクトル $\boldsymbol{x} = \begin{pmatrix} x \\ y \\ z \end{pmatrix}$ を求めることになる．

$\boldsymbol{R}^3$ から $\boldsymbol{R}^2$ への線形写像は 1 対 1 でない

> $\boldsymbol{R}^3$ から $\boldsymbol{R}^2$ への線形写像 T は，けっして 1 対 1 写像にはならない．

このことを示しておこう．そのためには，T が 1 対 1 写像と仮定して矛盾が生ずることを見るとよい．T が 1 対 1 とすると，

$$T(\boldsymbol{x}) = \boldsymbol{0} \tag{1}$$

となる $\boldsymbol{x}$ は $\boldsymbol{0}$ しかない．このことから，$\boldsymbol{R}^2$ の 3 つのベクトル $T(\boldsymbol{e}_1)$，$T(\boldsymbol{e}_2)$，$T(\boldsymbol{e}_3)$ が 1 次独立のことが導かれる．

【証明】 $T(\boldsymbol{e}_1)$，$T(\boldsymbol{e}_2)$，$T(\boldsymbol{e}_3)$ が 1 次独立でなければ，少なくとも 1 つは 0 ではない 3 つの数 α，β，γ があって

$$\alpha T(\boldsymbol{e}_1) + \beta T(\boldsymbol{e}_2) + \gamma T(\boldsymbol{e}_3) = \boldsymbol{0}$$

が成り立つ．したがって T の線形性から

$$T(\alpha \boldsymbol{e}_1 + \beta \boldsymbol{e}_2 + \gamma \boldsymbol{e}_3) = \boldsymbol{0}$$

となり，(1) 式から

$$\alpha \boldsymbol{e}_1 + \beta \boldsymbol{e}_2 + \gamma \boldsymbol{e}_3 = \boldsymbol{0}$$

となる．α，β，γ のうちに 0 でないものがあるのだから，これは，$\boldsymbol{e}_1, \boldsymbol{e}_2, \boldsymbol{e}_3$ が 1 次独立であることに反する． ∎

一方，$\boldsymbol{R}^2$ には，3 本の 1 次独立なベクトルは存在しない (第 8 講参照)．したがってこれで矛盾が得られた．

写 像 の 核

$\boldsymbol{R}^3$ から $\boldsymbol{R}^2$ への線形写像 T が与えられたとき，$T(\boldsymbol{x}) = \boldsymbol{0}$ となる $\boldsymbol{x}$ 全体を，T の核といい，ふつう $\mathrm{Ker}\, T$ と表わすが，ここでは簡単のため K で表わすことにする (第 21 講参照)．

$$K = \{\boldsymbol{x} \mid T(\boldsymbol{x}) = 0\}$$

このとき，次のことが成り立つ．

$$\boldsymbol{x}, \boldsymbol{y} \in K \Rightarrow \boldsymbol{x} + \boldsymbol{y} \in K$$
$$\boldsymbol{x} \in K \quad\quad \Rightarrow \alpha \boldsymbol{x} \in K$$

ここで記号 $\in$ は，たとえば $\boldsymbol{x}, \boldsymbol{y} \in K$ は $\boldsymbol{x}$ と $\boldsymbol{y}$ が K に属していることを示す記号である．

【証明】 $\boldsymbol{x}, \boldsymbol{y} \in K \Rightarrow T(\boldsymbol{x}) = \boldsymbol{0}$, $T(\boldsymbol{y}) = \boldsymbol{0} \Rightarrow T(\boldsymbol{x}) + T(\boldsymbol{y}) = \boldsymbol{0} \Rightarrow T(\boldsymbol{x} + \boldsymbol{y}) = \boldsymbol{0} \Rightarrow \boldsymbol{x} + \boldsymbol{y} \in K$
ここで T の線形性を用いた．また

$$\boldsymbol{x} \in K \Rightarrow T(\boldsymbol{x}) = \boldsymbol{0} \Rightarrow \alpha T(\boldsymbol{x}) = \boldsymbol{0} \Rightarrow T(\alpha \boldsymbol{x}) = \boldsymbol{0} \Rightarrow \alpha \boldsymbol{x} \in K$$

ここでも T の線形性を用いた． ∎

すなわち，写像 T の核 K は，$\boldsymbol{R}^3$ の部分集合であるが，その中で，和をとったり，スカラー積をとることが自由にできる．この意味で K は $\boldsymbol{R}^3$ の部分空間になっているという．

K は $\boldsymbol{0}$ を含んでいるが，必ず $\boldsymbol{0}$ 以外のベクトルも含んでいる．なぜなら $K = \{\boldsymbol{0}\}$ とすると，前と同じ議論で，$T(\boldsymbol{e}_1)$，$T(\boldsymbol{e}_2)$，$T(\boldsymbol{e}_3)$ が 1 次独立となって矛盾となるからである．

【例】 行列

$$\begin{pmatrix} 1 & 1 & 1 \\ 4 & 8 & 10 \end{pmatrix}$$

で与えられる $\boldsymbol{R}^3$ から $\boldsymbol{R}^2$ への線形写像 T の核 K を求めてみよう．

$\boldsymbol{x} = \begin{pmatrix} x \\ y \\ z \end{pmatrix} \in K$ ということは $\begin{pmatrix} 1 & 1 & 1 \\ 4 & 8 & 10 \end{pmatrix} \begin{pmatrix} x \\ y \\ z \end{pmatrix} = 0$ ということである．したがって K は関係

$$\begin{cases} x + y + z = 0 & (2) \\ 4x + 8y + 10z = 0 & (3) \end{cases}$$

が成り立つようなベクトル $\boldsymbol{x}$ 全体からなる．

(3) $- 4 \times$ (2) をつくると

$$4y + 6z = 0$$

ゆえに $y = -\frac{3}{2}z$，(2) 式に代入して $x = \frac{1}{2}z$ を得る．したがって K に属するベクトル $\boldsymbol{x}$ は，パラメーター t により

$$x = \frac{1}{2}t, \quad y = -\frac{3}{2}t, \quad z = t$$

と表わされるもの全体となる．$\boldsymbol{R}^3$ で，このような座標をもつ点は，原点と点 $\mathrm{P}\left(\frac{1}{2}, -\frac{3}{2}, 1\right)$ を通る直線上にある (図 37).

ついでに，連立方程式

$$(*)\quad \begin{cases} x+y+z=20 \\ 4x+8y+10z=168 \end{cases}$$

の一般解について述べておこう．

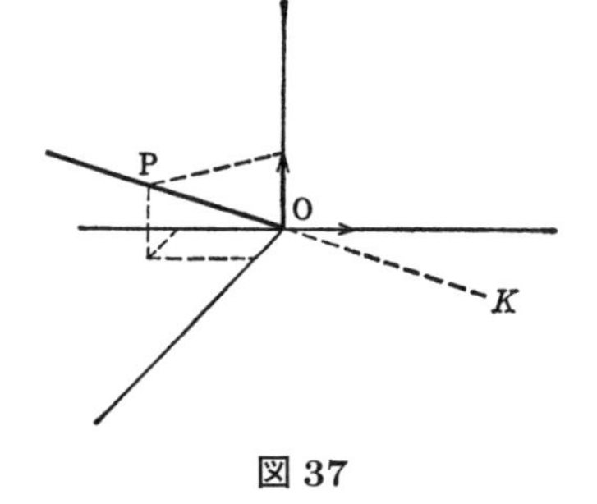

図 37

この1つの解が $x=3,\ y=7,\ z=10$ であることは知っている．したがって

$$\boldsymbol{x}_0=\begin{pmatrix}3\\7\\10\end{pmatrix}$$

とおくと，$T(\boldsymbol{x}_0)=\begin{pmatrix}20\\168\end{pmatrix}$ である．K に属する任意のベクトル $\boldsymbol{x}$ をもってきて，$\boldsymbol{x}_0+\boldsymbol{x}$ を考えると

$$T(\boldsymbol{x}_0+\boldsymbol{x})=T(\boldsymbol{x}_0)+T(\boldsymbol{x})=T(\boldsymbol{x}_0)$$

となるから，$\boldsymbol{x}_0+\boldsymbol{x}$ もまた $(*)$ の解となる．逆に $(*)$ の解 $\boldsymbol{y}_0$ を任意にとると $T(\boldsymbol{y}_0)=T(\boldsymbol{x}_0)$．したがって

$$\mathbf{0}=T(\boldsymbol{y}_0)-T(\boldsymbol{x}_0)=T(\boldsymbol{y}_0-\boldsymbol{x}_0)$$

となり，$\boldsymbol{y}_0-\boldsymbol{x}_0\in K$：すなわちある $\boldsymbol{x}\in K$ が存在して $\boldsymbol{y}_0=\boldsymbol{x}_0+\boldsymbol{x}$ と表わされる．

すなわち $(*)$ の一般解は，$\boldsymbol{x}_0$ に K の任意のベクトルを加えたもので与えられる．解の形でかくと

$$x=3+\frac{1}{2}t,\quad y=7-\frac{3}{2}t,\quad z=10+t$$

が一般的である．t はパラメーターであって，任意の実数の値をとる．

図の上では，このことは，点 (3, 7, 10) を通って，K に平行な直線を引くと，こ

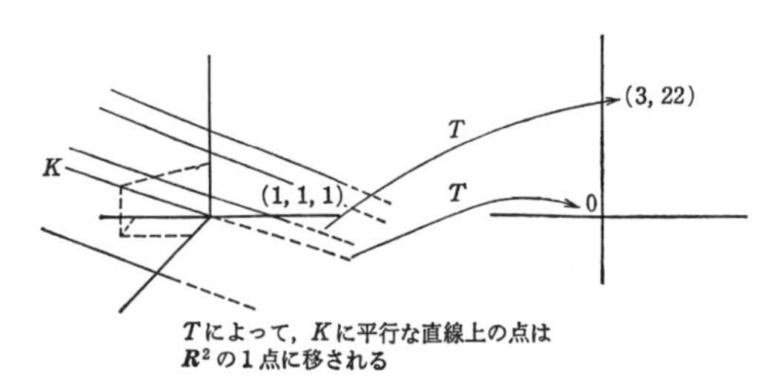

図 38

の直線上の点が，T によってすべて (20, 168) という点に移ることを意味している．一般に，K に平行な直線上のすべての点が，$\boldsymbol{R}^2$ のある 1 点へと移されているのである (図 38)．たとえば，点 (1, 1, 1) を通って K に平行な直線上の点は，すべて (3, 22) に移されている．

注意　第 1 講，Tea Time で，カメ・タコ・イカ算 (?) の決着を述べたとき解が有限個だったのは，x と y と z がすべて正の整数となる解を求めたからである．

問 1　$\boldsymbol{R}^3$ から $\boldsymbol{R}^2$ への線形写像 T と，$\boldsymbol{R}^2$ から $\boldsymbol{R}^2$ への線形写像 S が与えられ，S と T はそれぞれ行列

$$A = \begin{pmatrix} a_{11} & a_{12} \\ a_{21} & a_{22} \end{pmatrix}, \quad B = \begin{pmatrix} b_{11} & b_{12} & b_{13} \\ b_{21} & b_{22} & b_{23} \end{pmatrix}$$

で表わされているとする．このとき，合成写像 $S \circ T$ を表わす行列は，どのような形になるかを調べよ．

Tea Time

$\boldsymbol{R}^3$ から $\boldsymbol{R}^3$ への正則でない写像の例

$\boldsymbol{R}^3$ から $\boldsymbol{R}^3$ への正則でない最も簡単な例は，すべての $x \in \boldsymbol{R}^3$ を 0 へ移す写像である．この写像の核は $\boldsymbol{R}^3$ 全体となる．

ここではもう少し別の例を与えてみよう．$\boldsymbol{R}^3$ の中に 2 つの 1 次独立なベクトル $\boldsymbol{f}_1, \boldsymbol{f}_2$ をとると，$\boldsymbol{f}_1$ と $\boldsymbol{f}_2$ は，$\boldsymbol{R}^3$ の中に 1 つの平面をはる．このとき，**例**で与えた写像を少し直して，写像 S を

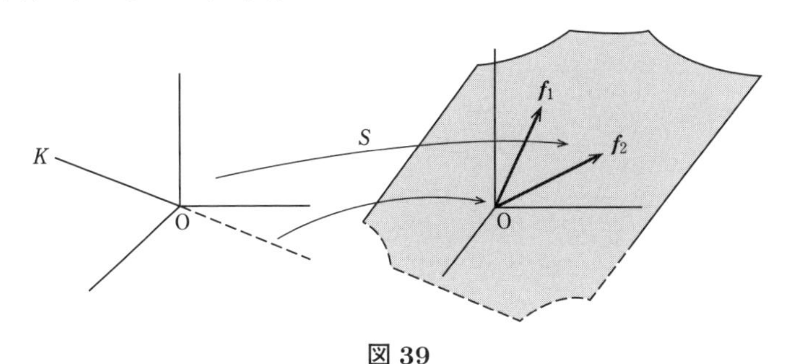

図 39

$$S : \boldsymbol{x} = \begin{pmatrix} x \\ y \\ z \end{pmatrix} \longrightarrow (x+y+z)\boldsymbol{f}_1 + (4x+8y+10z)\boldsymbol{f}_2$$

で定義すると，S は $\boldsymbol{R}^3$ から $\boldsymbol{R}^3$ への線形写像となる (図 39)．この写像 S は，写像 T による $\boldsymbol{R}^3$ の行く先を，$\boldsymbol{R}^2$ の代りに $\boldsymbol{f}_1, \boldsymbol{f}_2$ のはる平面でおき換えたものとなっている．このとき明らかに

$$S \text{ の核} = T \text{ の核}$$

である．したがって S は正則でない．

第 13 講

ベクトル空間へ

テーマ

- ◆ 空間 $\boldsymbol{R}^2$，$\boldsymbol{R}^3$ の一般化
- ◆ 空間 $\boldsymbol{R}^n$
- ◆ 座標系によらない空間上のベクトル
- ◆ ベクトル空間の設定
- ◆ ベクトルの和とスカラー積の演算
- ◆ ベクトル空間の演算規則についての注意

空間 $\boldsymbol{R}^2$，$\boldsymbol{R}^3$ の一般化

この講義の出発点は，2 元 1 次や 3 元 1 次の連立方程式であったが，それらを線形写像の観点で見直そうとすると，そこに空間 $\boldsymbol{R}^2$ や空間 $\boldsymbol{R}^3$ が登場してきた．そして $\boldsymbol{R}^2$ または $\boldsymbol{R}^3$ 上で定義された線形写像について，いままでいろいろなことを学んできた．

同じような方向をさらに押し進めていけば，連立方程式の未知数の個数をもっと増やして，4 元 1 次や 5 元 1 次の連立方程式を考えるようになる．そうすれば，当然，対応して空間 $\boldsymbol{R}^4$ や空間 $\boldsymbol{R}^5$ を導入して，その上の線形写像の理論を展開していくことになるだろう．

連立方程式から離れて，このような線形写像の理論の最も一般的な設定としては，まず n 個の実数を縦に並べて得られる n 次元数ベクトル

$$\begin{pmatrix} x_1 \\ x_2 \\ \vdots \\ x_n \end{pmatrix}$$

の全体，$\boldsymbol{R}^n$ を考えることになる．$\boldsymbol{R}^n$ にはもちろん和とスカラー積が定義される．すなわち

$$\text{和：}\quad \begin{pmatrix} x_1 \\ x_2 \\ \vdots \\ x_n \end{pmatrix} + \begin{pmatrix} y_1 \\ y_2 \\ \vdots \\ y_n \end{pmatrix} = \begin{pmatrix} x_1 + y_1 \\ x_2 + y_2 \\ \vdots \\ x_n + y_n \end{pmatrix}$$

$$\text{スカラー積：}\quad \alpha \begin{pmatrix} x_1 \\ x_2 \\ \vdots \\ x_n \end{pmatrix} = \begin{pmatrix} \alpha x_1 \\ \alpha x_2 \\ \vdots \\ \alpha x_n \end{pmatrix}$$

そして次に，$\boldsymbol{R}^n$ 上の線形写像，あるいは本質的には同じことであるが，n 次の行列の理論をいかに組み立てていくかということが問題となってくるだろう．

ベクトル空間へ

しかし，ここではもう少し高い視点を設定しておこう．$n \geqq 4$ となると，$\boldsymbol{R}^n$ を，$\boldsymbol{R}^2$ や $\boldsymbol{R}^3$ のように図で表わしてみることができなくなってくる．私達は，$\boldsymbol{R}^2$ や $\boldsymbol{R}^3$ のことを想像しながら，$\boldsymbol{R}^n$ のことを推論する．しかし，図示することができなくなると，標準的な直交座標をとるといっても，この標準的という言葉の意味が，少しはっきりしなくなる．

一般の $\boldsymbol{R}^n$ で何かを考えようとするとき，図示して考えるという考え方は，ひとまず捨てなければならない．そういう立場で，$\boldsymbol{R}^n$ の線形写像の理論をつくろうとすると，今度は，ある 1 つの座標系にこだわるということが，わずらわしくなることがある．

線形写像というものを主体として考えてみよう．そうすると，$\boldsymbol{R}^2$ や $\boldsymbol{R}^3$ の上で定義された線形写像の場合でも見たように，それぞれの線形写像に応じた斜交座標をとった方が，説明がずっと簡明になることがある．また線形写像の核を考えるにしても，前節の例で見たように，一般には核のつくる部分空間 K は，座標軸とは無関係の方向を向いている．この核の示す方向を，新しい座標軸の方向としてとった方が，かえってよいかもしれない．

このようなことを考えていくと，それならいっそのこと，座標系の概念などのない非常に一般な“空間”を，最初に設定しておいた方がよいのではないかと思えてくる．もちろん，この空間には，和とスカラー積の演算はできるような，“ベクトル”がなくてはいけない．このような観点は，第 5 講で述べた 2 次元の数ベクトルから，平面ベクトルへと，視点を移行していったことに似ている．

ベクトル空間の定義

考える対象は，和とスカラー積という 2 つの演算をもつベクトルであり，空間はむしろこのベクトルを入れる器のようなものであると考えてみると，次の定義は割合自然に見えてくる．

【定義】 ものの集り (集合) $\boldsymbol{V}$ がベクトル空間であるとは，$\boldsymbol{x}, \boldsymbol{y} \in \boldsymbol{V}$ に対して，和とよばれる演算 $+$ があって $\boldsymbol{x} + \boldsymbol{y} \in \boldsymbol{V}$ が決まり，また実数 α と $\boldsymbol{x} \in \boldsymbol{V}$ に対して，スカラー積とよばれる演算があって $\alpha\boldsymbol{x}$ が決まり，これらが，次の演算の基本規則❶〜❽を満たすときである．

❶ $\boldsymbol{x} + \boldsymbol{y} = \boldsymbol{y} + \boldsymbol{x}$

❷ $(\boldsymbol{x} + \boldsymbol{y}) + \boldsymbol{z} = \boldsymbol{x} + (\boldsymbol{y} + \boldsymbol{z})$

❸ すべての $\boldsymbol{x}$ に対し，$\boldsymbol{x} + \boldsymbol{0} = \boldsymbol{x}$ を成り立たせるようなベクトル $\boldsymbol{0}$ が存在する．

❹ すべての $\boldsymbol{x}$ に対し，$\boldsymbol{x} + \boldsymbol{x}' = \boldsymbol{0}$ を成り立たせるようなベクトル $\boldsymbol{x}'$ が存在する．

❺ $1\boldsymbol{x} = \boldsymbol{x}$

❻ $\alpha(\beta\boldsymbol{x}) = (\alpha\beta)\boldsymbol{x}$

❼ $\alpha(\boldsymbol{x} + \boldsymbol{y}) = \alpha\boldsymbol{x} + \alpha\boldsymbol{y}$

❽ $(\alpha + \beta)\boldsymbol{x} = \alpha\boldsymbol{x} + \beta\boldsymbol{x}$

$\boldsymbol{V}$ の元 $\boldsymbol{x}, \boldsymbol{y}$ などをベクトルという．

このベクトル空間の定義では，スカラー積 $\alpha\boldsymbol{x}$ をつくるとき，α として実数をとることを決めているので，それを明示する必要のあるときには実数上のベクトル空間という．

ベクトル空間の定義についての注意

❶〜❽は，すでに第 5 講で述べてある「演算の基本規則」とまったく同じである．ただし，第 5 講の場合は，2 次元数ベクトルに対する演算規則として述べた

ものであった．新しく導入されたベクトル空間 $\boldsymbol{V}$ の立場では，今度は，この演算規則をもつものを単にベクトルといって，この演算規則から導かれるいろいろの性質を調べていこうとする．座標系は消えてしまった!!

演算規則❶〜❽について多少注意を与えておく．

❶は，$\boldsymbol{x}$ に $\boldsymbol{y}$ を加えるのは右からでも左からでもどちらでもよいといっているので，可換性が成り立つということもある．

❷は，3つのベクトル $\boldsymbol{x}, \boldsymbol{y}, \boldsymbol{z}$ を加えるのに，どの2つを先に加えてもよいといっているので，したがって，3つのベクトルの和を $\boldsymbol{x}+\boldsymbol{y}+\boldsymbol{z}$ とかいても，何の紛れもないことになる．この性質を結合律が成り立つといっていい表わすこともある．

❸については，この性質をもつベクトル $\mathbf{0}$ はただ1つしかないことを注意しておこう．そのため，❸で述べられている性質をもつベクトル $\mathbf{0}'$ を別に任意にとる．❸で $\boldsymbol{x}=\mathbf{0}'$ とおくと $\mathbf{0}'+\mathbf{0}=\mathbf{0}'$．また $\mathbf{0}'$ に対して❸を適用して $\boldsymbol{x}=\mathbf{0}$ とおくと $\mathbf{0}+\mathbf{0}'=\mathbf{0}$．❶を用いるとこれから $\mathbf{0}=\mathbf{0}'$ となる．$\mathbf{0}$ を零ベクトルといい，誤解のおそれのないときには0とかくこともある．

❹で述べられている性質をもつ $\boldsymbol{x}'$ は，$\boldsymbol{x}$ に対して，ただ1つ決まる．それを示すため，同じ性質をもつ別の $\boldsymbol{x}''$ をとる．$\boldsymbol{x}+\boldsymbol{x}'=\mathbf{0}$，$\boldsymbol{x}+\boldsymbol{x}''=\mathbf{0}$ である．したがって

$$\begin{aligned}\boldsymbol{x}+\boldsymbol{x}'+\boldsymbol{x}'' &= (\boldsymbol{x}+\boldsymbol{x}')+\boldsymbol{x}''=\mathbf{0}+\boldsymbol{x}''=\boldsymbol{x}'' \\ &= (\boldsymbol{x}+\boldsymbol{x}'')+\boldsymbol{x}'=\mathbf{0}+\boldsymbol{x}'=\boldsymbol{x}'\end{aligned}$$

したがって $\boldsymbol{x}'=\boldsymbol{x}''$．$\boldsymbol{x}'$ を $-\boldsymbol{x}$ とかく．

❺は，実数1をベクトル $\boldsymbol{x}$ にスカラー積しても，変わらないことを示している．

❻の左辺は，$\beta\boldsymbol{x}$ というベクトルに，α をスカラー積した結果は，実は，先に $\alpha\beta$ をつくっておいて，次にこれを $\boldsymbol{x}$ とスカラー積した結果と一致することを示している．

❼，❽について，似たような注意を繰り返すことは，かえってくどくなるかもしれない．ただ❽から

$$0\boldsymbol{x}=(1-1)\boldsymbol{x}=1\boldsymbol{x}-1\boldsymbol{x}=\mathbf{0}$$

がでることだけを注意しておこう．したがって❹の $-\boldsymbol{x}$ は $-1\boldsymbol{x}$ に等しい．

簡単にいってしまえば，演算規則❶〜❽は，いままで，2次元数ベクトルや3次元数ベクトルに対してごく自然に行なってきた和とスカラー積についての演算の規則は，そのままベクトル空間の場合にも使ってよいということである．

Tea Time

質問 $\boldsymbol{R}^2$ や $\boldsymbol{R}^3$ のような具体的な空間から，ベクトル空間という概念を抽象化してきた考え方は，たとえば，梨5個，りんご20個，本100冊のような具体的なものの個数から，5, 20, 100 といった数を抽象してきた考えと同じようなものであると考えてよいでしょうか．このとき，自然数全体を考えるということが，ベクトル空間を考えるということに対応するのでしょうか．

答 具体的なものから，数学的な広い機能性をもつ対象を抽象してくるという点では，そのように考えてもよいと思う．この質問をもう少し掘り下げていくと，次のような新しい質問が誘導されてくるだろう．

りんご20個と本100冊を寄せ集めて数えれば，総数120となる．20に $+1, +1$ と100繰り返していくと120という数に達するのである．それでは逆に，この性質だけをもとにして，ベクトル空間の導入と同じような考えで，まったく抽象的に，自然数をとらえることができるだろうか．すなわち，あるものの集りがあって，1という特別な“もの”を含み，また n という“もの”を含めば，次にくる $n+1$ という“もの”を含んでいるという性質だけに注目して，自然数の体系を抽象的に構成できるだろうか．

実際，この考えは自然数の公理化という考えにつながるもので，ペアノ(1858–1932)が最初に自然数を公理化することに成功した．

第 14 講

ベクトル空間の例と基本概念

テーマ
- ◆ ベクトル空間の例：$\boldsymbol{R}^n$，多項式のつくる空間，2 次の行列全体
- ◆ ベクトル空間とならない例
- ◆ 1 次結合，1 次独立，1 次従属

ベクトル空間の例

(I)　$\boldsymbol{n}$ 次元数ベクトル空間 $\boldsymbol{R}^n$

$\boldsymbol{R}^n$ の定義はすでに前講で与えてある．$\boldsymbol{R}^n$ の中の n 個のベクトル

$$\boldsymbol{e}_1 = \begin{pmatrix} 1 \\ 0 \\ \vdots \\ 0 \end{pmatrix}, \quad \boldsymbol{e}_2 = \begin{pmatrix} 0 \\ 1 \\ 0 \\ \vdots \\ 0 \end{pmatrix}, \quad \ldots, \quad \boldsymbol{e}_n = \begin{pmatrix} 0 \\ 0 \\ \vdots \\ 1 \end{pmatrix}$$

を $\boldsymbol{R}^n$ の標準基底という．このとき $\boldsymbol{R}^n$ の任意のベクトル

$$\boldsymbol{x} = \begin{pmatrix} x_1 \\ x_2 \\ \vdots \\ x_n \end{pmatrix}$$

は，ただ一通りに

$$\boldsymbol{x} = x_1\boldsymbol{e}_1 + x_2\boldsymbol{e}_2 + \cdots + x_n\boldsymbol{e}_n$$

と表わされる．

$\boldsymbol{R}^1$ は実数全体である．$\boldsymbol{R}^2$，$\boldsymbol{R}^3$ はいままで取り扱ってきた．なお，便宜上 $n=0$ のときも考えることがあり，そのときは $\boldsymbol{R}^0 = \{0\}$ とおく．

(II)　高々 2 次の多項式全体のつくるベクトル空間 $\boldsymbol{P}_2(\boldsymbol{R})$

高々 2 次の多項式とは，

$$2x^2 - 3x + 1 \quad とか \quad -5x + 3 \quad とか \quad 6\ (定数！)$$

のようなものである．すなわち

$$ax^2 + bx + c$$

と表わされるような全体である．このような式全体は

和：　$\boldsymbol{p} = ax^2 + bx + c$，$\boldsymbol{q} = a'x^2 + b'x + c'$ に対して

$$\boldsymbol{p} + \boldsymbol{q} = (a + a')x^2 + (b + b')x + c + c'$$

スカラー積：　$\alpha \in \boldsymbol{R}$ と $\boldsymbol{p}$ に対し

$$\alpha\boldsymbol{p} = \alpha ax^2 + \alpha bx + \alpha c$$

と定義することにより，ベクトル空間 $P_2(\boldsymbol{R})$ をつくる．

(III)　**高々 $\boldsymbol{n}$ 次の多項式全体のつくるベクトル空間 $\boldsymbol{P}_n(\boldsymbol{R})$**

$$a_0x^n + a_1x^{n-1} + a_2x^{n-2} + \cdots + a_n$$

(ここで n はとめている) の形に表わされる多項式全体は，$P_2(\boldsymbol{R})$ のときと同様にして，和とスカラー積を定義することにより，ベクトル空間となる．

(IV)　**2 次の行列全体のつくるベクトル空間 $\boldsymbol{M}_2(\boldsymbol{R})$**

2 次の行列の中に，和とスカラー積を

和：　$\begin{pmatrix} a & b \\ c & d \end{pmatrix} + \begin{pmatrix} a' & b' \\ c' & d' \end{pmatrix} = \begin{pmatrix} a + a' & b + b' \\ c + c' & d + d' \end{pmatrix}$

スカラー積：　$\alpha\begin{pmatrix} a & b \\ c & d \end{pmatrix} = \begin{pmatrix} \alpha a & \alpha b \\ \alpha c & \alpha d \end{pmatrix}$

と定義することにより，2 次の行列全体のつくる集合 $M_2(\boldsymbol{R})$ はベクトル空間となる．

ベクトル空間とならない例

ベクトル空間とはならないいくつかの例をあげておくことも，かえってベクトル空間を理解する助けになるかもしれない．

1)　座標平面上の有向線分 $\overrightarrow{\mathrm{OP}}$ で，終点 P の座標 (x, y) が，$x \geqq 0$，$y \geqq 0$ を満たすものの全体は，(ふつうのベクトルの和とスカラー積を考えたとき) ベクトル空間にはならない．なぜなら，和はいつでも考えることはできるが，たとえば $-2\overrightarrow{\mathrm{OP}}$ は第 3 象限に入ってしまい，スカラー積が定義されないからである．

2)　2 次の多項式全体，すなわち

$$ax^2 + bx + c \quad (a \neq 0)$$

の形の多項式全体は，(和とスカラー積を (II) のようにとったとき) ベクトル空間とはならない，なぜなら 0 を含まないからである．

3)　2 つの実数の組 $\begin{pmatrix} x_1 \\ x_2 \end{pmatrix}$ の全体に

$$\text{和：} \quad \begin{pmatrix} x_1 \\ x_2 \end{pmatrix} + \begin{pmatrix} y_1 \\ y_2 \end{pmatrix} = \begin{pmatrix} x_1 + y_2 \\ x_2 + y_1 \end{pmatrix}$$

$$\text{スカラー積：} \quad \alpha \begin{pmatrix} x_1 \\ x_2 \end{pmatrix} = \begin{pmatrix} \alpha x_1 \\ \alpha x_2 \end{pmatrix}$$

と定義したものは，ベクトル空間とならない．なぜなら

$$\begin{pmatrix} 2 \\ 3 \end{pmatrix} + \begin{pmatrix} 100 \\ 1 \end{pmatrix} = \begin{pmatrix} 3 \\ 103 \end{pmatrix}$$

であるが，

$$\begin{pmatrix} 100 \\ 1 \end{pmatrix} + \begin{pmatrix} 2 \\ 3 \end{pmatrix} = \begin{pmatrix} 103 \\ 3 \end{pmatrix}$$

となり，ベクトル空間の性質❶が成り立たなくなるからである．

1 次結合，1 次独立，1 次従属

ベクトル空間 $\boldsymbol{V}$ には，和とスカラー積しか演算がないのだから，これらを繰り返すことによって得られる 1 次結合という概念が，まず最初の基本的な概念となる．

【定義】　$\boldsymbol{a}_1, \boldsymbol{a}_2, \ldots, \boldsymbol{a}_r \in \boldsymbol{V}$ に対して

$$\alpha_1 \boldsymbol{a}_1 + \alpha_2 \boldsymbol{a}_2 + \cdots + \alpha_r \boldsymbol{a}_r \quad (\alpha_i \in \boldsymbol{R})$$

と表わされるベクトル $\boldsymbol{x}$ のことを，$\boldsymbol{a}_1, \boldsymbol{a}_2, \ldots, \boldsymbol{a}_r$ の 1 次結合という．

第 8 講と第 10 講で，$\boldsymbol{R}^2, \boldsymbol{R}^3$ の場合，互いに独立な方向をもつベクトルは，斜交座標系の基底ベクトルとして用いられることを示した．この独立な方向を向くという性質は，1 次独立という概念で述べられていたことを思い出しておこう．次の抽象的な定義の根底には，ベクトルが独立な方向に向いているという考えが横たわっている．

【定義】　$\boldsymbol{V}$ の r 個のベクトル $\boldsymbol{a}_1, \boldsymbol{a}_2, \ldots, \boldsymbol{a}_r$ が与えられたとする．

$$\alpha_1 \boldsymbol{a}_1 + \alpha_2 \boldsymbol{a}_2 + \cdots + \alpha_r \boldsymbol{a}_r = \boldsymbol{0} \tag{1}$$

が成り立つのは，$\alpha_1 = \alpha_2 = \cdots = \alpha_r = 0$ に限るとき，$\boldsymbol{a}_1, \boldsymbol{a}_2, \ldots, \boldsymbol{a}_r$ は1次独立であるという．

$\boldsymbol{a}_1, \boldsymbol{a}_2, \ldots, \boldsymbol{a}_r$ が1次独立ならば，$\boldsymbol{a}_1 \neq \boldsymbol{0}, \boldsymbol{a}_2 \neq \boldsymbol{0}, \ldots, \boldsymbol{a}_r \neq \boldsymbol{0}$ である．なぜなら，もし $\boldsymbol{a}_1 = \boldsymbol{0}$ とすると

$$1\boldsymbol{a}_1 + 0\boldsymbol{a}_2 + \cdots + 0\boldsymbol{a}_r = \boldsymbol{0}$$

という関係が成り立ち ((1) 式で $\alpha_1 = 1$，$\alpha_2 = \cdots = \alpha_r = 0$！)，1次独立という仮定に反するからである．

また $\boldsymbol{a}_1, \boldsymbol{a}_2, \ldots, \boldsymbol{a}_r$ はすべて異なる．なぜなら，もし

$$\boldsymbol{a}_1 = \boldsymbol{a}_2$$

とすると

$$1\boldsymbol{a}_1 + (-1)\boldsymbol{a}_2 + 0\boldsymbol{a}_3 + \cdots + 0\boldsymbol{a}_r = \boldsymbol{0}$$

となって，1次独立性に反するからである．

次のことが成り立つ．

> (A) $\boldsymbol{a}_1, \boldsymbol{a}_2, \ldots, \boldsymbol{a}_r$ が1次独立
>
> $\Longleftrightarrow$
>
> (B) どの $\boldsymbol{a}_i$ をとっても，$\boldsymbol{a}_i$ は残りの $\boldsymbol{a}_1, \ldots, \boldsymbol{a}_{i-1}, \boldsymbol{a}_{i+1}, \ldots, \boldsymbol{a}_r$ の1次結合では表わされない．

【証明】 $\Rightarrow$： $\boldsymbol{a}_1, \boldsymbol{a}_2, \ldots, \boldsymbol{a}_r$ が1次独立なのに，(B) が成り立たず，ある $\boldsymbol{a}_i$ が残りの $\boldsymbol{a}_1, \ldots, \boldsymbol{a}_{i-1}, \boldsymbol{a}_{i+1}, \ldots, \boldsymbol{a}_r$ の1次結合として表わされたとする．すなわち

$$\boldsymbol{a}_i = \beta_1 \boldsymbol{a}_1 + \beta_2 \boldsymbol{a}_2 + \cdots + \beta_{i-1} \boldsymbol{a}_{i-1} + \beta_{i+1} \boldsymbol{a}_{i+1} + \cdots + \beta_r \boldsymbol{a}_r$$

移項して

$$\beta_1 \boldsymbol{a}_1 + \beta_2 \boldsymbol{a}_2 + \cdots + \beta_{i-1} \boldsymbol{a}_{i-1} + (-1)\boldsymbol{a}_i + \beta_{i+1} \boldsymbol{a}_{i+1} + \cdots + \beta_r \boldsymbol{a}_r = \boldsymbol{0}$$

この $\boldsymbol{a}_i$ の係数は0でない．これは $\boldsymbol{a}_1, \boldsymbol{a}_2, \ldots, \boldsymbol{a}_r$ の1次独立性に反する．したがって (A) $\Rightarrow$ (B) がいえた．

$\Leftarrow$： (B) が成り立つのに，(A) が成り立たないと仮定してみよう．そのとき，ある $\alpha_i \neq 0$ に対して

$$\alpha_1 \boldsymbol{a}_1 + \alpha_2 \boldsymbol{a}_2 + \cdots + \alpha_i \boldsymbol{a}_i + \cdots + \alpha_r \boldsymbol{a}_r = \boldsymbol{0}$$

という関係が成り立つ．したがって移項して

$$\boldsymbol{a}_i = \left(-\frac{\alpha_1}{\alpha_i}\right)\boldsymbol{a}_1 + \left(-\frac{\alpha_2}{\alpha_i}\right)\boldsymbol{a}_2 + \cdots + \left(-\frac{\alpha_{i-1}}{\alpha_i}\right)\boldsymbol{a}_{i-1} + \left(-\frac{\alpha_{i+1}}{\alpha_i}\right)\boldsymbol{a}_{i+1} + \cdots + \left(-\frac{\alpha_r}{\alpha_i}\right)\boldsymbol{a}_r$$

となる．これは (B) が成り立つという仮定に反する．したがって (B) ⇒ (A) がいえた．　■

【定義】　$\boldsymbol{a}_1, \boldsymbol{a}_2, \ldots, \boldsymbol{a}_r$ が1次独立でないとき，1次従属であるという．

そうすると，上の結果は，(A) が不成立 ⟺ (B) が不成立　という形でいいかえて述べることができる．すなわち

> (A)$^{\sim}$：$\boldsymbol{a}_1, \boldsymbol{a}_2, \ldots, \boldsymbol{a}_r$ が1次従属
>
> ⟺
>
> (B)$^{\sim}$：ある $\boldsymbol{a}_i$ をとると，$\boldsymbol{a}_i$ は残りの $\boldsymbol{a}_1, \boldsymbol{a}_2, \ldots, \boldsymbol{a}_{i-1}, \boldsymbol{a}_{i+1}, \ldots, \boldsymbol{a}_r$ の1次結合で表わされる．

問1　$\boldsymbol{R}^n$ で

$$\boldsymbol{a}_1 = \begin{pmatrix} 1 \\ 1 \\ 0 \\ \vdots \\ 0 \end{pmatrix}, \quad \boldsymbol{a}_2 = \begin{pmatrix} 0 \\ 1 \\ 1 \\ 0 \\ \vdots \\ 0 \end{pmatrix}, \quad \ldots\ldots, \quad \boldsymbol{a}_{n-1} = \begin{pmatrix} 0 \\ 0 \\ \vdots \\ 0 \\ 1 \\ 1 \end{pmatrix}, \quad \boldsymbol{a}_n = \begin{pmatrix} 0 \\ 0 \\ \vdots \\ 0 \\ 1 \end{pmatrix}$$

は1次独立であることを示せ．

問2　$P_2(\boldsymbol{R})$ の中で，次の式は1次独立か．

1)　$1+x$，$1-x$，x^2

2)　$2+x+x^2$，$1+x-x^2$，$6+4x$

Tea Time

いくらでも多くの1次独立なベクトルを含むベクトル空間

$\boldsymbol{R}^2$ では，1次独立な2つのベクトル $\boldsymbol{a}_1, \boldsymbol{a}_2$ をとると，これが斜交座標系となるから，もう1つのベクトル $\boldsymbol{a}$ をとると，$\boldsymbol{a}$ は必ず $\boldsymbol{a}_1, \boldsymbol{a}_2$ の1次結合で表わさ

れる．すなわち，$\boldsymbol{R}^2$ の中で，1 次独立なベクトルの最大個数は 2 である．$\boldsymbol{R}^3$ では，この個数は 3 となる．次講で示すように，$\boldsymbol{R}^n$ では，1 次独立なベクトルの最大個数は n である．すなわち，$\boldsymbol{R}^n$ で，$n+1$ 個のベクトルをとると，必ず 1 次従属となってしまう．

それでは，1 次独立なベクトルの個数がいくらでも大きくなるようなベクトル空間はあるのだろうか．そのようなベクトル空間は実はたくさんある．たとえば，その 1 つの例として多項式全体の集り $P(\boldsymbol{R})$ を考えてみよう．2 つの多項式

$$\boldsymbol{p} = a_0 + a_1 x + \cdots + a_n x^n$$
$$\boldsymbol{q} = b_0 + b_1 x + \cdots + b_m x^m$$

は，

$$\boldsymbol{p} + \boldsymbol{q} = (a_0 + b_0) + (a_1 + b_1)x + \cdots + (a_n + b_n)x^n + \cdots + b_m x^m$$

($n \leqq m$ と仮定した) により和が定義される．また

$$\alpha \boldsymbol{p} = \alpha a_0 + \alpha a_1 x + \cdots + \alpha a_n x^n$$

により，スカラー積が定義される．したがって $P(\boldsymbol{R})$ はベクトル空間となる．$P(\boldsymbol{R})$ では，任意に n をとったとき，

$$1, x, x^2, \ldots, x^{n-1}, x^n$$

は 1 次独立となっている．したがって，いくらでも個数の大きい 1 次独立なベクトルが，$P(\boldsymbol{R})$ には存在する．

第 15 講

基底と次元

テーマ

- ◆ ベクトル空間に次の仮定をおく：1 次独立なベクトルの最大の個数が存在する.
- ◆ 有限次元のベクトル空間
- ◆ 基底の定義
- ◆ 有限次元のベクトル空間には基底が存在する.
- ◆ 基底に現われるベクトルの個数は一定
- ◆ 次元の定義

有限次元のベクトル空間

前講の Tea Time で述べたように，ベクトル空間の中には，1 次独立なベクトルの個数がいくらでも大きくなるようなものも存在する．このようなベクトル空間を調べることは，数学にとって重要なこととなっているが，それは線形代数のテーマの中には，ふつう取り入れない．したがって，ここでも，以下取り扱うベクトル空間はすべて

1 次独立なベクトルの最大の個数が存在する

という条件を満たすものとする．前講 Tea Time で与えた $P(\boldsymbol{R})$ のようなベクトル空間は，考察の対象から外すのである．

次元の定義はこれから述べるので多少順序は逆となるが，上の条件を満たすベクトル空間を，有限次元のベクトル空間という．

したがって改めていい直せば，次のようになる．

以下考えるベクトル空間は，すべて有限次元とする．

基　　底

ベクトル空間 $\boldsymbol{V}$ には，最大個数を与えるような 1 次独立のベクトル

$$\{\boldsymbol{u}_1, \boldsymbol{u}_2, \ldots, \boldsymbol{u}_n\}$$

が存在する．最大個数を与えるということは，これにどんなベクトル $\boldsymbol{x}$ をつけ加えても，もう 1 次独立という性質は成り立たなくなってしまうということである．すなわち，どんなベクトル $\boldsymbol{x}$ をもってきても，必ず

$$\alpha_1\boldsymbol{u}_1 + \alpha_2\boldsymbol{u}_2 + \cdots + \alpha_n\boldsymbol{u}_n + \alpha\boldsymbol{x} = \boldsymbol{0} \tag{1}$$

という関係が成り立つということである．ここで，$\alpha_1, \ldots, \alpha_n, \alpha$ のうち，少なくとも 1 つは 0 でないものがある．

もし (1) 式で $\alpha = 0$ ならば，$\alpha_1, \ldots, \alpha_n$ の中に 0 でないものがあって $\alpha_1\boldsymbol{u}_1 + \cdots + \alpha_n\boldsymbol{u}_n = 0$ という関係が成り立つことになる．これは，$\boldsymbol{u}_1, \ldots, \boldsymbol{u}_n$ が 1 次独立であったということに反する．したがって $\alpha \neq 0$ である．

ゆえに (1) 式から

$$\boldsymbol{x} = \left(-\frac{\alpha_1}{\alpha}\right)\boldsymbol{u}_1 + \left(-\frac{\alpha_2}{\alpha}\right)\boldsymbol{u}_2 + \cdots + \left(-\frac{\alpha_n}{\alpha}\right)\boldsymbol{u}_n$$

となる．このことは，任意のベクトル $\boldsymbol{x}$ は $\boldsymbol{u}_1, \ldots, \boldsymbol{u}_n$ の 1 次結合で表わされることを示している．

一般に次の定義をおく．

【定義】 ベクトル空間 $\boldsymbol{V}$ の元 $\{\boldsymbol{v}_1, \boldsymbol{v}_2, \ldots, \boldsymbol{v}_m\}$ が次の性質をもつとき，$\boldsymbol{V}$ の基底であるという．

1) $\boldsymbol{v}_1, \boldsymbol{v}_2, \ldots, \boldsymbol{v}_m$ は 1 次独立

2) 任意のベクトル $\boldsymbol{x}$ は

$$\boldsymbol{x} = x_1\boldsymbol{v}_1 + x_2\boldsymbol{v}_2 + \cdots + x_m\boldsymbol{v}_m$$

と表わされる．

この定義の中の 2) で述べてある $\boldsymbol{x}$ の表わし方は，ただ一通りであることを注意しておこう．なぜなら，もし別に

$$\boldsymbol{x} = x_1{}'\boldsymbol{v}_1 + x_2{}'\boldsymbol{v}_2 + \cdots + x_m{}'\boldsymbol{v}_m$$

と表わされたとすると，両式を辺々引いて

$$\boldsymbol{0} = (x_1 - x_1{}')\boldsymbol{v}_1 + (x_2 - x_2{}')\boldsymbol{v}_2 + \cdots + (x_m - x_m{}')\boldsymbol{v}_m$$

となり，$\boldsymbol{v}_1, \ldots, \boldsymbol{v}_m$ の 1 次独立性から $x_1 = x_1{}'$, $x_2 = x_2{}', \ldots,$ $x_m = x_m{}'$ が結論されるからである．

上に与えた最大個数を与えるような1次独立なベクトル $\{\boldsymbol{u}_1, \boldsymbol{u}_2, \ldots, \boldsymbol{u}_n\}$ は，$\boldsymbol{V}$ の1つの基底であることがわかる．すなわち，ここで述べたことをまとめると

有限次元のベクトル空間には，基底が存在する．

基底の中に現われたベクトル $\boldsymbol{v}_1, \boldsymbol{v}_2, \ldots, \boldsymbol{v}_m$ を基底ベクトルという．

基底ベクトルの個数

$\boldsymbol{V}$ の中にある，1次独立なベクトルで，その個数が最大となる n 個のものをもってくると，それは $\boldsymbol{V}$ の基底になることはわかった．しかし，基底の定義を見ると，個数の最大性には少しも触れていないから，場合によっては $m < n$ でも，$\{\boldsymbol{v}_1, \ldots, \boldsymbol{v}_m\}$ が $\boldsymbol{V}$ の基底を与えていることがあるかもしれない．しかし実はそのようなことは起こりえない．

$\boldsymbol{V}$ の基底ベクトルの個数は一定である．

このことを示すには，背理法による．

いま $m < n$ で $\{\boldsymbol{v}_1, , \ldots, \boldsymbol{v}_m\}$ が基底となるようなことがあったとする．そうすると，基底 $\{\boldsymbol{u}_1, \ldots, \boldsymbol{u}_n\}$ のそれぞれのベクトルは，$\boldsymbol{v}_1, \ldots, \boldsymbol{v}_m$ の1次結合で表わされることになる．

$$\begin{cases} \boldsymbol{u}_1 = a_{11}\boldsymbol{v}_1 + a_{12}\boldsymbol{v}_2 + \cdots + a_{1m}\boldsymbol{v}_m \\ \boldsymbol{u}_2 = a_{21}\boldsymbol{v}_1 + a_{22}\boldsymbol{v}_2 + \cdots + a_{2m}\boldsymbol{v}_m \\ \quad\vdots \qquad\qquad\quad \vdots \\ \boldsymbol{u}_n = a_{n1}\boldsymbol{v}_1 + a_{n2}\boldsymbol{v}_2 + \cdots + a_{nm}\boldsymbol{v}_m \end{cases} \tag{1}$$

このことから，$\boldsymbol{u}_1, \boldsymbol{u}_2, \ldots, \boldsymbol{u}_n$ が1次独立でないという結論が導かれて，矛盾となるのである．

1次独立でないことをいうには

$$\alpha_1\boldsymbol{u}_1 + \alpha_2\boldsymbol{u}_2 + \cdots + \alpha_n\boldsymbol{u}_n = \boldsymbol{0} \tag{2}$$

という関係を成り立たせる $\alpha_1, \alpha_2, \ldots, \alpha_n$ が $\alpha_1 = \cdots = \alpha_n = 0$ 以外にあることをいえばよい．(2) 式に (1) 式を代入して，$\boldsymbol{v}_1, \ldots, \boldsymbol{v}_m$ の1次独立性を使うと，(2) 式は

$$
(*) \quad \begin{cases} a_{11}\alpha_1 + a_{21}\alpha_2 + \cdots + a_{n1}\alpha_n = 0 & (\boldsymbol{v}_1 \text{ の係数} = 0\,!\,) \\ a_{12}\alpha_1 + a_{22}\alpha_2 + \cdots + a_{n2}\alpha_n = 0 & (\boldsymbol{v}_2 \text{ の係数} = 0\,!\,) \\ \qquad\qquad\vdots \\ a_{1m}\alpha_1 + a_{2m}\alpha_2 + \cdots + a_{nm}\alpha_n = 0 & (\boldsymbol{v}_n \text{ の係数} = 0\,!\,) \end{cases}
$$

と同値である．この $\alpha_1, \alpha_2, \ldots, \alpha_n$ に関する連立方程式は，未知数の個数が n なのに，それを束縛する式は m 個しかない．$m < n$ に注意すると，このことから $\alpha_1 = \cdots = \alpha_n = 0$ 以外に，この連立方程式の解となる $\alpha_1, \alpha_2, \ldots, \alpha_n$ が存在することがわかるのである．この最後の部分の厳密な証明は Tea Time で与えることにする．

次　　元

ベクトル空間 $\boldsymbol{V}$ の基底ベクトルの個数は一定のことがわかった．したがって次の定義をおくことができる．

【定義】 $\boldsymbol{V}$ の基底ベクトルの個数を $\boldsymbol{V}$ の次元といい，$\dim \boldsymbol{V}$ で表わす．

dim とかいたのは，次元は英語で dimension (ディメンション) というからである．

$\dim \boldsymbol{V}$ は，$\boldsymbol{V}$ の中の 1 次独立なベクトルの最大個数に等しい．

【例 1】 $\dim \boldsymbol{R}^n = n$

$\boldsymbol{R}^n$ の基底ベクトル

$$
\boldsymbol{e}_1 = \begin{pmatrix} 1 \\ 0 \\ \vdots \\ 0 \end{pmatrix}, \quad \boldsymbol{e}_2 = \begin{pmatrix} 0 \\ 1 \\ 0 \\ \vdots \\ 0 \end{pmatrix}, \quad \ldots, \quad \boldsymbol{e}_n = \begin{pmatrix} 0 \\ \vdots \\ 0 \\ 1 \end{pmatrix}
$$

は 1 次独立で，任意のベクトル $\boldsymbol{x}$ は

$$
\boldsymbol{x} = x_1\boldsymbol{e}_1 + x_2\boldsymbol{e}_2 + \cdots + x_n\boldsymbol{e}_n
$$

と表わされるから．

【例 2】 $\dim P_2(\boldsymbol{R}) = 3$

$1, x, x^2$ は 1 次独立で，高々 2 次式は $1, x, x^2$ の 1 次結合で表わされるから．

同様に考えて

【例 3】 $\dim P_n(\boldsymbol{R}) = n + 1$

【例 4】 $\dim M_2(\boldsymbol{R}) = 4$

2 次の行列

$$E_1 = \begin{pmatrix} 1 & 0 \\ 0 & 0 \end{pmatrix}, \quad E_2 = \begin{pmatrix} 0 & 1 \\ 0 & 0 \end{pmatrix}, \quad E_3 = \begin{pmatrix} 0 & 0 \\ 1 & 0 \end{pmatrix}, \quad E_4 = \begin{pmatrix} 0 & 0 \\ 0 & 1 \end{pmatrix}$$

は1次独立で，任意の2次の行列は

$$\begin{pmatrix} a & b \\ c & d \end{pmatrix} = aE_1 + bE_2 + cE_3 + dE_4$$

と表わされるから．

問1　3次の行列全体のつくるベクトル空間の次元を求めよ．

問2　$P_2(\boldsymbol{R})$ で，$1, 1+x, (1+x)^2$ も基底となることを示し，

$$2 + 3x - x^2$$

を，この基底を用いて表わせ．

Tea Time

$\boldsymbol{m < n}$ のときの連立方程式 $(*)$ の解

$m < n$ のとき，$\alpha_1 = \alpha_2 = \cdots = \alpha_n = 0$ 以外にも $(*)$ の解が存在することを証明しよう．

証明は n についての帰納法による．

i)　$n = 2$ のとき

このとき $m = 1$ であり，$(*)$ は

$$a_{11}\alpha_1 + a_{21}\alpha_2 = 0$$

だけとなる．$a_{11} = a_{21} = 0$ ならば，α_1, α_2 は任意でよい（注意：連立方程式 $(*)$ だけではなく，(1) 式にまで戻って考えれば，$a_{11} = a_{21} = 0$ ならば，$\boldsymbol{u}_1 = \boldsymbol{u}_2 = 0$ となり，このような場合は生じていない．しかし，いまはさしあたり，$(*)$ だけに注目して議論することにする）．

$a_{11} \neq 0$ か $a_{21} \neq 0$ ならば，$\alpha_1 = -a_{21}$，$\alpha_2 = a_{11}$ が解となり，α_1 か α_2 のいずれかは0でない．

ii)　n より小さいとき成り立ったとして，n のとき成り立つことを示す．

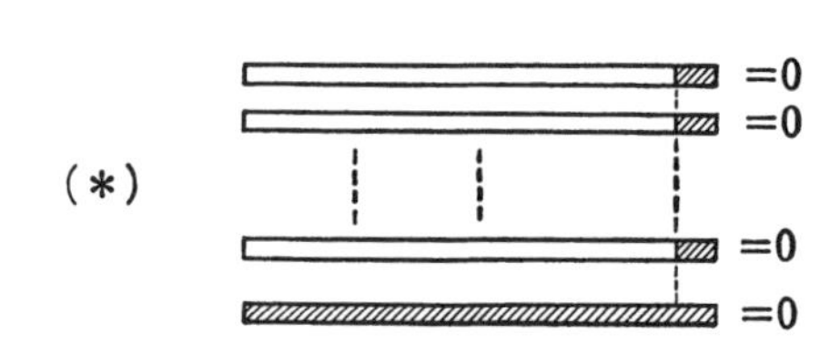

$(*)$ を簡単のため右のように表わしたとき，斜線の部分の係数——すなわち α_n の係数と，最後

の式の係数——がすべて 0 ならば，変数の個数も 1 つ減り，方程式の個数も 1 つ減るから，帰納法の仮定が使えて，すべてが 0 とならないような解が存在することがわかる．

したがって斜線部の係数の中に，少なくとも 1 つは 0 でない係数が存在する場合を考えるとよい．変数と式の順序を取り換えておけば，右下の部分の係数

$$a_{nm} \neq 0$$

と仮定してよい．このとき，最下段の m 番目の式から

$$\alpha_n = -\frac{a_{1m}}{a_{nm}}\alpha_1 - \frac{a_{2m}}{a_{nm}}\alpha_2 - \cdots - \frac{a_{n-1m}}{a_{nm}}\alpha_{n-1} \tag{2}$$

が得られる．

この式を，$(*)$ の第 1 番目から，第 $(m-1)$ 番目までの式に代入すると，α_n が消去されて，$\alpha_1, \ldots, \alpha_{n-1}$ に関する $(m-1)$ 個の連立方程式で，右辺は 0 となっているものが得られる．これに対して帰納法の仮定が使える．したがって，すべてが 0 でないようなこの連立方程式の解 $\alpha_1, \ldots, \alpha_{n-1}$ が存在する．

この解を (2) 式に代入して，α_n を決めると，$\alpha_1, \ldots, \alpha_n$ は $(*)$ の解で，この中に少なくとも 1 つは 0 でないものが含まれている．

第 16 講

線 形 写 像

テーマ

- ◆ ベクトル空間からベクトル空間への線形写像
- ◆ 線形写像の和，スカラー積，合成写像
- ◆ 1 対 1 写像
- ◆ 1 対 1 写像によって，1 次独立なベクトルは 1 次独立なベクトルへと移る．
- ◆ 正則な写像
- ◆ 正則な写像となる条件：基底を基底に移す．
- ◆ 逆写像
- ◆ 同型なベクトル空間

線形写像の定義

$\boldsymbol{V}$，$\boldsymbol{W}$ をベクトル空間とする．$\boldsymbol{V}$ の各ベクトル $\boldsymbol{x}$ に $\boldsymbol{W}$ のベクトルを対応させる写像 T が

$$T(\boldsymbol{x}+\boldsymbol{y}) = T(\boldsymbol{x}) + T(\boldsymbol{y})$$
$$T(\alpha\boldsymbol{x}) = \alpha T(\boldsymbol{x})$$

を満たすとき，T を $\boldsymbol{V}$ から $\boldsymbol{W}$ への線形写像という．

これは，$\boldsymbol{R}^2$ や $\boldsymbol{R}^3$ の場合に考えてきた線形写像のごく自然な一般化である．

T を $\boldsymbol{V}$ から $\boldsymbol{W}$ への線形写像とする．もし $\boldsymbol{V}$ のベクトル $\boldsymbol{y}$ が，$\boldsymbol{x}_1, \ldots, \boldsymbol{x}_s$ の 1 次結合ならば，$T(\boldsymbol{y})$ は $T(\boldsymbol{x}_1), \ldots, T(\boldsymbol{x}_s)$ の 1 次結合となる．実際

$$\boldsymbol{y} = a_1\boldsymbol{x}_1 + \cdots + a_s\boldsymbol{x}_s$$

ならば

$$\begin{aligned} T(\boldsymbol{y}) &= T(a_1\boldsymbol{x}_1 + \cdots + a_s\boldsymbol{x}_s) \\ &= a_1T(\boldsymbol{x}_1) + \cdots + a_sT(\boldsymbol{x}_s) \end{aligned}$$

となる．

線形写像の和，スカラー積，合成写像

S，T を，$\boldsymbol{V}$ から $\boldsymbol{W}$ への線形写像とする．このとき $\boldsymbol{V}$ から $\boldsymbol{W}$ への新しい線形写像 $S+T$ を

$$(S+T)(\boldsymbol{x}) = S(\boldsymbol{x}) + T(\boldsymbol{x})$$

で定義して，$S+T$ を S と T の和という．

$S+T$ が線形写像となることを確かめなくてはならない．

$$\begin{aligned}(S+T)(\boldsymbol{x}+\boldsymbol{y}) &= S(\boldsymbol{x}+\boldsymbol{y}) + T(\boldsymbol{x}+\boldsymbol{y}) = S(\boldsymbol{x}) + S(\boldsymbol{y}) + T(\boldsymbol{x}) + T(\boldsymbol{y})\\ &= S(\boldsymbol{x}) + T(\boldsymbol{x}) + S(\boldsymbol{y}) + T(\boldsymbol{y})\\ &= (S+T)(\boldsymbol{x}) + (S+T)(\boldsymbol{y})\\ (S+T)(\alpha\boldsymbol{x}) &= S(\alpha\boldsymbol{x}) + T(\alpha\boldsymbol{x}) = \alpha S(\boldsymbol{x}) + \alpha T(\boldsymbol{x})\\ &= \alpha(S(\boldsymbol{x}) + T(\boldsymbol{x})) = \alpha(S+T)(\boldsymbol{x})\end{aligned}$$

実数 α と S のスカラー積 αS は

$$(\alpha S)(\boldsymbol{x}) = S(\alpha\boldsymbol{x})$$

で定義する．αS が線形写像となることは，すぐに確かめられる．

$\boldsymbol{V}$ から $\boldsymbol{W}$ への線形写像の集りの中に，このようにして定義された和とスカラー積は，演算の基本規則❶〜❽を満たしている．したがって，$\boldsymbol{V}$ から $\boldsymbol{W}$ への線形写像全体は，また 1 つのベクトル空間となる．この場合，零ベクトルに相当するものは，$\boldsymbol{V}$ のすべてのベクトル $\boldsymbol{x}$ を，$\boldsymbol{W}$ の $\mathbf{0}$ へ移す線形写像である．

$\boldsymbol{U}$，$\boldsymbol{V}$，$\boldsymbol{W}$ をベクトル空間とし，$\boldsymbol{U}$ から $\boldsymbol{V}$ への線形写像 T と，$\boldsymbol{V}$ から $\boldsymbol{W}$ への線形写像 S が与えられているとする．

$$\boldsymbol{U} \xrightarrow{T} \boldsymbol{V} \xrightarrow{S} \boldsymbol{W}$$

このとき，S と T の合成写像 $S \circ T$ は，$\boldsymbol{U}$ から $\boldsymbol{W}$ への線形写像を与える．

$$S \circ T(\boldsymbol{x}) = S(T(\boldsymbol{x}))$$

$S \circ T$ が線形写像となることを確かめなくてはならない．

$$\begin{aligned}S \circ T(\boldsymbol{x}+\boldsymbol{y}) &= S(T(\boldsymbol{x}+\boldsymbol{y})) = S(T(\boldsymbol{x}) + T(\boldsymbol{y}))\\ &= S(T(\boldsymbol{x})) + S(T(\boldsymbol{y})) = S \circ T(\boldsymbol{x}) + S \circ T(\boldsymbol{y})\end{aligned}$$

$S \circ T(\alpha\boldsymbol{x}) = \alpha S \circ T(\boldsymbol{x})$ も同様に確かめられる．

1 対 1 写像

T を $\boldsymbol{V}$ から $\boldsymbol{W}$ への線形写像とする．

$$\boldsymbol{x} \neq \boldsymbol{y} \Longrightarrow T(\boldsymbol{x}) \neq T(\boldsymbol{y})$$

が成り立つとき，T は 1 対 1 写像であるという.

線形写像では，$T(\mathbf{0}) = \mathbf{0}$ が常に成り立つから，T が 1 対 1 のときには

$$\boldsymbol{x} \neq \mathbf{0} \Longrightarrow T(\boldsymbol{x}) \neq \mathbf{0}$$

となる.

> T を $\boldsymbol{V}$ から $\boldsymbol{W}$ への 1 対 1 線形写像とする．$\boldsymbol{a}_1, \boldsymbol{a}_2, \ldots, \boldsymbol{a}_r$ を $\boldsymbol{V}$ の 1 次独立なベクトルとする．このとき，$T(\boldsymbol{a}_1), T(\boldsymbol{a}_2), \ldots, T(\boldsymbol{a}_r)$ は $\boldsymbol{W}$ の 1 次独立なベクトルとなる.

【証明】　$\alpha_1 T(\boldsymbol{a}_1) + \alpha_2 T(\boldsymbol{a}_2) + \cdots + \alpha_r T(\boldsymbol{a}_r) = 0$　　(1)

という関係は，$\alpha_1 = \alpha_2 = \cdots = \alpha_r = 0$ のときしか成り立たないことをみるとよい. T の線形性から (1) 式は

$$T(\alpha_1 \boldsymbol{a}_1 + \alpha_2 \boldsymbol{a}_2 + \cdots + \alpha_r \boldsymbol{a}_r) = \mathbf{0}$$

となる．T が 1 対 1 だから

$$\alpha_1 \boldsymbol{a}_1 + \alpha_2 \boldsymbol{a}_2 + \cdots + \alpha_r \boldsymbol{a}_r = \mathbf{0}$$

となる．$\boldsymbol{a}_1, \boldsymbol{a}_2, \ldots, \boldsymbol{a}_r$ が 1 次独立だから，これから $\alpha_1 = \alpha_2 = \cdots = \alpha_r = 0$ が得られる. ■

特に，ここで $\boldsymbol{V}$ の基底 $\boldsymbol{v}_1, \boldsymbol{v}_2, \ldots, \boldsymbol{v}_n$ をとってみる．$\dim \boldsymbol{V} = n$ である．このとき，$T(\boldsymbol{v}_1), T(\boldsymbol{v}_2), \ldots, T(\boldsymbol{v}_n)$ は上の結果から 1 次独立である．したがって，$\dim \boldsymbol{W}$ は (1 次独立なベクトルの最大個数であったから) $\geqq n$ となる．すなわち次の結果が示された.

> T を $\boldsymbol{V}$ から $\boldsymbol{W}$ への 1 対 1 線形写像とする．このとき
>
> $$\dim \boldsymbol{V} \leqq \dim \boldsymbol{W}$$
>
> が成り立つ.

正則な写像

$\dim \boldsymbol{V} = \dim \boldsymbol{W}$ のとき，$\boldsymbol{V}$ から $\boldsymbol{W}$ への 1 対 1 線形写像 T を正則な写像という.

$n = \dim \boldsymbol{V} = \dim \boldsymbol{W}$ とする．$\{\boldsymbol{v}_1, \boldsymbol{v}_2, \ldots, \boldsymbol{v}_n\}$ を $\boldsymbol{V}$ の 1 つの基底とする．このとき $T(\boldsymbol{v}_1), T(\boldsymbol{v}_2), \ldots, T(\boldsymbol{v}_n)$ は 1 次独立となり，この個数は $\dim \boldsymbol{W}$ と一致しているから，$\{T(\boldsymbol{v}_1), T(\boldsymbol{v}_2), \ldots, T(\boldsymbol{v}_n)\}$ は $\boldsymbol{W}$ の 1 つの基底となる．

逆に，$\boldsymbol{V}$ から $\boldsymbol{W}$ への線形写像 T が与えられたとし，$\boldsymbol{V}$ の任意の基底 $\{\boldsymbol{v}_1, \boldsymbol{v}_2, \ldots, \boldsymbol{v}_n\}$ の T による像 $\{T(\boldsymbol{v}_1), T(\boldsymbol{v}_2), \ldots, T(\boldsymbol{v}_n)\}$ が，$\boldsymbol{W}$ の基底となるとする．このとき，T は正則な写像となる．

なぜなら，$\boldsymbol{V}$ の任意の元 $\boldsymbol{x}$ を

$$\boldsymbol{x} = x_1\boldsymbol{v}_1 + x_2\boldsymbol{v}_2 + \cdots + x_n\boldsymbol{v}_n$$

と表わすと

$$\begin{aligned} T(\boldsymbol{x}) &= T(x_1\boldsymbol{v}_1 + x_2\boldsymbol{v}_2 + \cdots + x_n\boldsymbol{v}_n) \\ &= x_1T(\boldsymbol{v}_1) + x_2T(\boldsymbol{v}_2) + \cdots + x_nT(\boldsymbol{v}_n) \end{aligned}$$

となるが，仮定から $\{T(\boldsymbol{v}_1), T(\boldsymbol{v}_2), \ldots, T(\boldsymbol{v}_n)\}$ は $\boldsymbol{W}$ の基底である．したがって $T(\boldsymbol{x})$ のこの表わし方は一通りであり，このことから，$\boldsymbol{x} \neq \boldsymbol{y}$ ならば $T(\boldsymbol{x}) \neq T(\boldsymbol{y})$ が結論されるからである．

いま述べたことをまとめると次のようになる．

> $\dim \boldsymbol{V} = \dim \boldsymbol{W}$ のとき，$\boldsymbol{V}$ から $\boldsymbol{W}$ への線形写像 T が正則な写像となるための必要かつ十分な条件は，$\boldsymbol{V}$ の任意の基底 $\{\boldsymbol{v}_1, \boldsymbol{v}_2, \ldots, \boldsymbol{v}_n\}$ に対し，$\{T(\boldsymbol{v}_1), T(\boldsymbol{v}_2), \ldots, T(\boldsymbol{v}_n)\}$ が $\boldsymbol{W}$ の基底となることである．

いま，T を $\boldsymbol{V}$ から $\boldsymbol{W}$ への正則な写像とし，$\boldsymbol{V}$ の基底 $\{\boldsymbol{v}_1, \boldsymbol{v}_2, \ldots, \boldsymbol{v}_n\}$ に対し

$$\boldsymbol{w}_1 = T(\boldsymbol{v}_1), \quad \boldsymbol{w}_2 = T(\boldsymbol{v}_2), \quad \ldots, \quad \boldsymbol{w}_n = T(\boldsymbol{v}_n)$$

とおく．$\{\boldsymbol{w}_1, \boldsymbol{w}_2, \ldots, \boldsymbol{w}_n\}$ は $\boldsymbol{W}$ の基底である．

このとき，$T(\boldsymbol{x}) = \boldsymbol{y}$ の対応は，この基底を用いて，

$$\boldsymbol{x} = x_1\boldsymbol{v}_1 + x_2\boldsymbol{v}_2 + \cdots + x_n\boldsymbol{v}_n \xrightarrow{T} \boldsymbol{y} = x_1\boldsymbol{w}_1 + x_2\boldsymbol{w}_2 + \cdots + x_n\boldsymbol{w}_n$$

と表わされる．

このことから，逆に任意に $\boldsymbol{y} \in \boldsymbol{W}$ が与えられたとき，

$$T(\boldsymbol{x}) = \boldsymbol{y}$$

となる $\boldsymbol{x}$ がただ 1 つ存在することがわかる．実際

$$\boldsymbol{y} = y_1\boldsymbol{w}_1 + y_2\boldsymbol{w}_2 + \cdots + y_n\boldsymbol{w}_n$$

と表わしたとき，

$$\boldsymbol{x} = y_1\boldsymbol{v}_1 + y_2\boldsymbol{v}_2 + \cdots + y_n\boldsymbol{v}_n$$

とおくとよい．

注意　以下で $\boldsymbol{V}$ から $\boldsymbol{W}$ への正則な写像というときには，つねに $\dim \boldsymbol{V} = \dim \boldsymbol{W}$ は仮定されている．

逆 写 像

$\boldsymbol{V}$ から $\boldsymbol{W}$ への正則な写像 T が与えられたとき，任意の $\boldsymbol{y} \in \boldsymbol{W}$ に対して，$T(\boldsymbol{x}) = \boldsymbol{y}$ となる $\boldsymbol{x}$ がただ1つ決まるから，$\boldsymbol{y}$ に $\boldsymbol{x}$ を対応させる対応を考えることができる．この対応を T^{-1} と表わし，T の逆写像という．

$$\boldsymbol{V} \underset{T^{-1}}{\overset{T}{\rightleftarrows}} \boldsymbol{W}$$

基底を用いた，上の T と T^{-1} の対応の仕方から明らかに，T^{-1} も線形写像であって

$$T^{-1} \circ T(\boldsymbol{x}) = \boldsymbol{x}, \quad T \circ T^{-1}(\boldsymbol{y}) = \boldsymbol{y}$$

が成り立つ．

同型なベクトル空間

$\boldsymbol{V}$ から $\boldsymbol{W}$ への正則な写像 T があるとき，$\boldsymbol{V}$ と $\boldsymbol{W}$ は同型なベクトル空間であるといい，$\boldsymbol{V} \cong \boldsymbol{W}$ と表わすこともある．また写像 T を (この同型を与える) 同型写像ともいう．

正則な写像の定義から，$\boldsymbol{V}$ と $\boldsymbol{W}$ が同型ならば

$$\dim \boldsymbol{V} = \dim \boldsymbol{W}$$

である．

しかし逆に，$\dim \boldsymbol{V} = \dim \boldsymbol{W}$ ならば，$\boldsymbol{V}$ と $\boldsymbol{W}$ は同型なベクトル空間となることも示すことができる．実際，$\boldsymbol{V}$ と $\boldsymbol{W}$ の基底をそれぞれ1つ $\{\boldsymbol{v}_1, \boldsymbol{v}_2, \ldots, \boldsymbol{v}_n\}$，$\{\boldsymbol{w}_1, \boldsymbol{w}_2, \ldots, \boldsymbol{w}_n\}$ をとって，$\boldsymbol{V}$ の任意のベクトル $\boldsymbol{x}$ を

$$\boldsymbol{x} = x_1\boldsymbol{v}_1 + x_2\boldsymbol{v}_2 + \cdots + x_n\boldsymbol{v}_n$$

と表わしたとき

$$T(\boldsymbol{x}) = x_1\boldsymbol{w}_1 + x_2\boldsymbol{w}_2 + \cdots + x_n\boldsymbol{w}_n$$

とおいて，$\boldsymbol{V}$ から $\boldsymbol{W}$ への写像 T を定義すると，T は正則な写像となるからである．

すなわち，次のことが成り立つ．

$$\boldsymbol{V} \cong \boldsymbol{W} \Longleftrightarrow \dim \boldsymbol{V} = \dim \boldsymbol{W}$$

Tea Time

$\boldsymbol{n}$ 次元のベクトル空間は，すべて $\boldsymbol{R}^n$ に同型

$\boldsymbol{R}^n$ の次元は n である．したがって，任意の n 次元ベクトル空間 $\boldsymbol{V}$ は，$\boldsymbol{R}^n$ に同型となってしまう．上に述べたことをこの場合に適用してみると，この同型対応は次のようにして得られる．

$\boldsymbol{V}$ の基底を任意に 1 つとって，それを $\{\boldsymbol{v}_1, \boldsymbol{v}_2, \ldots, \boldsymbol{v}_n\}$ とおく．$\boldsymbol{R}^n$ には標準基底をとっておく．$\boldsymbol{V}$ の任意の元 $\boldsymbol{x}$ をこの基底に関して

$$\boldsymbol{x} = x_1\boldsymbol{v}_1 + x_2\boldsymbol{v}_2 + \cdots + x_n\boldsymbol{v}_n$$

と表わしたとき，同型対応 T は

$$T : \boldsymbol{x} \longrightarrow \begin{pmatrix} x_1 \\ x_2 \\ \vdots \\ x_n \end{pmatrix} \in \boldsymbol{R}^n$$

で与えられる．

たとえば，高々 2 次の多項式全体のつくるベクトル空間 $P_2(\boldsymbol{R})$ は 3 次元である．$P_2(\boldsymbol{R})$ の基底として，$1, x, x^2$ をとっておくと，$P_2(\boldsymbol{R})$ と $\boldsymbol{R}^3$ の同型対応は

$$\begin{array}{ccc} P_2(\boldsymbol{R}) & \longrightarrow & \boldsymbol{R}^3 \\ \cup & & \cup \\ a + bx + cx^2 & \longrightarrow & \begin{pmatrix} a \\ b \\ c \end{pmatrix} \end{array}$$

となる．

質問　n 次元ベクトル空間は，すべて $\boldsymbol{R}^n$ に同型となるならば，n 次元ベクトル空間という概念を特に導入する必要もなくて，$\boldsymbol{R}^n$ の中でいろいろの基底を考えるということで済んだのではないでしょうか．

答　論理的にはそういってもよいかもしれないが，n 次元ベクトル空間という概念によってもたらされたものは，新しい視点の設定である．2 次元座標平面 $\boldsymbol{R}^2$，3 次元座標空間 $\boldsymbol{R}^3$ の一般化として得られた $\boldsymbol{R}^n$ には，空間的な感覚が伴っている．もし $\boldsymbol{R}^n$ しか知らないとすれば，2 次式や 3 次式のつくるベクトル空間を，$\boldsymbol{R}^3$，$\boldsymbol{R}^4$ のベクトル空間と同一視することに，かなり抵抗があったろう．もちろん，このときも，2 次式や 3 次式のもつすべての性質が，$\boldsymbol{R}^3$, $\boldsymbol{R}^4$ へ移されるわけではない．移されるのは，加法とスカラー積の性質である．数学のいろいろの対象の中から，加法とスカラー積という‘演算の骨組み’だけを取り出して見るという視点を設定したことに，ベクトル空間の概念の意味がある．基底を 1 つ導入するたびに，この抽象的な“演算の骨組み”が，$\boldsymbol{R}^n$ へと投影されてくるのである．

第 17 講

線形写像と行列

テーマ

- ◆ 基底をとったときの線形写像の表示
- ◆ 線形写像の行列表示
- ◆ 行列の表わす線形写像
- ◆ 行列の和とスカラー積
- ◆ (m, n) 行列と (n, r) 行列の積 (合成写像の行列表示)

基底をとったときの線形写像

$\boldsymbol{V}$ を n 次元ベクトル空間，$\boldsymbol{W}$ を m 次元ベクトル空間とする．

$\boldsymbol{V}$ の 1 つの基底 $\{\boldsymbol{v}_1, \boldsymbol{v}_2, \ldots, \boldsymbol{v}_n\}$ と，$\boldsymbol{W}$ の 1 つの基底 $\{\boldsymbol{w}_1, \boldsymbol{w}_2, \ldots, \boldsymbol{w}_m\}$ をとる．いま，$\boldsymbol{V}$ から $\boldsymbol{W}$ への線形写像 T が与えられたとする．このとき，$T(\boldsymbol{v}_1), T(\boldsymbol{v}_2), \ldots, T(\boldsymbol{v}_n)$ は，$\boldsymbol{w}_1, \boldsymbol{w}_2, \ldots, \boldsymbol{w}_m$ の 1 次結合として表わされる．

$$T(\boldsymbol{v}_1) = \sum_{i=1}^{m} a_{i1}\boldsymbol{w}_i, \quad T(\boldsymbol{v}_2) = \sum_{i=1}^{m} a_{i2}\boldsymbol{w}_i, \quad \ldots, \quad T(\boldsymbol{v}_n) = \sum_{i=1}^{m} a_{in}\boldsymbol{w}_i$$

このとき，任意の $\boldsymbol{V}$ のベクトル $\boldsymbol{x}$ を，

$$\boldsymbol{x} = x_1\boldsymbol{v}_1 + x_2\boldsymbol{v}_2 + \cdots + x_n\boldsymbol{v}_n$$

と表わしておくと，

$$T(\boldsymbol{x}) = \sum_{j=1}^{n} T(x_j\boldsymbol{v}_j) = \sum_{j=1}^{n} x_j T(\boldsymbol{v}_j) = \sum_{i=1}^{m}\sum_{j=1}^{n} a_{ij}x_j\boldsymbol{w}_i \tag{1}$$

となる．簡単のため和の記号 $\sum$ を用いたが，第 7 講，第 10 講での，$\boldsymbol{R}^2$，$\boldsymbol{R}^3$ の場合の線形写像の議論から，読者はこの種の計算は見なれているだろう．

なお，$\boldsymbol{W}$ の基底 $\{\boldsymbol{w}_1, \boldsymbol{w}_2, \ldots, \boldsymbol{w}_m\}$ によって，$\boldsymbol{W}$ から $\boldsymbol{R}^m$ への同型写像が 1 つ決まっているが，この写像によって

$$\begin{array}{ccc} \boldsymbol{W} & \cong & \boldsymbol{R}^m \\ \Cup & & \Cup \end{array}$$

$$T(\boldsymbol{v}_j) = \sum_{i=1}^{m} a_{ij}\boldsymbol{w}_i \longrightarrow \begin{pmatrix} a_{1j} \\ a_{2j} \\ \vdots \\ a_{mj} \end{pmatrix} \quad (j = 1, 2, \ldots, n) \tag{2}$$

と表わされることを注意しておこう．

線形写像の行列表示

(2) 式の右辺にある n 個の縦ベクトルを 1 つにまとめて

$$\begin{pmatrix} a_{11} & a_{12} & \cdots & a_{1j} & \cdots & a_{1n} \\ a_{21} & a_{22} & \cdots & a_{2j} & \cdots & a_{2n} \\ & & \cdots\cdots\cdots & & & \\ a_{m1} & a_{m2} & \cdots & a_{mj} & \cdots & a_{mn} \end{pmatrix} \tag{3}$$

と表わし，これを，基底 $\{\boldsymbol{v}_1, \ldots, \boldsymbol{v}_n\}$，$\{\boldsymbol{w}_1, \ldots, \boldsymbol{w}_m\}$ に関して，線形写像 T を表わす行列という．横に並んでいる行の数が m 個，縦に並んでいる列の数が n 個なので，このような行列を (m, n) 行列という．

いま $T(\boldsymbol{x}) = \boldsymbol{y}$ とし，

$$\boldsymbol{x} = x_1\boldsymbol{v}_1 + x_2\boldsymbol{v}_2 + \cdots + x_n\boldsymbol{v}_n,$$

$$\boldsymbol{y} = y_1\boldsymbol{w}_1 + y_2\boldsymbol{w}_2 + \cdots + y_m\boldsymbol{w}_m$$

と表わしておくと，(1) 式は，行列を用いて

$$\begin{pmatrix} y_1 \\ y_2 \\ \vdots \\ y_m \end{pmatrix} = \begin{pmatrix} a_{11} & a_{12} & \cdots & a_{1n} \\ a_{21} & a_{22} & \cdots & a_{2n} \\ & \cdots\cdots\cdots & & \\ a_{m1} & a_{m2} & \cdots & a_{mn} \end{pmatrix} \begin{pmatrix} x_1 \\ x_2 \\ \vdots \\ x_n \end{pmatrix}$$

と表わされる．ここで右辺の演算規則は，2 次や 3 次の行列の場合と同様であって，矢印で示した方向でかけ合わせて加えるのである．

基底を導入したことによって，抽象的な線形写像が，具体的な mn 個の数値を並べた行列によって表現されてきた点が重要なのである．

なお，$m = n$ のとき，すなわち $\dim \boldsymbol{V} = \dim \boldsymbol{W}$ のとき，行列の行の数と列の数は等しくなる．このような行列を正方行列という．

行列の表わす線形写像

逆に，mn 個の実数 a_{ij} $(i=1,2,\ldots,m;\ j=1,2,\ldots,n)$ を任意にとって並べて得られる (m,n) 行列

$$A=\begin{pmatrix} a_{11} & a_{12} & \cdots & a_{1n} \\ a_{21} & a_{22} & \cdots & a_{2n} \\ & \cdots\cdots\cdots & & \\ a_{m1} & a_{m2} & \cdots & a_{mn} \end{pmatrix}$$

が与えられたとしよう．

このとき，n 次元ベクトル空間 $\boldsymbol{V}$，m 次元ベクトル空間 $\boldsymbol{W}$ に，それぞれ 1 つの基底 $\{\boldsymbol{v}_1,\boldsymbol{v}_2,\ldots,\boldsymbol{v}_n\}$，$\{\boldsymbol{w}_1,\boldsymbol{w}_2,\ldots,\boldsymbol{w}_m\}$ を選んでおくと，上の対応を逆にたどることによって，$\boldsymbol{V}$ から $\boldsymbol{W}$ への線形写像 T が 1 つ決まる．このとき，A のそれぞれの縦のベクトルは，$T(\boldsymbol{v}_1),T(\boldsymbol{v}_2),\ldots,T(\boldsymbol{v}_n)$ を基底 $\{\boldsymbol{w}_1,\boldsymbol{w}_2,\ldots,\boldsymbol{w}_m\}$ を用いて表わしたときの成分を表わしている．

すなわち

> $\boldsymbol{V}$ と $\boldsymbol{W}$ に基底を 1 つ選んでおくと，$\boldsymbol{V}$ から $\boldsymbol{W}$ への線形写像 T は (m,n) 行列で表わされる．逆に (m,n) 行列 A は，$\boldsymbol{V}$ から $\boldsymbol{W}$ への線形写像を表わす．

$\boldsymbol{V}$ と $\boldsymbol{W}$ に基底をとることは，単にベクトル空間の同型

$$\boldsymbol{V}\cong\boldsymbol{R}^n,\quad \boldsymbol{W}\cong\boldsymbol{R}^m$$

を引きおこすだけでなく

> 線形写像 $\longleftrightarrow$ (m,n) 行列

の対応を引きおこしているのである．

行列の和とスカラー積

$\boldsymbol{V}$ と $\boldsymbol{W}$ には基底を 1 つとっておく．$\boldsymbol{V}$ から $\boldsymbol{W}$ への 2 つの線形写像 S と T が与えられたとする．

S と T はそれぞれ，行列 A と B で表わされているとする．

$$S \longleftrightarrow A = \begin{pmatrix} a_{11} & a_{12} & \cdots & a_{1n} \\ a_{21} & a_{22} & \cdots & a_{2n} \\ & \cdots\cdots\cdots & & \\ a_{m1} & a_{m2} & \cdots & a_{mn} \end{pmatrix}$$

$$T \longleftrightarrow B = \begin{pmatrix} b_{11} & b_{12} & \cdots & b_{1n} \\ b_{21} & b_{22} & \cdots & b_{2n} \\ & \cdots\cdots\cdots & & \\ b_{m1} & b_{m2} & \cdots & b_{mn} \end{pmatrix}$$

このとき，線形写像 $S+T$ を表わす行列は

$$A+B = \begin{pmatrix} a_{11}+b_{11} & a_{12}+b_{12} & \cdots & a_{1n}+b_{1n} \\ a_{21}+b_{21} & a_{22}+b_{22} & \cdots & a_{2n}+b_{2n} \\ & \cdots\cdots\cdots & & \\ a_{m1}+b_{m1} & a_{m2}+b_{m2} & & a_{mn}+b_{mn} \end{pmatrix}$$

となる．また，スカラー積 αS を表わす行列は

$$\alpha A = \begin{pmatrix} \alpha a_{11} & \alpha a_{12} & \cdots & \alpha a_{1n} \\ \alpha a_{21} & \alpha a_{22} & \cdots & \alpha a_{2n} \\ & \cdots\cdots\cdots & & \\ \alpha a_{m1} & \alpha a_{m2} & \cdots & \alpha a_{mn} \end{pmatrix}$$

となる．この証明は容易にできるので，ここでは省略する．

$A+B$ を行列 A と B の和，αA を α と行列 A のスカラー積という．

行 列 の 積

ベクトル空間 $\boldsymbol{U}$，$\boldsymbol{V}$，$\boldsymbol{W}$ の間に，線形写像の系列

$$\boldsymbol{U} \xrightarrow{T} \boldsymbol{V} \xrightarrow{S} \boldsymbol{W}$$

が与えられていると，合成写像

$$S \circ T : \boldsymbol{U} \longrightarrow \boldsymbol{W}$$

が得られる．$\dim \boldsymbol{U} = r$，$\dim \boldsymbol{V} = n$，$\dim \boldsymbol{W} = m$ とし，$\boldsymbol{U}$，$\boldsymbol{V}$，$\boldsymbol{W}$ にそれぞれ基底をとっておくと，この基底に関し，T は (n,r) 行列 B で，S は (m,n) 行列 A で表わされる．

$$S \longleftrightarrow A = \begin{pmatrix} a_{11} & a_{12} & \cdots & a_{1n} \\ & \cdots\cdots\cdots & & \\ a_{m1} & a_{m2} & \cdots & a_{mn} \end{pmatrix}$$

$$T \longleftrightarrow B = \begin{pmatrix} b_{11} & b_{12} & \cdots & b_{1r} \\ & \cdots\cdots\cdots & & \\ b_{n1} & b_{n2} & \cdots & b_{nr} \end{pmatrix}$$

このとき，同じ基底に関し，$S\circ T$ を表わす行列 C は

$$C=\begin{pmatrix} c_{11} & c_{12} & \cdots & c_{1r} \\ c_{21} & c_{22} & & c_{2r} \\ & \cdots\cdots & \cdots & \\ c_{m1} & c_{m2} & & c_{mr} \end{pmatrix},\quad c_{ik}=\sum_{j=1}^{n} a_{ij}b_{jk}$$

で与えられる．C を行列 A，B の積といい

$$C=AB$$

で表わす．このかけ算の規則は，下のように図式化してかいておいた方がわかりやすい．

k 列，i 行： c_{ik} ＝ i 行 a_{ij} ⇒ ， k 列 b_{ik} ⇓

C (m, r)　　A (m, n)　　B (n, r)

この証明は次のようにする．$\boldsymbol{U}$ の基底を $\{\boldsymbol{u}_1,\dots,\boldsymbol{u}_r\}$，$\boldsymbol{V}$ の基底を $\{\boldsymbol{v}_1,\dots,\boldsymbol{v}_n\}$，$\boldsymbol{W}$ の基底を $\{\boldsymbol{w}_1,\dots,\boldsymbol{w}_m\}$ とすると

$$T(\boldsymbol{u}_k)=\sum_{j=1}^{n} b_{jk}\boldsymbol{v}_j,\quad S(\boldsymbol{v}_j)=\sum_{i=1}^{m} a_{ij}\boldsymbol{w}_i$$

したがって

$$S\circ T(\boldsymbol{u}_k)=S\left(\sum_{j=1}^{n} b_{jk}\boldsymbol{v}_j\right)=\sum_{j=1}^{n} b_{jk}S(\boldsymbol{v}_j)=\sum_{i=1}^{m}\left(\sum_{j=1}^{n} a_{ij}b_{jk}\right)\boldsymbol{w}_i$$

この右辺の $\boldsymbol{w}_i$ の成分が，$S\circ T$ を表わす行列の (i,k) 成分となっていることを注意するとよい．

なお，A を (l,m) 行列，B を (m,n) 行列，C を (n,r) 行列とすると，

$$(AB)C=A(BC)$$

が成り立つことが示される．

問 1　次の行列 A, B の積を求めよ．

1)　$A=\begin{pmatrix} 1 & -1 & 3 \\ 0 & 2 & 4 \end{pmatrix},\quad B=\begin{pmatrix} 6 & 1 & 0 \\ 0 & 2 & 1 \\ -2 & -1 & 3 \end{pmatrix}$

2)　$A=\begin{pmatrix} 5 & 0 \\ -3 & 1 \\ 1 & -2 \end{pmatrix},\quad B=\begin{pmatrix} 1 & -2 & 7 & 1 \\ 3 & 0 & 5 & 1 \end{pmatrix}$

問 2　次の形の (n,n) 行列を考える．

$$A = \begin{pmatrix} 0 & 1 & 0 & & & \\ & 0 & 1 & 0 & & \text{\huge 0} \\ & & 0 & 1 & 0 & \\ & \text{\huge 0} & & & \ddots & 1 \\ & & & & & 0 \end{pmatrix}$$

(対角線の上に沿ってななめに 1，
残りの成分は 0)

このとき $A^n = 0$ (すべての成分が 0 となる行列！) となることを

1)　計算で確かめよ．

2)　A が表わす線形写像の立場から説明せよ．

Tea Time

行列の積について

(m,n) 行列 A と，(n,r) 行列 B に対して積 AB を定義したが，この AB は合成写像を示しているのだから，A の列の数 n と，B の行の数 n は等しくなくてはいけない．この共通の n の値が，$\dim \boldsymbol{V}$ となっていたのである．したがって (m,n) 行列 A で $m \neq n$ のとき，すなわち行列が正方形の形をしていない行列 A に対し，$A^2 = A \cdot A$ さえも考えるわけにはいかない．このような場合，行列の積といっても，妙なものである．

ただし，正方行列 A, B に対しては，A^3B^2A のような積をいくらでもつくることができる．ただし，一般には

$$AB \neq BA$$

である (第 7 講，問 1 参照)．

また，$A \neq 0$，$B \neq 0$ でも $AB = 0$ となることもある．たとえば

$$A = \begin{pmatrix} 0 & 1 \\ 0 & 0 \end{pmatrix}, \quad B = \begin{pmatrix} 1 & 1 \\ 0 & 0 \end{pmatrix}$$

で AB を計算すると $\begin{pmatrix} 0 & 0 \\ 0 & 0 \end{pmatrix}$ となる．

第 18 講

正則行列と基底変換

テーマ
- ◆ 正則行列
- ◆ 正則行列となる条件：列ベクトルの 1 次独立性
- ◆ 逆行列
- ◆ 逆行列の積
- ◆ 基底の変換，基底変換の行列
- ◆ 基底変換の公式：$A \to P^{-1}AQ$

正 則 行 列

ベクトル空間 $\boldsymbol{V}$ と $\boldsymbol{W}$ の次元が等しい場合を考えることとし，

$$\dim \boldsymbol{V} = \dim \boldsymbol{W} = n$$

とおく．

T を $\boldsymbol{V}$ から $\boldsymbol{W}$ への正則な写像とする．$\boldsymbol{V}$ の基底 $\{\boldsymbol{v}_1, \boldsymbol{v}_2, \ldots, \boldsymbol{v}_n\}$ と $\boldsymbol{W}$ の基底を 1 つとって，T を行列 A によって表現する．

【定義】 正則な写像を表現する行列 A を，正則行列という．

行列 A が正則行列となる 1 つの条件は，次のように述べることができる．

> n 次の正方行列 A が正則行列となるための必要かつ十分な条件は，A の n 個の列ベクトルが 1 次独立なことである．

【証明】 第 16 講，正則な写像のところで，線形写像 T が正則な写像となるための必要かつ十分な条件は，$\boldsymbol{V}$ の任意の基底が，T によって $\boldsymbol{W}$ の基底へ移されることであることを述べた．しかし，その証明を見るとわかるように，T が正則であるための必要かつ十分な条件は，$\boldsymbol{V}$ のある 1 つの基底が，T によって $\boldsymbol{W}$ の基底へ移されることといってもよい．

この形にしておくと，いまの場合，A が正則行列となる条件は，A の表わす線形写像 T について

$$\{T(\boldsymbol{v}_1), T(\boldsymbol{v}_2), \ldots, T(\boldsymbol{v}_n)\}$$

が，1 次独立となることである (ベクトルは n 個あるので，1 次独立ならば基底となる！)．$T(\boldsymbol{v}_1), \ldots, T(\boldsymbol{v}_n)$ は，行列 A の列ベクトルとして表わされているのだからこれで証明された． ∎

逆　行　列

正則な写像 T を表わす行列を A とするとき，T の逆写像 T^{-1} を表わす行列を A^{-1} と表わし，A の逆行列という (ただし，A, A^{-1} を表わす $\boldsymbol{V}$, $\boldsymbol{W}$ の基底は同じものをとっておく)．このとき $T^{-1} \circ T(\boldsymbol{x}) = \boldsymbol{x}$，$T \circ T^{-1}(\boldsymbol{y}) = \boldsymbol{y}$ という関係は，行列の積を用いて

$$\boxed{A^{-1}A = E_n, \quad AA^{-1} = E_n}$$

と表わされる．ここで

$$E_n = \begin{pmatrix} 1 & & & 0 \\ & 1 & & \\ & & \ddots & \\ 0 & & & 1 \end{pmatrix}$$

である．

n 次元のベクトル空間 $\boldsymbol{U}$, $\boldsymbol{V}$, $\boldsymbol{W}$ の間に線形写像 S, T が次のように与えられているとする．

$$\boldsymbol{U} \xrightarrow{T} \boldsymbol{V} \xrightarrow{S} \boldsymbol{W}$$

もし，T と S が正則な写像ならば，合成写像 $S \circ T$ も正則な写像である．なぜなら，$\boldsymbol{x}, \boldsymbol{y} \in \boldsymbol{U}$ で，$\boldsymbol{x} \neq \boldsymbol{y}$ とすると，まず T の正則性から

$$T(\boldsymbol{x}) \neq T(\boldsymbol{y})$$

となり，したがって S の正則性から

$$S(T(\boldsymbol{x})) \neq S(T(\boldsymbol{y})) \quad \text{すなわち} \quad S \circ T(\boldsymbol{x}) \neq S \circ T(\boldsymbol{y})$$

となるからである．

$S \circ T$ の逆写像については，図式

$$\begin{array}{ccccc} \boldsymbol{U} & \underset{T^{-1}}{\overset{T}{\rightleftarrows}} & \boldsymbol{V} & \underset{S^{-1}}{\overset{S}{\rightleftarrows}} & \boldsymbol{W} \\ \uparrow & & (S\circ T)^{-1} & & \lrcorner \end{array}$$

から，

$$(S\circ T)^{-1} = T^{-1}\circ S^{-1}$$

が成り立つことがわかる．

S を表わす正則行列を A, T を表わす正則行列を B とすれば，これらのことは，行列 A, B の言葉に翻訳されて次のようになる．

> n 次の正則行列 A, B の積 AB は，また正則行列となり
>
> $$(AB)^{-1} = B^{-1}A^{-1}$$
>
> である．

基底の変換

$\boldsymbol{V}$ を n 次元ベクトル空間，$\boldsymbol{W}$ を m 次元ベクトル空間とし，T を $\boldsymbol{V}$ から $\boldsymbol{W}$ への線形写像とする．T は，$\boldsymbol{V}$ と $\boldsymbol{W}$ に1つの基底をとると，(m, n) 行列 A で表現される．しかし，$\boldsymbol{V}$ と $\boldsymbol{W}$ にはいろいろな基底のとり方がある．$\boldsymbol{V}$ と $\boldsymbol{W}$ に別の基底をとったとき，同じ線形写像 T を表わす行列は，今度は別の行列 B へと変わるだろう．A と B の関係はどのように表わされるのだろうか．

$$\boldsymbol{V} \xrightarrow{T} \boldsymbol{W} \quad \begin{array}{l} \dashrightarrow A \\ \dashrightarrow B \end{array}$$

すなわち $\boldsymbol{V}$ の基底 $\{\boldsymbol{v}_1, \boldsymbol{v}_2, \ldots, \boldsymbol{v}_n\}$，$\boldsymbol{W}$ の基底 $\{\boldsymbol{w}_1, \boldsymbol{w}_2, \ldots, \boldsymbol{w}_n\}$ をとったとき，T は，行列 A で表わされたとする．また $\boldsymbol{V}$ の基底 $\left\{\boldsymbol{v}_1{}', \boldsymbol{v}_2{}', \ldots, \boldsymbol{v}_n{}'\right\}$，$\boldsymbol{W}$ の基底 $\left\{\boldsymbol{w}_1{}', \boldsymbol{w}_2{}', \ldots, \boldsymbol{w}_n{}'\right\}$ をとったとき，T は，行列 B で表わされたとする．このとき，A と B の関係はどのように表わされるだろうか．

$\boldsymbol{V}$ の基底を $\{\boldsymbol{v}_1, \boldsymbol{v}_2, \ldots, \boldsymbol{v}_n\} \to \left\{\boldsymbol{v}_1{}', \boldsymbol{v}_2{}', \ldots, \boldsymbol{v}_n{}'\right\}$ と変えたことを表わすのに，次のような n 次の正方行列 Q を用いる．

$$Q = \begin{pmatrix} q_{11} & q_{12} & \cdots & q_{1n} \\ q_{21} & q_{22} & \cdots & q_{2n} \\ & \cdots\cdots\cdots & & \\ q_{n1} & q_{n2} & & q_{nn} \end{pmatrix}$$

ここで，Q の列ベクトル

$$\begin{pmatrix} q_{11} \\ q_{21} \\ \vdots \\ q_{n1} \end{pmatrix}, \quad \begin{pmatrix} q_{12} \\ q_{22} \\ \vdots \\ q_{n2} \end{pmatrix}, \quad \ldots, \quad \begin{pmatrix} q_{1n} \\ q_{2n} \\ \vdots \\ q_{nn} \end{pmatrix}$$

は，それぞれ $\boldsymbol{v}_1{}', \boldsymbol{v}_2{}', \ldots, \boldsymbol{v}_n{}'$ を $\boldsymbol{v}_1, \boldsymbol{v}_2, \ldots, \boldsymbol{v}_n$ で表わしたときの成分を表わしている．すなわち

$$(*) \quad \begin{cases} \boldsymbol{v}_1{}' = q_{11}\boldsymbol{v}_1 + q_{21}\boldsymbol{v}_2 + \cdots + q_{n1}\boldsymbol{v}_n \\ \boldsymbol{v}_2{}' = q_{12}\boldsymbol{v}_1 + q_{22}\boldsymbol{v}_2 + \cdots + q_{n2}\boldsymbol{v}_n \\ \qquad\cdots\cdots\cdots \\ \boldsymbol{v}_n{}' = q_{1n}\boldsymbol{v}_1 + q_{2n}\boldsymbol{v}_2 + \cdots + q_{nn}\boldsymbol{v}_n \end{cases}$$

Q を基底変換の行列という．

Q の列ベクトルは，$\boldsymbol{v}_1{}', \ldots, \boldsymbol{v}_n{}'$ であり，1 次独立である．したがって，Q は正則行列である．

Q^{-1} は，基底を $\{\boldsymbol{v}_1{}', \boldsymbol{v}_2{}', \ldots, \boldsymbol{v}_n{}'\}$ から $\{\boldsymbol{v}_1, \boldsymbol{v}_2, \ldots, \boldsymbol{v}_n\}$ へと変えたときの，基底変換の行列となっている．このことは，次のようにしてわかる．

$$(**) \quad \begin{cases} \boldsymbol{v}_1 = q_{11}{}'\boldsymbol{v}_1{}' + q_{21}{}'\boldsymbol{v}_2{}' + \cdots + q_{n1}{}'\boldsymbol{v}_n{}' \\ \boldsymbol{v}_2 = q_{12}{}'\boldsymbol{v}_1{}' + q_{22}{}'\boldsymbol{v}_2{}' + \cdots + q_{n2}{}'\boldsymbol{v}_n{}' \\ \qquad\cdots\cdots\cdots \\ \boldsymbol{v}_n = q_{1n}{}'\boldsymbol{v}_1{}' + q_{2n}{}'\boldsymbol{v}_2{}' + \cdots + q_{nn}{}'\boldsymbol{v}_n{}' \end{cases}$$

と表わすと，

$$Q' = \begin{pmatrix} q_{11}{}' & q_{12}{}' & \cdots & q_{1n}{}' \\ q_{21}{}' & q_{22}{}' & \cdots & q_{2n}{}' \\ & \cdots\cdots\cdots & & \\ q_{n1}{}' & q_{n2}{}' & \cdots & q_{nn}{}' \end{pmatrix}$$

は，$\{\boldsymbol{v}_1{}', \ldots, \boldsymbol{v}_n{}'\}$ から $\{\boldsymbol{v}_1, \ldots, \boldsymbol{v}_n\}$ への基底変換の行列となっている．$(*)$ を $(**)$ へ代入した式は

$$E_n = QQ'$$

という関係を表わし，$(**)$ を $(*)$ へ代入した式は

$$E_n = Q'Q$$

という関係を表わしている．このことから

$$Q^{-1} = Q'$$

がわかる．

注意　この最後の部分は，$Q^{-1} = Q^{-1}E_n = Q^{-1}(QQ') = (Q^{-1}Q)Q' = E_nQ' = Q'$ から．

基底変換の公式

$\boldsymbol{V}$ の基底を $\{\boldsymbol{v}_1, \boldsymbol{v}_2, \ldots, \boldsymbol{v}_n\}$ から $\{\boldsymbol{v}_1{}', \boldsymbol{v}_2{}', \ldots, \boldsymbol{v}_n{}'\}$ に変換する変換行列を Q，$\boldsymbol{W}$ の基底を $\{\boldsymbol{w}_1, \boldsymbol{w}_2, \ldots, \boldsymbol{w}_m\}$ から $\{\boldsymbol{w}_1{}', \boldsymbol{w}_2{}', \ldots, \boldsymbol{w}_m{}'\}$ に変換する変換行列を P とする．Q は n 次の正則行列であり，P は m 次の正則行列である．

> T を $\boldsymbol{V}$ から $\boldsymbol{W}$ への線形写像とする．T を基底 $\{\boldsymbol{v}_1, \ldots, \boldsymbol{v}_n\}, \{\boldsymbol{w}_1, \ldots, \boldsymbol{w}_m\}$ を用いて表わした行列を A，基底 $\{\boldsymbol{v}_1{}', \ldots, \boldsymbol{v}_n{}'\}$，$\{\boldsymbol{w}_1{}', \ldots, \boldsymbol{w}_m{}'\}$ を用いて表わした行列を B とする．このとき次の関係が成り立つ．
>
> $$B = P^{-1}AQ$$

これを基底変換の公式という．

この公式を示すには，記号を少し整理しておいた方がわかりやすい．

まず $(*)$ を

$$\left(\boldsymbol{v}_1{}', \boldsymbol{v}_2{}', \ldots, \boldsymbol{v}_n{}'\right) = (\boldsymbol{v}_1, \boldsymbol{v}_2, \ldots, \boldsymbol{v}_n)Q \tag{1}$$

とおく．対応して $(**)$ は

$$(\boldsymbol{v}_1, \boldsymbol{v}_2, \ldots, \boldsymbol{v}_n) = \left(\boldsymbol{v}_1{}', \boldsymbol{v}_2{}', \ldots, \boldsymbol{v}_n{}'\right)Q^{-1}$$

となる．同様に

$$(\boldsymbol{w}_1, \boldsymbol{w}_2, \ldots, \boldsymbol{w}_m) = \left(\boldsymbol{w}_1{}', \boldsymbol{w}_2{}', \ldots, \boldsymbol{w}_m{}'\right)P^{-1} \tag{2}$$

と表わすことができる．

このような表記法を使うと，行列 A は

$$T(\boldsymbol{v}_j) = \sum_{i=1}^{m} a_{ij}\boldsymbol{w}_i$$

で与えられていたが，これは

$$(\boldsymbol{v}_1, \boldsymbol{v}_2, \ldots, \boldsymbol{v}_n) \xrightarrow{T} (\boldsymbol{w}_1, \boldsymbol{w}_2, \ldots, \boldsymbol{w}_m)A \tag{3}$$

とかける．同様に行列 B は

$$\left(\boldsymbol{v}_1{}', \boldsymbol{v}_2{}', \ldots, \boldsymbol{v}_n{}'\right) \xrightarrow{T} \left(\boldsymbol{w}_1{}', \boldsymbol{w}_2{}', \ldots, \boldsymbol{w}_m{}'\right)B \tag{4}$$

と表わせる．

(3) 式の両辺に右から Q をかけて

$$(\boldsymbol{v}_1, \boldsymbol{v}_2, \ldots, \boldsymbol{v}_n)Q \xrightarrow{T} (\boldsymbol{w}_1, \boldsymbol{w}_2, \ldots, \boldsymbol{w}_m)AQ$$

ここは，ていねいにかくと

$$T(\sum q_{ij}\boldsymbol{v}_i) = \sum q_{ij}T(\boldsymbol{v}_i) \quad (T \text{ の線形性！})$$

$(T(\boldsymbol{v}_1), \ldots, T(\boldsymbol{v}_n)) = (\boldsymbol{w}_1, \ldots, \boldsymbol{w}_m)A$ だから，右辺の形となる．

ここに (2) 式を代入して

$$(\boldsymbol{v}_1, \boldsymbol{v}_2, \ldots, \boldsymbol{v}_n)Q \xrightarrow{T} (\boldsymbol{w}_1{}', \boldsymbol{w}_2{}', \ldots, \boldsymbol{w}_m{}')P^{-1}AQ$$

左辺の (1) 式を参照してかき直すと，結局

$$(\boldsymbol{v}_1{}', \boldsymbol{v}_2{}', \ldots, \boldsymbol{v}_n{}') \xrightarrow{T} (\boldsymbol{w}_1{}', \boldsymbol{w}_2{}', \ldots, \boldsymbol{w}_m{}')P^{-1}AQ$$

となる．

これを (4) 式と見くらべて

$$B = P^{-1}AQ$$

が得られた．この式は

$$A = PBQ^{-1}$$

とかいても同じことである．これで基底変換の公式が証明された．

Tea Time

質問　今まで行列というのは，与えられた 1 つの行列だけがはっきりした意味をもち，それだけが研究対象になるのかと思っていましたが，2 つの行列 A と B が，基底変換の行列 P と Q で，$B = P^{-1}AQ$ と結び合っていれば，A も B も，同じ線形写像 T の性質を表わしているのだということをはじめて知りました．この場合，線形写像の立場からは，行列 A を調べても，行列 B を調べても同じことになるのでしょうか．

答　そのとおりである．“線形写像の立場からは”といういい方を少し補足しておくと，もちろん行列 A の表示の中には，いろいろな内容が含まれていて，たとえば，$a_{11} = 5$ であるというようなことも，A のもつ 1 つの内容である．しかし

$a_{11} = 5$ という性質は，$P^{-1}AQ$ という形の行列では一般には成り立たなくなる．そのことから逆に，$a_{11} = 5$ という性質は，A の表わす線形写像の固有な性質ではないといえることになる．

第 19 講

正則行列と基本行列

テーマ

- ◆ 基底変換と正則行列
- ◆ 基本行列：$P(i,j;c)$，$Q(i,j)$，$R(i;c)$
- ◆ 基本行列による基底変換と，対応する行列の変形
- ◆ 正則行列の基本変形
- ◆ 正則行列の基本行列の積による分解

基底変換と正則行列

$\boldsymbol{V}$，$\boldsymbol{W}$ を，$\dim \boldsymbol{V} = \dim \boldsymbol{W} = n$ のベクトル空間とする．T を，$\boldsymbol{V}$ から $\boldsymbol{W}$ への正則な写像とする．

$\boldsymbol{V}$ の基底 $\{\boldsymbol{v}_1, \boldsymbol{v}_2, \ldots, \boldsymbol{v}_n\}$ を 1 つとって固定しておく．そのとき

$$\tilde{\boldsymbol{w}}_1 = T(\boldsymbol{v}_1), \quad \tilde{\boldsymbol{w}}_2 = T(\boldsymbol{v}_2), \quad \ldots, \quad \tilde{\boldsymbol{w}}_n = T(\boldsymbol{v}_n)$$

とおくと，$\{\tilde{\boldsymbol{w}}_1, \tilde{\boldsymbol{w}}_2, \ldots, \tilde{\boldsymbol{w}}_n\}$ は，$\boldsymbol{W}$ の 1 つの基底となる．$\boldsymbol{W}$ の基底としてこの $\{\tilde{\boldsymbol{w}}_1, \tilde{\boldsymbol{w}}_2, \ldots, \tilde{\boldsymbol{w}}_n\}$ をとって，T を行列で表現すると

$$E_n = \begin{pmatrix} 1 & 0 & 0 & \cdots \\ 0 & 1 & 0 & \Large 0 \\ 0 & 0 & 1 & \\ & \Large 0 & & \ddots & \\ & & & & 1 \end{pmatrix}$$

となる (第 18 講参照).

このことは次のことを示している．$\boldsymbol{W}$ に任意に 1 つの基底 $\{\boldsymbol{w}_1, \boldsymbol{w}_2, \ldots, \boldsymbol{w}_n\}$ をとって，これによって T を表わした行列を A とする．そのとき基底変換の行列

$$P : \{\boldsymbol{w}_1, \boldsymbol{w}_2, \ldots, \boldsymbol{w}_n\} \longrightarrow \{\tilde{\boldsymbol{w}}_1, \tilde{\boldsymbol{w}}_2, \ldots, \tilde{\boldsymbol{w}}_n\} \tag{1}$$

をとると，基底変換の公式から

$$P^{-1}A = E_n \tag{2}$$

となる．

この式の両辺に左から P をかけてみるとわかるように，実は $P = A$ である．このようにして基底変換の行列と正則行列とが結びついてくる．

それでは，基底変換 (1) を，もっと簡単な形の基底変換を何回か繰り返すという過程に分解することによって，P を，したがってまた A を，簡単な行列の積として表わすことはできないだろうか，ということを考えてみる．

基本行列

ここで，第 11 講で述べた基本行列が再び登場する．もっとも第 11 講では，消去法の観点から基本行列を見たが，今度は基底変換の立場から見る．いろいろの方向から，いわばライトをあてることによって，線形代数の全体の枠組がしだいに浮かび上ってくる．

ここでは，基本行列として，次の 3 つのタイプの n 次の正方行列をとる．

(a)　$i \neq j$ に対し

$$P(i,j;c) = {}_i\begin{pmatrix} 1 & & & & & \\ & 1 & & & & \mathbf{0} \\ & & \ddots & & & \\ \cdots & \cdots & \cdots & 1 \cdots & c & \\ & & & & \ddots & \\ & & & & 1 & \\ & \mathbf{0} & & & & \ddots \\ & & & & & 1 \end{pmatrix}$$

(対角線上は 1，$a_{ij} = c$，残りは 0)

(b)　$i \neq j$ に対し

$$Q(i,j) = \begin{pmatrix} 1 & & & & & & \\ & \ddots & & & & & \mathbf{0} \\ & & 1 & & & & \\ & & & \ddots & & & \\ {}_i\ \cdots & & & 0 & \cdots & 1 & \\ & & & & \ddots & & \\ & & & & 1 & & \\ & & & & & \ddots & \\ {}_j\ \cdots & & & 1 & \cdots & 0 & \\ & & & & & & \ddots \\ & & & & & & 1 \\ & \mathbf{0} & & & & & \ddots \\ & & & & & & 1 \end{pmatrix}$$

(単位行列 E_n において対角線上 i 行目にある 1 を j 行まで下げ，j 行目にある 1 を i 行まで上げる)

(c)　$c \neq 0$ に対し

$$R(i;c) = {}_i\begin{pmatrix} 1 & & & & & & \\ & \ddots & & \vdots & & 0 & \\ & & 1 & \vdots & & & \\ \cdots & \cdots & \cdots & c & & & \\ & & & & 1 & & \\ & 0 & & & & \ddots & \\ & & & & & & 1 \end{pmatrix}$$

$P(i,j;c)$ は基底変換の行列と見るときは

$\{\boldsymbol{w}_1, \boldsymbol{w}_2, \ldots, \boldsymbol{w}_i, \ldots, \boldsymbol{w}_n\} \longrightarrow \{\boldsymbol{w}_1, \boldsymbol{w}_2, \ldots, \boldsymbol{w}_i, \ldots, \boldsymbol{w}_j + c\boldsymbol{w}_i, \ldots, \boldsymbol{w}_n\}$

($\boldsymbol{w}_j$ 座標を，$\boldsymbol{w}_i$ 方向に斜交化する)

$Q(i,j)$ は基底変換の行列と見るときは

$\{\boldsymbol{w}_1, \ldots, \boldsymbol{w}_i, \ldots, \boldsymbol{w}_j, \ldots, \boldsymbol{w}_n\} \longrightarrow \{\boldsymbol{w}_1, \ldots, \boldsymbol{w}_j, \ldots, \boldsymbol{w}_i, \ldots, \boldsymbol{w}_n\}$

(i,j 座標の取り換え)

$R(i;c)$ は基底変換の行列と見るときは

$\{\boldsymbol{w}_1, \ldots, \boldsymbol{w}_i, \ldots, \boldsymbol{w}_n\} \longrightarrow \{\boldsymbol{w}_1, \ldots, c\boldsymbol{w}_i, \ldots, \boldsymbol{w}_n\}$

($\boldsymbol{w}_i$ 座標を c 倍する)

容易にわかるように

$$\begin{aligned} P(i,j;c)^{-1} &= P(i,j;-c) \\ Q(i,j)^{-1} &= Q(i,j) \\ R(i;c)^{-1} &= R\left(i;\frac{1}{c}\right) \end{aligned}$$

すなわち，基本行列の逆行列は，それぞれ同じタイプの行列となる．

基本行列による基底の変換

$\boldsymbol{W}$ の基底を，$P(i,j;c)$ によって基底変換すると，行列 A は

$$P(i,j;c)^{-1}A = P(i,j;-c)A$$

と替わる．この右辺の具体的な形は，A の i 行に j 行の $-c$ 倍が加えられたものである．

$\boldsymbol{W}$ の基底を，$Q(i,j)$ によって基底変換すると，行列 A は

$$Q(i,j)^{-1}A = Q(i,j)A$$

と替わる．この右辺の具体的な形は，A の i 行と j 行が入れ替わったものである．

$\boldsymbol{W}$ の基底を，$R(i;c)$ によって基底変換すると，行列 A は

$$R(i;c)^{-1}A = R\left(i, \frac{1}{c}\right)A$$

と替わる．この右辺の具体的な形は，A の i 行を $\frac{1}{c}$ 倍したものである．

すなわち

(a′) A の i 行に j 行の何倍かを加える．
(b′) A の i 行と j 行を変換する．
(c′) A の i 行を，0 でない数で何倍かする．

という操作は，すべて，基本行列による基底変換によって行列が変換していく過程と見ることができる．

正則行列の基本変形

A を n 次の正則行列とする．そのとき次のことが成り立つ．

A に (a′)，(b′)，(c′) の操作を適当に何回か繰り返すことによって，A を単位行列にすることができる．

【証明】 A は正則行列だから，A の列ベクトルは 1 次独立であることをまず注意しておこう．特に各列ベクトルは 0 ベクトルでない．A を単位行列へと移していく過程を段階ごとにかいていこう．

A の第 1 列目の中に，0 でないもの a_{i1} がある．

(1) (b′) を用いて，1 行と i 行を入れ換える．

(2) (c′) を用いて，1 行目を a_{i1} で割る．

(3) (a′) を用いて，1 行目の何倍かを，2 行目，3 行目，…，n 行目から引くことにより 1 列目の 2 行以下を 0 とする．

ここで 2 列目を見ると，2 列目は

$$\begin{pmatrix} a \\ 0 \\ \vdots \\ 0 \end{pmatrix}$$

の形にはなっていない．なぜならこの段階で得られている行列は A に左からいくつかの基本行列をかけて得られたものであり，したがってまた正則行列である．ゆえに 1 列目と 2 列目は 1 次独立となっていなくてはならないからである．したがって 2 列目の中に $a_{i'2} \neq 0$ $(i' \geqq 2)$ となるものが存在する．

(4)　(b$'$) を用いて 2 行と i' 行を入れ換える．

(5)　(c$'$) を用いて，2 行目を $a_{i'2}$ で割る．

(6)　(a$'$) を用いて，2 行目の何倍かを 1 行目，3 行目，…，n 行目から引くことにより，2 列目の列ベクトルを，2 行目の成分を 1，残りを 0 とする．

この (6) 式の過程で，1 列目の形は変わらないことに注意してほしい．

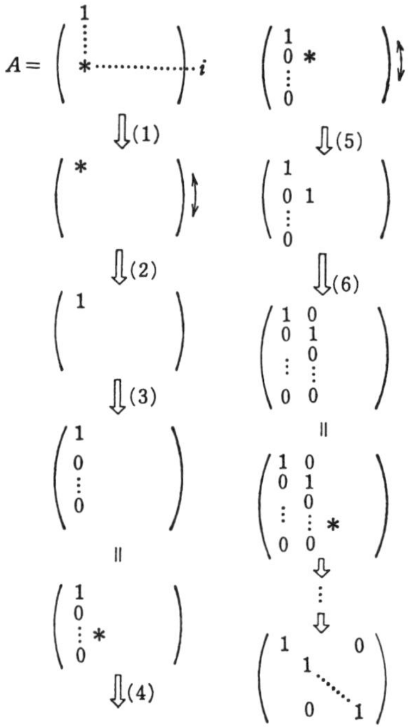

以下，同様の操作を順次繰り返すことにより，A は単位行列まで移すことができる．∎

このことを行列で表わし，(2) 式と見比べると

$$\overbrace{\cdots Q(2,i')\cdots P(3,1;\ -a_{31})P(2,1;\ -a_{21})R\left(1;\ \frac{1}{a_{i1}}\right)Q(1,i)A}^{P^{-1}}$$
$$= E_n \tag{3}$$

となっていることがわかる．したがって，順次逆行列を両辺の左からかけて

$$P = A = Q(1,i)R(1;a_{i1})P(2,1;a_{21})P(3,1;a_{31})\cdots Q\big(2,i'\big)\cdots \tag{4}$$

と表わされることがわかる．すなわち，最初に述べた基底変換の行列 P，したがってまた行列 A は，基本行列の積として分解されたのである．

また，任意の正則行列は，基底変換の行列と考えられるようになったことも注意しておこう．

問 1

$\begin{pmatrix} 1 & 1 & -1 \\ 3 & 1 & 1 \\ 1 & -1 & 0 \end{pmatrix}$ を基本行列の積に表わせ．

問 2　正則行列 A は，実は，適当な $P(i,j;\ c)$ と $R(i;\ c)$ の積としても表わされることを示せ (注意 (4) 式のような表わし方は，一通りとは限らない)．

Tea Time

逆行列と基本変形

第 9 講の Tea Time で述べたと同じことを，もう少しまとめて述べておこう．

正則行列 A の逆行列は，正則行列 A を左から基本行列を順次かけていって——基本変形を順次ほどこしていって——A が単位行列となったとき，A の左に現われてきた行列である ((2) 式参照)．

いま，$(n, 2n)$ 行列

$$(A\ E_n) = \begin{pmatrix} a_{11} & a_{12} & \cdots & a_{1n} & 1 & & & \\ a_{21} & a_{22} & \cdots & a_{2n} & & 1 & & \text{\Large 0} \\ & & \cdots\cdots\cdots & & & & \ddots & \\ a_{n1} & a_{n2} & \cdots & a_{nn} & & \text{\Large 0} & & 1 \end{pmatrix}$$

を考えよう．ここに，(3) 式に示されている最初の変形を与える $Q(1,i)$ を左からかけると

$$Q(1,i)(A\ E) = (Q(1,i)A\ Q(1,i)E_n) = (Q(1,i)A\ Q(1,i))$$

となる (行列のかけ算が，このような形にわかれることは，確かめてほしい)．以下同様にして，順次 (3) 式の左辺に現われた行列を，左から順にかけていくと，結局

$$(A\ E) \longrightarrow \left(E\ A^{-1}\right)$$

へと，移ることになる．

基本行列をかけることは，基本変形をすることだから，まず行列 $(A\ E)$ をかいておいて，次に，A を単位行列に移すように，この行列全体を基本変形していく．そこでこの行列の左半分が単位行列となったとき，右半分の行列に A^{-1} が現われてくる．最も簡単な例でこのことを示しておこう．

$A = \begin{pmatrix} 1 & -3 \\ 2 & -1 \end{pmatrix}$ とする．

$$(A\ E) = \begin{pmatrix} 1 & -3 & 1 & 0 \\ 2 & -1 & 0 & 1 \end{pmatrix} \longrightarrow \begin{pmatrix} 1 & -3 & 1 & 0 \\ 0 & 5 & -2 & 1 \end{pmatrix}$$

(1 行目を 2 倍して 2 行目から引く)

$$\longrightarrow \begin{pmatrix} 1 & -3 & 1 & 0 \\ 0 & 1 & -\frac{2}{5} & \frac{1}{5} \end{pmatrix} \quad \text{(2 行目を 5 で割る)}$$

$$\longrightarrow \begin{pmatrix} 1 & 0 & -\frac{1}{5} & \frac{3}{5} \\ 0 & 1 & -\frac{2}{5} & \frac{1}{5} \end{pmatrix} \quad \text{(2 行目の 3 倍を 1 行目に加える)}$$

したがって

$$A^{-1} = \begin{pmatrix} -\frac{1}{5} & \frac{3}{5} \\ -\frac{2}{5} & \frac{1}{5} \end{pmatrix}$$

1 つの注意

ふつう，n 次の正方行列 A が与えられたとき，A は，$\boldsymbol{R}^n$ の標準基底をとったときの線形写像を表わしていると考える．任意の n 次元のベクトル空間 $\boldsymbol{V}$ は，$\boldsymbol{R}^n$ に同型だから，このように考えても，一般性を失うことはない．

第20講

基本変形

テーマ

◆ 基底を変換することにより，行列の形を簡単にする．

◆ 正則行列 P，Q を適当にとって，$P^{-1}AQ$ をできるだけ簡単な形の行列にする．

◆ 行と列の基本変形

◆ 最終結果：

$$P^{-1}AQ = \begin{pmatrix} \begin{matrix} 1 & & 0 \\ & \ddots & \\ 0 & & 1 \end{matrix} & 0 \\ 0 & 0 \end{pmatrix}$$

一般の場合の問題設定

$\boldsymbol{V}$ を n 次元のベクトル空間，$\boldsymbol{W}$ を m 次元のベクトル空間とする．T を $\boldsymbol{V}$ から $\boldsymbol{W}$ への線形写像とする．

$\boldsymbol{V}$ の基底 $\{\boldsymbol{v}_1, \boldsymbol{v}_2, \ldots, \boldsymbol{v}_n\}$ と $\boldsymbol{W}$ の基底 $\{\boldsymbol{w}_1, \boldsymbol{w}_2, \ldots, \boldsymbol{w}_m\}$ をとる．このとき，この基底によって T は (m, n) 行列 A によって表現される．

$$A = \begin{pmatrix} a_{11} & a_{12} & \cdots & a_{1n} \\ a_{21} & a_{22} & \cdots & a_{2n} \\ & \cdots\cdots & \cdots & \\ a_{m1} & a_{m2} & \cdots & a_{mn} \end{pmatrix}$$

問題は，$\boldsymbol{V}$ の基底を適当に取り換え，$\boldsymbol{W}$ の基底を適当に取り換えることによって，この T の行列表示 A をどこまで簡単なものにすることができるかということである．すなわち，基底変換の行列 Q によって，$\boldsymbol{V}$ の基底を

$$\{\boldsymbol{v}_1, \boldsymbol{v}_2, \ldots, \boldsymbol{v}_n\} \longrightarrow \{\boldsymbol{v}_1{}', \boldsymbol{v}_2{}', \ldots, \boldsymbol{v}_n{}'\}$$

に変え，また基底変換の行列 P によって，$\boldsymbol{W}$ の基底を

$$\{\boldsymbol{w}_1, \boldsymbol{w}_2, \ldots, \boldsymbol{w}_m\} \longrightarrow \{\boldsymbol{w}_1{}', \boldsymbol{w}_2{}', \ldots, \boldsymbol{w}_m{}'\}$$

に変えたとする．このとき T を表わす行列は

$$A \longrightarrow P^{-1}AQ$$

へと変わる．このとき問題は次のように述べられる．

P と Q を適当にとって，$P^{-1}AQ$ をできるだけ簡単な行列の形にせよ．

前講で示したように，A が正則行列のときには，$\boldsymbol{W}$ の基底を適当に取り換えることにより，$P^{-1}A$ を単位行列にすることができた．しかし，一般の場合には，単に $\boldsymbol{W}$ の基底だけではなく，$\boldsymbol{V}$ の基底も取り換えることが必要となる．

実際，P と Q を適当にとると，次のような形にまで，T を表わす行列 A を簡単なものにすることができる．

(★) 適当な基底変換の行列をとると

$$P^{-1}AQ = \begin{pmatrix} \begin{matrix} 1 & & 0 \\ & \ddots & \\ 0 & & 1 \end{matrix} & \text{\Large 0} \\ \text{\Large 0} & \text{\Large 0} \end{pmatrix} \tag{1}$$

となる．

いくつかの注意

(★) の証明を与える前に，いくつかの注意をする．

まず (1) 式の右辺にかかれている行列について注意しよう．この形は，左上に単位行列と同じ形をした 1 つの区画があり，それ以外が 0 である行列を一般的に表わしている．

この区画が全然ない場合にも含まれていて，その場合は零行列となる．

それ以外にも，右辺の表わし方の行列の中には

$$\begin{pmatrix} 1 & & \\ & \ddots & \text{\Large 0} \\ & & 1 \end{pmatrix} \quad \begin{pmatrix} 1 & \\ & \ddots \\ \text{\Large 0} & 1 \end{pmatrix} \quad \begin{pmatrix} 1 & & \text{\Large 0} \\ & \ddots & \\ \text{\Large 0} & & 1 \end{pmatrix}$$

のようなものも含まれている．

基底変換の行列 P は m 次の正則行列であって，前講で示したように P は (し

たがってまた P^{-1} は) m 次の基本行列の積として表わされている.

基底変換の行列 Q は，n 次の基本行列の積として表わされている.

基本行列を左からかけるとき，A がどのように変わるかは前講で述べておいた.

基本行列を右からかけるときは次のようになる.

$AP_n(i,j;c)$：A の j 列に i 列の c 倍が加えられる (P_n の添字 n は，n 次の基本行列であることを明示したものである).

$AQ_n(i,j)$：A の i 列と j 列が入れ替わる.

$AR_n(i;c)$：A の i 列が c 倍される.

したがって，A の右から基本行列をかけることによって次の操作が許されることになる.

(a″)　A の j 列に i 列の何倍かを加える.
(b″)　A の i 列と j 列を交換する.
(c″)　A の i 列を 0 でない数で何倍かする.

前項で述べた (a′)，(b′)，(c′) と，この (a″)，(b″)，(c″) の操作を，与えられた行列にほどこしていくことを，行列に基本変形を行なうという.

基本変形 ((★) の証明)

いま述べた注意から，(★) を示すには，与えられた行列 A に，基本変形 (a′)，(b′)，(c′)；(a″)，(b″)，(c″) をほどこしていくことにより，A が (1) 式の右辺にかかれた行列になることを示すとよい.

前講のように，この過程を段階ごとに記していこう.

A が零行列ならば，(1) 式の形になっている．したがって $A \neq 0$ のときを考えよう.

A の元 a_{ij} で 0 でないものがある.

(1)　(b′) と (b″) を用いて，a_{ij} を 1 行 1 列目にもってくる.

(2)　(c′) を用いて，1 行目を a_{ij} で割る.

(3)　(a′) を用いて，1 行目の何倍かを，2 行目，3 行目，...，n 行目から引くことにより，1列目の2行以下を0とする．

(4)　(a$''$) を用いて，1列目の何倍かを，2列目，3列目，...，n 列目から引くことにより，1行目の2列目から先を0とする．

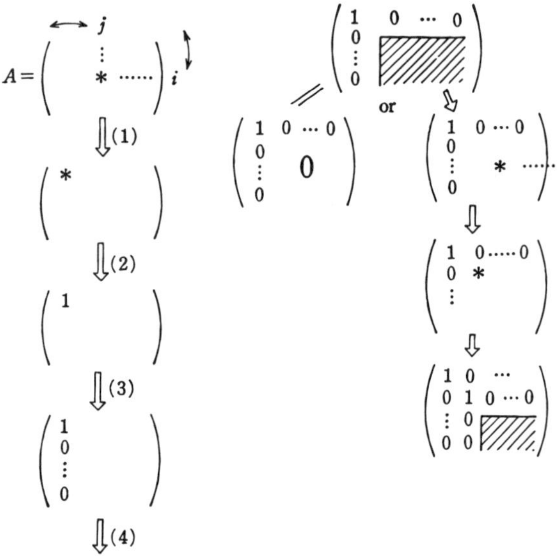

この (4) 式の段階を終わったところで，右図を見ると，斜線の部分が，すべて0からなる場合と，そうでないときがある．すべて0からなるときは，ここですでに (1) 式の形となっている．

0でないものがあるときには，(b$'$)，(b$''$) を用いて，その元を2行2列目にもってくる．この操作で，すでにでき上がった1行目と1列目の形は変わらない．ここでまた，上と同じ操作を繰り返す．

このようにして，何回か同様の過程を経て，最後に (1) 式の右辺の形に達する．これで (★) が完全に証明された．

問1　次の行列を基本変形によって (1) 式の形にせよ

1)　$\begin{pmatrix} 2 & 1 & 1 \\ 3 & -1 & 0 \end{pmatrix}$，　2)　$\begin{pmatrix} 0 & 1 & -1 \\ 1 & 1 & 0 \\ 1 & 0 & 1 \end{pmatrix}$，　3)　$\begin{pmatrix} 1 & 1 \\ 2 & 4 \\ -1 & 3 \end{pmatrix}$

Tea Time

質問 複雑きわまりないと思っていた行列が，基底さえ上手にとれば，(1) 式のような簡単な形で正体を現わしたことに驚きました．しかし考えてみると，線形写像を与えるたびに，適当な基底をとり直しているわけで，空間に固定した座標軸という観点に立っていては，(★) のようなことは，気がつかなかったと思います．線形代数にとってベクトル空間という観点が重要だということは，こうした点にあるのでしょうか．

答 そのとおりであるといってよいと思う．(★) の述べていることは，線形写像が，そのもつ特性を最もよく示せるように，基底を選ぶということである．"よい基底"を指定するプリンシプルは空間の方にはなくて，個々の線形写像に付随してあるという考えは，確かに，ベクトル空間の立場である．

なお，第 26 講以下の話とも関連するので 1 つ注意を述べておこう．それは，(★) は，A を $\boldsymbol{V}$ から $\boldsymbol{W}$ への線形変換と見て，両方の空間の基底を同時に変えていた．しかし，たとえば行列 A が $\boldsymbol{R}^n$ の線形変換のとき，"1 つの空間" $\boldsymbol{R}^n$ の中で変換が行なわれていると考えれば，座標軸 (基底！) は，1 度だけしか取り換えられないだろう．そのとき，この講で述べた問題は，次のような形に変えなければならない．n 次の正方行列 A が与えられたとき，基底変換の行列 P を適当にとって

$$P^{-1}AP$$

をできるだけ簡単な形にせよ．この問題は，一層重要であり，あとで述べることにする．

第 21 講

線形写像の核と行列の階数

テーマ

◆ 部分空間

◆ 線形写像 T の核 (Ker T) と像 (Im T)

◆ Ker T と Im T の関係

◆ $\dim \boldsymbol{V} = \dim \mathrm{Ker}\, T + \dim \mathrm{Im}\, T$

◆ 行列の階数 rank$A$ ⟨::::::⟩ dim Im T

この講では (★) の意味するものを，もう少し詳しく調べてみたい．

部 分 空 間

$\boldsymbol{V}$ をベクトル空間とする．$\boldsymbol{V}$ の部分集合 ($\boldsymbol{V}$ の一部分からなるベクトルの集り) $\boldsymbol{S}$ が次の性質をもつとき，$\boldsymbol{S}$ を $\boldsymbol{V}$ の部分空間という．

1. $\boldsymbol{x}, \boldsymbol{y} \in \boldsymbol{S} \Longrightarrow \boldsymbol{x} + \boldsymbol{y} \in \boldsymbol{S}$
2. α が実数，$\boldsymbol{x} \in \boldsymbol{S} \Longrightarrow \alpha\boldsymbol{x} \in \boldsymbol{S}$

すなわち，$\boldsymbol{S}$ はもともと $\boldsymbol{V}$ の一部分だから，$\boldsymbol{S}$ の元を加えることも，スカラー積をとることもできるのだが，一般には，加えたものも，スカラー積をとったものも，$\boldsymbol{S}$ の外へとはみ出てしまうだろう．$\boldsymbol{S}$ が部分空間であるということは，それらがまたすべて $\boldsymbol{S}$ の中におさまっていることを保証しているのである．

部分空間 $\boldsymbol{S}$ は，またベクトル空間となる．$\boldsymbol{S}$ の中で 1 次独立なベクトルは，もちろん $\boldsymbol{V}$ の中で考えても 1 次独立である．$\boldsymbol{V}$ の基底は，$\boldsymbol{V}$ に含まれる 1 次独立なベクトルのうちで，その個数の最大なものであり，その個数が $\boldsymbol{V}$ の次元であった．したがって

$$\dim \boldsymbol{S} \leqq \dim \boldsymbol{V}$$

が成り立つことがわかる．

線形写像の核と像

T を，ベクトル空間 $\boldsymbol{V}$ から $\boldsymbol{W}$ への線形写像とする．このとき

$$\operatorname{Ker} T = \{\boldsymbol{x} \mid T(\boldsymbol{x}) = \boldsymbol{0}\}$$
$$\operatorname{Im} T = \{\boldsymbol{y} \mid \text{ある } \boldsymbol{x} \in \boldsymbol{V} \text{ があって } \boldsymbol{y} = T(\boldsymbol{x})\}$$

とおく．Ker T を，T の核といい，Im T を，T の像という (Ker は英語 Kernel の略であり，Im は英語 Image の略である).

Ker T は，T によって $\boldsymbol{W}$ の $\boldsymbol{0}$ へと移されるベクトル全体からなっている.

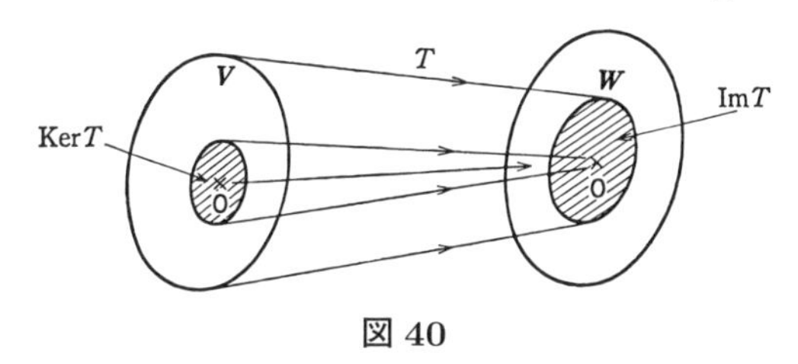

図 40

Ker T は，$\boldsymbol{V}$ の部分空間である.

1. $$\boldsymbol{x}, \boldsymbol{x}' \in \operatorname{Ker} T \Longrightarrow T(\boldsymbol{x}) = T(\boldsymbol{x}') = \boldsymbol{0} \\ \Longrightarrow T(\boldsymbol{x} + \boldsymbol{x}') = T(\boldsymbol{x}) + T(\boldsymbol{x}') = \boldsymbol{0} \\ \Longrightarrow \boldsymbol{x} + \boldsymbol{x}' \in \operatorname{Ker} T$$

2. $$\alpha \in \boldsymbol{R}, \boldsymbol{x} \in \operatorname{Ker} T \Longrightarrow T(\boldsymbol{x}) = \boldsymbol{0} \Longrightarrow \alpha T(\boldsymbol{x}) = \boldsymbol{0} \\ \Longrightarrow T(\alpha \boldsymbol{x}) = \boldsymbol{0} \\ \Longrightarrow \alpha \boldsymbol{x} \in \operatorname{Ker} T$$

したがってまた

$$\dim \operatorname{Ker} T \leqq \dim \boldsymbol{V}$$

が成り立つことがわかる.

Im T は，$\boldsymbol{W}$ の部分空間である.

1. $$\boldsymbol{y}, \boldsymbol{y}' \in \operatorname{Im} T \Longrightarrow \text{ある } \boldsymbol{x}, \boldsymbol{x}' \in \boldsymbol{V} \text{ があって } T(\boldsymbol{x}) = \boldsymbol{y},\ T(\boldsymbol{x}') = \boldsymbol{y}' \\ \Longrightarrow T(\boldsymbol{x} + \boldsymbol{x}') = T(\boldsymbol{x}) + T(\boldsymbol{x}') = \boldsymbol{y} + \boldsymbol{y}' \\ \Longrightarrow \boldsymbol{y} + \boldsymbol{y}' \in \operatorname{Im} T$$

2. $$\alpha \in \boldsymbol{R}, \boldsymbol{y} \in \operatorname{Im} T \Longrightarrow \alpha T(\boldsymbol{x}) = \alpha \boldsymbol{y} \\ \Longrightarrow T(\alpha \boldsymbol{x}) = \alpha \boldsymbol{y} \\ \Longrightarrow \alpha \boldsymbol{y} \in \operatorname{Im} T$$

したがってまた

$$\dim \mathrm{Im}\, T \leqq \dim \boldsymbol{W}$$

が成り立つことがわかる．

Ker T と Im T の関係

第 20 講の (★) を改めて見直してみよう．$\boldsymbol{V}$ の最初に与えられた基底 $\{\boldsymbol{v}_1, \boldsymbol{v}_2, \ldots, \boldsymbol{v}_n\}$ を Q によって基底変換して，$\{\tilde{\boldsymbol{v}}_1, \tilde{\boldsymbol{v}}_2, \ldots, \tilde{\boldsymbol{v}}_n\}$ にとり直し，W の最初に与えられた基底 $\{\boldsymbol{w}_1, \boldsymbol{w}_2, \ldots, \boldsymbol{w}_m\}$ を P によって基底変換して，$\{\tilde{\boldsymbol{w}}_1, \tilde{\boldsymbol{w}}_2, \ldots, \tilde{\boldsymbol{w}}_m\}$ にとり直すと，この基底に関し T を表わす行列は

$$\left(\begin{array}{c:c} \overbrace{\begin{matrix}1 & & \\ & \ddots & \\ & & 1\end{matrix}}^{r} & 0 \\ \hdashline 0 & 0 \end{array}\right)$$

となる．ここで左上の正方形の区画に現われる列の数を r とおいた．

線形写像と行列との対応をふり返ってみると，このことは

$$T(\tilde{\boldsymbol{v}}_1) = \tilde{\boldsymbol{w}}_1, \quad T(\tilde{\boldsymbol{v}}_2) = \tilde{\boldsymbol{w}}_2, \quad \ldots, \quad T(\tilde{\boldsymbol{v}}_r) = \tilde{\boldsymbol{w}}_r$$

$$T(\tilde{\boldsymbol{v}}_{r+1}) = \boldsymbol{0}, \quad T(\tilde{\boldsymbol{v}}_{r+2}) = \boldsymbol{0}, \quad \ldots, \quad T(\tilde{\boldsymbol{v}}_n) = \boldsymbol{0}$$

を示している．

このことから次の 2 つのことがわかる．

> 1)　$\tilde{\boldsymbol{w}}_1, \tilde{\boldsymbol{w}}_2, \ldots, \tilde{\boldsymbol{w}}_r$ は Im T の基底を与えている．
> 2)　$\tilde{\boldsymbol{v}}_{r+1}, \tilde{\boldsymbol{v}}_{r+2}, \ldots, \tilde{\boldsymbol{v}}_n$ は Ker T の基底を与えている．

【証明】　1)：$\boldsymbol{V}$ の任意のベクトル $\boldsymbol{x}$ を

$$\boldsymbol{x} = x_1\tilde{\boldsymbol{v}}_1 + x_2\tilde{\boldsymbol{v}}_2 + \cdots + x_r\tilde{\boldsymbol{v}}_r + x_{r+1}\tilde{\boldsymbol{v}}_{r+1} + \cdots + x_n\tilde{\boldsymbol{v}}_n$$

と表わしておく．このとき

$$T(\boldsymbol{x}) = x_1\tilde{\boldsymbol{w}}_1 + x_2\tilde{\boldsymbol{w}}_2 + \cdots + x_r\tilde{\boldsymbol{w}}_r$$

このことは，Im T のベクトルが，$\tilde{\boldsymbol{w}}_1, \ldots, \tilde{\boldsymbol{w}}_r$ の 1 次結合で表わされることを示している．$\tilde{\boldsymbol{w}}_1, \ldots, \tilde{\boldsymbol{w}}_r$ は 1 次独立だから Im T の基底を与えている．これで 1) が証明された．

2)：いま述べたことから，$T(\boldsymbol{x}) = \boldsymbol{0}$ となるのは，$\boldsymbol{x}$ が

$$\begin{aligned}\boldsymbol{x} &= 0\tilde{\boldsymbol{v}}_1 + 0\tilde{\boldsymbol{v}}_2 + \cdots + 0\tilde{\boldsymbol{v}}_r + x_{r+1}\tilde{\boldsymbol{v}}_{r+1} + \cdots + x_n\tilde{\boldsymbol{v}}_n \\ &= x_{r+1}\tilde{\boldsymbol{v}}_{r+1} + \cdots + x_n\tilde{\boldsymbol{v}}_n\end{aligned}$$

と表わされるときであり，またそのときに限る．$\tilde{\boldsymbol{v}}_{r+1}, \ldots, \tilde{\boldsymbol{v}}_n$ は1次独立だから，したがってこれらは，Ker T の基底を与えている． ■

この結果

$$\dim \operatorname{Im} T = r, \quad \dim \operatorname{Ker} T = n - r$$

のことがわかった．すなわち等式

$$\boxed{\dim \boldsymbol{V} = \dim \operatorname{Ker} T + \dim \operatorname{Im} T \qquad (1)}$$

が成り立つ．

行列の階数

(★) は，基底変換の行列 P, Q を適当にとると

$$P^{-1}AQ = \left(\begin{array}{c:c} \overbrace{\begin{matrix}1 & & \\ & \ddots & \\ & & 1\end{matrix}}^{r} & 0 \\ \hdashline 0 & 0 \end{array}\right) \qquad (2)$$

が成り立つことを示している．P と Q のとり方は，一意的には決まらないで，いろいろなとり方があるのだが，ここに現われた r という数は，行列 A の表わす線形写像 T の像の次元に等しいのだから，もちろん基底の選び方によらず一定した値である．

【定義】 r を行列 A の階数といい，rank A で表わす．

したがって，rank A とは，行列 A を基底変換して (2) 式の形にしたとき，左上に現われる行列の大きさといってもよいし，あるいは，

rank A は，A の表わす線形写像 T の像の次元である．

といってもよい．

あるいは次のようにいってもよい．

> rank A は，行列 A の列ベクトルの中で 1 次独立なベクトルの最大個数である．

【証明】 線形写像 T は $\boldsymbol{V}$ の基底 $\{\boldsymbol{v}_1, \ldots, \boldsymbol{v}_n\}$ と，$\boldsymbol{w}$ の基底 $\{\boldsymbol{w}_1, \ldots, \boldsymbol{w}_m\}$ によって，行列 A として表わされているとする．このとき A の列ベクトルは，$T(\boldsymbol{v}_1), T(\boldsymbol{v}_2), \ldots, T(\boldsymbol{v}_n)$ の $\boldsymbol{w}_1, \boldsymbol{w}_2, \ldots, \boldsymbol{w}_m$ に関する成分であることに注意しよう．したがって $\mathrm{Im}\, T$ のベクトルを列ベクトルとして表わしたとき，これらは，A の列ベクトルの 1 次結合として与えられている．したがって，列ベクトルの中で，1 次独立なものの最大個数が，ちょうど $\mathrm{Im}\, T$ の次元と一致する．　■

特に，正方行列 A に対して

> A が正則 $\Longleftrightarrow \mathrm{rank}\ A = n$

が成り立つ．

問 1　A を n 次の正方行列とする．rank $A < n$ ならば，$A\boldsymbol{x} = 0$ を満たすベクトル $\boldsymbol{x}$ で $\boldsymbol{0}$ でないものが存在することを示せ．またこの逆が成り立つことも示せ (Tea Time 参照).

問 2　A を (m, n) 行列とする．

1) $\mathrm{rank}\, A \leqq \mathrm{Min}(m, n)$ を示せ．
2) $\mathrm{rank}\, A = n$ ならば，A は 1 対 1 写像であることを示せ．

問 3　n 次の正方行列 A, B について，$AB = 0$ ならば

$$\mathrm{rank}\, A + \mathrm{rank}\, B \leqq n$$

を示せ．

Tea Time

線形写像の核と連立方程式

線形写像 T の核といういい方は，少し近づきにくい感じを与えたかもしれない．T を表わす (m, n) 行列を A とすると，$\boldsymbol{x} \in \mathrm{Ker}\, T$ ということは，$A\boldsymbol{x} = \boldsymbol{0}$ ということである．A と $\boldsymbol{x}$ の成分を用いてかくと，この式は

$$
(*) \quad \begin{cases} a_{11}x_1 + a_{12}x_2 + \cdots + a_{1n}x_n = 0 \\ a_{21}x_1 + a_{22}x_2 + \cdots + a_{2n}x_n = 0 \\ \qquad\qquad \cdots\cdots\cdots \\ a_{m1}x_1 + a_{m2}x_2 + \cdots + a_{mn}x_n = 0 \end{cases}
$$

という，未知数の個数が n，方程式の数が m の連立 1 次方程式となる．この解のつくる次元が，ちょうど $\mathrm{Ker}\, T$ の次元である．

公式 (1) はこの場合

$$
\boxed{n = ((*) \text{ の解のつくる空間の次元}) + \mathrm{rank}\, A}
$$

と表わしてみるとよくわかる．

したがって

$$
\mathrm{rank}\, A < n \Longleftrightarrow \boldsymbol{x}_1 = \cdots = \boldsymbol{x}_n = 0
$$

以外に $(*)$ の解が存在する．

特に $m < n$ のとき，すなわち，方程式の個数が未知数の個数より少ないとき，$\mathrm{rank}\ A \leqq m < n$ となり，$(*)$ には $x_1 = \cdots = x_n = 0$ 以外の解が存在する．

質問　正則行列のときは，行だけの基本変形だけでよかったのに，一般の場合には (★) で右から Q をほどこす列の基本変形が必要となったのは，理由があるのでしょうか．

答　これは第 12 講の **例** を見直してもらうとわかる．このとき，$\mathrm{Ker}\, T$ は，図 38 で示したように，$\boldsymbol{R}^3$ の座標軸と別の方向に向いている．この場合 (★) を成り立たせるためには，この方向の直線を新しい座標軸の 3 番目としてとらなくてはならない．このとき座標軸を取り換えたのは $T : \boldsymbol{R}^3 \to \boldsymbol{R}^2$ の $\boldsymbol{R}^3$ の方である．この基底の変換には右から，基底変換の行列をかけなければならない．これは列の基本変形が必要なことを示している．

第 22 講

行列式の導入

テーマ

- ◆ 行列式の導入
- ◆ 行列式の基本性質
  - (I)　列ベクトルに関する線形性
  - (II)　2つの列ベクトルが一致すると0になる.

  (I) と (II) を満たす式の形を決定する過程
- ◆ 順列，または置換の話
- ◆ 置換は，2つのものの置き換えの繰返しで得られる.
- ◆ 偶置換，奇置換

はじめに

第2講，第3講で述べたように，連立方程式の解法から，行列式という概念が誕生してきた．私たちがいままで見てきたように，連立方程式を解くときに用いられる消去法の考えは，たびたび巧みに線形写像の理論の中にも取り入れられてきた．このことから，行列式も2次，3次だけではなくて，一般の場合にまで拡張しておくならば，それは連立方程式の解法だけではなくて，線形写像の理論にも広い応用をもつだろうと予想される.

それでは，行列式を導入するに当たって，一体どの道から入ったらよいだろうか．第3講で見たように，3次の連立方程式の解の公式に，3次の行列式が現われるのは，3次の行列式のもつ，次の2つの特徴的な性質からである.

(I)　列ベクトルに関する線形性

(II)　2つの列ベクトルが一致すると0になる.

(I) は，行列式のもつ性質が，この講義全体の主題である線形性と深くかかわっていることを示しているし，(II) は列ベクトルの独立性と，どこかでかかわっていることを示唆しているように見える.

一般の場合に，この (I)，(II) を満たす式が，どのような形となるのか，それを調べることから，行列式の話へと入っていこう．

列ベクトルの成分に関する式

A を n 次の正方行列とする．

$$A = \begin{pmatrix} a_{11} & a_{12} & \cdots & a_{1n} \\ a_{21} & a_{22} & \cdots & a_{2n} \\ & \cdots\cdots\cdots & & \\ a_{n1} & a_{n2} & \cdots & a_{nn} \end{pmatrix}$$

この列ベクトルの成分に注目したいので

$$\boldsymbol{a}_1 = \begin{pmatrix} a_{11} \\ a_{21} \\ \vdots \\ a_{n1} \end{pmatrix}, \quad \boldsymbol{a}_2 = \begin{pmatrix} a_{12} \\ a_{22} \\ \vdots \\ a_{n2} \end{pmatrix}, \quad \ldots, \quad \boldsymbol{a}_n = \begin{pmatrix} a_{1n} \\ a_{2n} \\ \vdots \\ a_{nn} \end{pmatrix}$$

とおく．

これから，$\boldsymbol{a}_1, \boldsymbol{a}_2, \ldots, \boldsymbol{a}_n$ の成分

$$a_{11}, a_{21}, \ldots, a_{n1};\ a_{12}, a_{22}, \ldots, a_{n2};\ \ldots;\ a_{1n}, a_{2n}, \ldots, a_{nn}$$

(n^2 個！) に関する式

$$F(a_{11}, a_{21}, \ldots, a_{n1};\ a_{12}, a_{22}, \ldots;\ \ldots;\ a_{1n}, \ldots, a_{nn})$$

を取り扱いたいのだが，この式の性質は，ベクトル $\boldsymbol{a}_1, \boldsymbol{a}_2, \ldots, \boldsymbol{a}_n$ の性質と深くかかわるので，この式を

$$F(\boldsymbol{a}_1, \boldsymbol{a}_2, \ldots, \boldsymbol{a}_n)$$

と簡単に記すことにする．こうかいても，実際はこの式は，これら列ベクトルの成分に関する式なのである！

性質 (I)，(II)

$F(\boldsymbol{a}_1, \boldsymbol{a}_2, \ldots, \boldsymbol{a}_n)$ は，次の性質 (I)，(II) をもつとする．

(I)　$F(\boldsymbol{a}_1, \boldsymbol{a}_2, \ldots, \boldsymbol{a}_n)$ は，各列ベクトルに関し，線形性をもつ．

$$F(\boldsymbol{a}_1, \boldsymbol{a}_2, \ldots, \boldsymbol{a}_{i-1}, \alpha\boldsymbol{a}_i + \beta\tilde{\boldsymbol{a}}_i, \boldsymbol{a}_{i+1}, \ldots, \boldsymbol{a}_n)$$

$= \alpha F(\boldsymbol{a}_1,\boldsymbol{a}_2,\ldots,\boldsymbol{a}_{i-1},\boldsymbol{a}_i,\boldsymbol{a}_{i+1},\ldots,\boldsymbol{a}_n)+\beta F(\boldsymbol{a}_1,\boldsymbol{a}_2,\ldots,\boldsymbol{a}_{i-1},\tilde{\boldsymbol{a}}_i,\boldsymbol{a}_{i+1},\ldots,\boldsymbol{a}_n)$

(II)　$F(\boldsymbol{a}_1,\boldsymbol{a}_2,\ldots,\boldsymbol{a}_n)$ は，2つの列ベクトルが一致すると0になる．すなわち i 番目と j 番目 $(i \neq j)$ が一致すると0になる．

$$F(\boldsymbol{a}_1,\boldsymbol{a}_2,\ldots,\underset{\frown_i}{\boldsymbol{a}_i},\ldots,\underset{\frown_j}{\boldsymbol{a}_i},\ldots,\boldsymbol{a}_n)=0$$

(I)，(II) の性質が，連立方程式の消去法といかに関係しているかは，改めて第3講を見直していただきたい．

(I) の性質を仮定すると，(II) は実は次の (III) の性質と同値になる．

(III)　$F(\boldsymbol{a}_1,\ldots,\boldsymbol{a}_i,\ldots,\boldsymbol{a}_j,\ldots,\boldsymbol{a}_n)$ で任意の2つ，たとえば $\boldsymbol{a}_i$ と $\boldsymbol{a}_j (i \neq j)$ を入れ換えると，符号がかわる．

$$F(\boldsymbol{a}_1,\ldots,\boldsymbol{a}_j,\ldots,\boldsymbol{a}_i,\ldots,\boldsymbol{a}_n)=-F(\boldsymbol{a}_1,\ldots,\boldsymbol{a}_i,\ldots,\boldsymbol{a}_j,\ldots,\boldsymbol{a}_n)$$

(II) と (III) の同値性の証明

(II) ⇒ (III)：(II) の性質を仮定する．そのとき

$$F(\boldsymbol{a}_1,\ldots,\underset{\frown_i}{\underset{\sim\sim\sim}{\boldsymbol{a}_i+\boldsymbol{a}_j}},\ldots,\underset{\frown_j}{\underset{\sim\sim\sim}{\boldsymbol{a}_i+\boldsymbol{a}_j}},\ldots,\boldsymbol{a}_n)=0$$

が成り立つ．

(I) を用いて，左辺をかき直すと

$$\begin{aligned}
&F(\boldsymbol{a}_1,\ldots,\boldsymbol{a}_i,\ldots,\boldsymbol{a}_i+\boldsymbol{a}_j,\ldots,\boldsymbol{a}_n)+F(\boldsymbol{a}_1,\ldots,\boldsymbol{a}_j,\ldots,\boldsymbol{a}_i+\boldsymbol{a}_j,\ldots,\boldsymbol{a}_n)\\
&=F(\boldsymbol{a}_1,\ldots,\boldsymbol{a}_i,\ldots,\boldsymbol{a}_i,\ldots,\boldsymbol{a}_n)+F(\boldsymbol{a}_1,\ldots,\boldsymbol{a}_i,\ldots,\boldsymbol{a}_j,\ldots,\boldsymbol{a}_n)\\
&\quad+F(\boldsymbol{a}_1,\ldots,\boldsymbol{a}_j,\ldots,\boldsymbol{a}_i,\ldots,\boldsymbol{a}_n)+F(\boldsymbol{a}_1,\ldots,\boldsymbol{a}_j,\ldots,\boldsymbol{a}_j,\ldots,\boldsymbol{a}_n)\\
&=F(\boldsymbol{a}_1,\ldots,\boldsymbol{a}_i,\ldots,\boldsymbol{a}_j,\ldots,\boldsymbol{a}_n)+F(\boldsymbol{a}_1,\ldots,\boldsymbol{a}_j,\ldots,\boldsymbol{a}_i,\ldots,\boldsymbol{a}_n)\\
&=0 \quad \text{(途中で (II) をもう一度使っている)}
\end{aligned}$$

したがってこの最後の2式から (III) が成り立つことがわかる．

(III) ⇒ (II)：(III) の性質を仮定する．(III) で $\boldsymbol{a}_i$ と $\boldsymbol{a}_j$ を等しくおくと

$$F(\boldsymbol{a}_1,\ldots,\boldsymbol{a}_i,\ldots,\boldsymbol{a}_i,\ldots,\boldsymbol{a}_n)=-F(\boldsymbol{a}_1,\ldots,\boldsymbol{a}_i,\ldots,\boldsymbol{a}_i,\ldots,\boldsymbol{a}_n)$$

となる．これから

$$F(\boldsymbol{a}_1,\ldots,\boldsymbol{a}_i,\ldots,\boldsymbol{a}_i,\ldots,\boldsymbol{a}_n)=0$$

となり，(II) が示された．

(I) と (II) を満たす式

行列 A の列ベクトル $\boldsymbol{a}_1,\boldsymbol{a}_2,\ldots,\boldsymbol{a}_n$ の成分によって表わされる式 $F(\boldsymbol{a}_1,\boldsymbol{a}_2,\ldots,\boldsymbol{a}_n)$

が，(I)，(II) を満たしているとする．この式の具体的な形を求めていこう．

そのため，$\boldsymbol{R}^n$ の標準基底を用いて

$$\boldsymbol{a}_1 = \sum_{i=1}^{n} a_{i1}\boldsymbol{e}_i, \quad \boldsymbol{a}_2 = \sum_{i=1}^{n} a_{i2}\boldsymbol{e}_i, \quad \ldots, \quad \boldsymbol{a}_n = \sum_{i=1}^{n} a_{in}\boldsymbol{e}_i$$

とおく．すなわち，各 $\boldsymbol{a}_1, \boldsymbol{a}_2, \ldots, \boldsymbol{a}_n$ を $\boldsymbol{e}_1, \boldsymbol{e}_2, \ldots, \boldsymbol{e}_n$ の 1 次結合で表わしておく．(I) を用いると

$$\begin{aligned} F(\boldsymbol{a}_1, \boldsymbol{a}_2, \ldots, \boldsymbol{a}_n) &= F\left(\sum_{i=1}^{n} a_{i1}\boldsymbol{e}_i, \sum_{i=1}^{n} a_{i2}\boldsymbol{e}_i, \ \ldots, \ \sum_{i=1}^{n} a_{in}\boldsymbol{e}_i\right) \\ &= \sum_{i=1}^{n} a_{i1} F\left(\boldsymbol{e}_i, \sum_{i=1}^{n} a_{i2}\boldsymbol{e}_i, \ldots, \sum_{i=1}^{n} a_{in}\boldsymbol{e}_i\right) \quad \text{(第 1 列ベクトルについての線形性)} \\ &= \sum_{i_1=1}^{n} \sum_{i_2=1}^{n} a_{i_1 1} a_{i_2 2} F\left(\boldsymbol{e}_{i_1}, \boldsymbol{e}_{i_2}, \sum_{i=1}^{n} a_{i3}\boldsymbol{e}_i, \ldots\right) \quad \text{(第 2 列ベクトルについての線形性)} \\ &\cdots\cdots\cdots \\ &= \sum_{i_1=1}^{n} \sum_{i_2=1}^{n} \cdots \sum_{i_n=1}^{n} a_{i_1 1} a_{i_2 2} \cdots a_{i_n n} F(\boldsymbol{e}_{i_1}, \boldsymbol{e}_{i_2}, \ldots, \boldsymbol{e}_{i_n}) \qquad (\sharp) \end{aligned}$$

ここで，i_1 も 1 から n まで動き，i_2 も 1 から n まで動き，…，i_n も 1 から n まで動く．だから，最後の式の項の数は n^n である．

$n=4$ のときでも，項の数は $4^4 = 256$ あり，$n=5$ のときには，項の数は 3125 にも達している．

これはしかし，見かけ上のことである．F は (II) を満たしているから，実際は最後に現われた式 ($\sharp$) の中で，

$$F(\boldsymbol{e}_{i_1}, \boldsymbol{e}_{i_2}, \ldots, \boldsymbol{e}_{i_n}) \qquad (1)$$

の多くのものは 0 となっている．

たとえば，$F = (\underset{\sim}{\boldsymbol{e}_1}, \underset{\sim}{\boldsymbol{e}_1}, \boldsymbol{e}_{i3}, \ldots, \boldsymbol{e}_{in}) = 0$, $F = (\boldsymbol{e}_{i1}, \ldots, \underset{\sim}{\boldsymbol{e}_3}, \ldots, \underset{\sim}{\boldsymbol{e}_3}, \ldots, \boldsymbol{e}_{in}) = 0$ など，すなわち $(i_1, i_2, \ldots, i_n)$ の中で相等しいものがあるようなときには，(1) 式はすべて 0 となる．

だから，私たちは，(1) 式が 0 とならない可能性を残している場合，すなわち (1) 式で

$$(i_1, i_2, \ldots, i_n)$$

がすべて異なっている場合だけ，($\sharp$) を考えるとよい．

順列，または置換の話

$(i_1, i_2, \ldots, i_n)$ はすべて異なっていて，それぞれは1から n までのどれかの値をとるのだから，結局 $(i_1, i_2, \ldots, i_n)$ は $1, 2, 3, \ldots, n$ を適当に並べ換えたものからなることがわかる．

このように $\{1, 2, \ldots, n\}$ をいろいろ並べる並べ方を順列という．$\{1, 2, \ldots, n\}$ のすべての順列の数は $n! = n(n-1)\cdots 4\cdot 3\cdot 2\cdot 1$ である．このような順列を1つ指定することを，$\{1, 2, \ldots, n\}$ の置換といい，

$$\sigma = \begin{pmatrix} 1 & 2 & \cdots & n \\ i_1 & i_2 & \cdots & i_n \end{pmatrix}$$

と表わす．これは，学校で n 人の生徒を1列に並べるとき，i_1 番目にいる生徒を最初におき，次に i_2 番目にいる生徒を2番目におくというような，並べ方を指定したものであると考えてもよい．

たとえば，3人の生徒を1列に並べる仕方は $3! = 6$ 通りあって，それは

$$\begin{pmatrix} 1 & 2 & 3 \\ 1 & 2 & 3 \end{pmatrix}, \begin{pmatrix} 1 & 2 & 3 \\ 2 & 1 & 3 \end{pmatrix}, \begin{pmatrix} 1 & 2 & 3 \\ 3 & 1 & 2 \end{pmatrix}, \begin{pmatrix} 1 & 2 & 3 \\ 1 & 3 & 2 \end{pmatrix}, \begin{pmatrix} 1 & 2 & 3 \\ 2 & 3 & 1 \end{pmatrix}, \begin{pmatrix} 1 & 2 & 3 \\ 3 & 2 & 1 \end{pmatrix}$$

と表わされる．

学校で先生が規則正しく $1, 2, 3, \ldots, n$ の順で並んでいる生徒の並び方を変えて，$i_1, i_2, i_3, \ldots, i_n$ の順に並べ換えたいと考えている様子を想像しよう．一度に号令をかけて並べ方を変えてしまっては大混乱が起きるかもしれない．こんなとき先生は，生徒に次のように指示を与えるだろう．

「まず1番目の人と i_1 番目の人は入れ替りなさい」(正確にいえば $1 \neq i_1$ のとき)

次に先生は，2番目にまだ i_2 番目の人がいないのを見て

「次に2番目の人と i_2 番目の人は入れ替りなさい」(正確にいえば $2 \neq i_2$ のとき) という．ここでまた3番目に i_3 番目の人がいないのを見て (もし3番目に i_3 番目の人がすでにいれば，先生は4番目の人を入れ換えようとするだろう)

「3番目の人と i_3 番目の人は入れ替りなさい」

という．このように先生は2人ずつ順番に入れ換えていって，混乱もなく，並び方を

$$\{1, 2, \ldots, n\} \quad \text{から} \quad \{i_1, i_2, \ldots, i_n\}$$

へと変えることができる．

ここでいいたかったことは，任意の順列

$$\sigma = \begin{pmatrix} 1 & 2 & \cdots & n \\ i_1 & i_2 & \cdots & i_n \end{pmatrix}$$

は，$\begin{pmatrix} 1 & 2 & \cdots & n \\ 1 & 2 & \cdots & n \end{pmatrix}$ から出発して，必ず2つずつおき換えることを繰り返していくことにより実現することができるということである．

たとえば $\begin{pmatrix} 1 & 2 & 3 & 4 \\ 2 & 4 & 3 & 1 \end{pmatrix}$ は，

$$\begin{pmatrix} 1 & 2 & 3 & 4 \\ 1 & 2 & 3 & 4 \end{pmatrix} \to \begin{pmatrix} 1 & 2 & 3 & 4 \\ 2 & 1 & 3 & 4 \end{pmatrix} \to \begin{pmatrix} 1 & 2 & 3 & 4 \\ 2 & 4 & 3 & 1 \end{pmatrix}$$

このことを特に，数学的に改めて証明はしない．結果だけをかいておこう (なお，次講 Tea Time 参照)．

> 任意の置換 σ は，2つのものをおき換えることを何回か繰り返すことにより得られる．

実は，このように2つずつおき換えて1つの置換 σ に達する仕方はいろいろある．それは，たとえば，先生が途中で入れ換えの仕方を誤って訂正して，もとへ戻すようなことが起きることを考えてみるとよい．

しかし次のことが証明できる (次講，Tea Time 参照)．

> (i)　1つの置換 σ が，ある仕方で，偶数回の2つずつをおき換えで達成できるならば，ほかのどのおき換えの仕方で行なってみても，そのおき換えの個数は偶数である．
>
> (ii)　1つの置換 σ が，ある仕方で，奇数回の2つずつのおき換えで達成できるならば，ほかのどのおき換えの仕方で行なってみても，そのおき換えの個数は奇数である，

(i) の性質をもつ置換を偶置換といい，(ii) の性質をもつ置換を奇置換という．

この概念を用いて，(♯) の式をさらに簡単にすることは，次講で述べる．したがってこの講のテーマは，いわば未完である．

Tea Time

偶置換，奇置換で人を困らせるゲーム

これは，高木貞治『数学小景』(岩波書店) の中に詳しく書いてある話である．いまは，こうしたゲームがあるのかどうか知らないが，私は子供のとき遊んだ覚えがある．ゲームは，4×4 のスペースをもつ小箱に1から15までの番号のついた，自由に動く“こま”があり，残った1つ分のスペースを利用して“こま”を指定されたように並べ換えるというものである (図41参照)．ふつうは．“こま”を最初任意に並べておいて，これを左上から順に1から15まで並べ換える，場合によっては，その時間を競うというようにゲームが進行する．

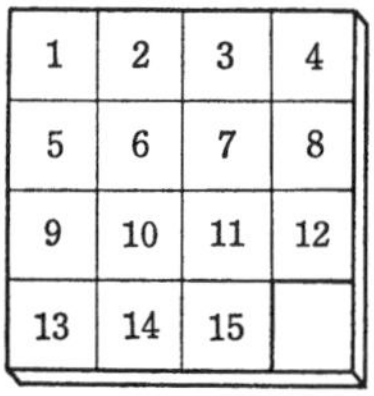

1	2	3	4
5	6	7	8
9	10	11	12
13	14	15	

図 41

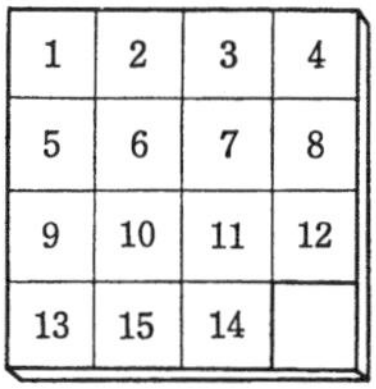

1	2	3	4
5	6	7	8
9	10	11	12
13	15	14	

$$\begin{pmatrix} 1 & 2 & \cdots\cdots & 14 & 15 \\ 1 & 2 & \cdots\cdots & 15 & 14 \end{pmatrix}$$

奇置換

図 42

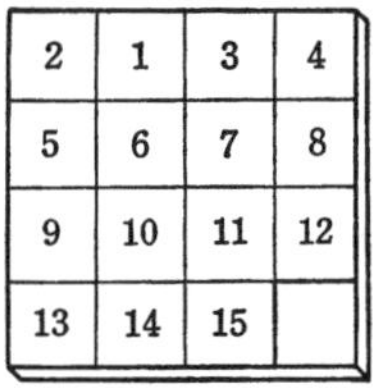

2	1	3	4
5	6	7	8
9	10	11	12
13	14	15	

$$\begin{pmatrix} 1 & 2 & 3 & \cdots\cdots & 15 \\ 2 & 1 & 3 & \cdots\cdots & 15 \end{pmatrix}$$

奇置換

図 43

しかし，私の記憶でも，最初の並べ方によっては，図42のところまではすぐにもっていけても，それから先はどのように“こま”を回してもできないということがあった．

実は，この場合は不可能なケースなのである．『数学小景』の中に，詳しく解説してあるが，1つ余ったスペースを用いて，“こま”を動かした際，実は，実際引き起こされる置換は，偶置換なのである．したがって，最初の“こま”の並びが，$1, 2, \ldots, 15$ の標準的な並び方から，偶置換で与えられているならば，これは，標準的な並びに戻すことができる．しかし，最初の“こま”の並びが奇置換——一番簡単な場合，図43のような1と2だけの入れ換え——で与えられるときには，何度，“こま”を動かしても奇置換であって (奇置換に偶置換を引き続いて行なっても，奇置換である)，せいぜい，図42のところまでしかたどりつけない．このゲームは，そのため，随分人を困らせたのではないかと思う．

第 23 講

行　列　式

テーマ

- ◆ 置換の符号：$\mathrm{sgn}\,\sigma$
- ◆ (I) と (II) を満たす式の形の決定
- ◆ 行列式 $\det(A)$ の登場
- ◆ 2 次の行列式と 3 次の行列式
- ◆ 行列式の式の形：各行，各列から 1 つずつとってかけあわせて，符号をつけて加える．

前講のつづき

前講の式 ($\sharp$) をさらに簡単なものへと変えることを試みたい．そのために，次の記号と記法を導入しておこう．

記号：S_n により，$\{1, 2, \ldots, n\}$ の置換の集りを表わす．

$\sigma \in S_n$ が

$$\sigma = \begin{pmatrix} 1 & 2 & \cdots & n \\ i_1 & i_2 & \cdots & i_n \end{pmatrix}$$

と表わされているとき，

$$\sigma(1) = i_1, \quad \sigma(2) = i_2, \quad \ldots, \quad \sigma(n) = i_n$$

と表わすことにしよう．また，σ が偶置換か奇置換かを区別するため，置換の符号 $\mathrm{sgn}\,\sigma$ を次のように定義しておく．

$$\mathrm{sgn}\,\sigma = \begin{cases} 1, & \sigma \text{ が偶置換のとき} \\ -1, & \sigma \text{ が奇置換のとき} \end{cases}$$

sgn は，英語の sign (サイン) の略であろうが，この記号はサインと読んでは，三角関数と混合するので，ラテン語に戻って signum (シグヌム) と読むことが多いようである．

この記号と記法を用いると ($\sharp$) の式は，前講で述べたことを参照すると

$$(\sharp) = \sum_{\sigma \in S_n} a_{\sigma(1)1} a_{\sigma(2)2} \cdots a_{\sigma(n)n} F\big(\boldsymbol{e}_{\sigma(1)}, \boldsymbol{e}_{\sigma(2)}, \ldots, \boldsymbol{e}_{\sigma(n)}\big) \tag{1}$$

とかいてもよいことがわかった．すなわち (♯) の式で $(i_1, \ldots, i_n)$ は，すべての置換

$$\sigma = \begin{pmatrix} 1 & 2 & \cdots & n \\ i_1 & i_2 & \cdots & i_n \end{pmatrix}$$

だけを動くと考えてよいのである．したがって (1) 式に現われてくる項の数は $n!$ である．

さて，F の中の $\left(\boldsymbol{e}_{\sigma(1)}, \boldsymbol{e}_{\sigma(2)}, \ldots, \boldsymbol{e}_{\sigma(n)}\right)$ は，$(\boldsymbol{e}_1, \boldsymbol{e}_2, \ldots, \boldsymbol{e}_n)$ を，置換 σ によって順序をとり換えたものである．一方置換 σ は，2 つずつある i と j をとり換えることを，何回か繰り返すことによりできる．

$$F(\boldsymbol{e}_1, \boldsymbol{e}_2, \ldots, \boldsymbol{e}_n) \longrightarrow F(\boldsymbol{e}_1, \ldots, \boldsymbol{e}_j, \ldots, \boldsymbol{e}_i, \ldots, \boldsymbol{e}_n) \longrightarrow \cdots \longrightarrow F\left(\boldsymbol{e}_{\sigma(1)}, \boldsymbol{e}_{\sigma(2)}, \ldots, \boldsymbol{e}_{\sigma(n)}\right)$$

F の性質 (III) から，この 2 つの順序を入れ換えるたびに F の符号だけが変わる．したがって，偶数回入れ換えたとき (σ が偶置換のとき) には，最後の式は $F(\boldsymbol{e}_1, \boldsymbol{e}_2, \ldots, \boldsymbol{e}_n)$ と同じであり，奇数回入れ換えたとき (σ が奇置換のとき) には，最後の式は $-F(\boldsymbol{e}_1, \boldsymbol{e}_2, \ldots, \boldsymbol{e}_n)$ となる．このことは $\operatorname{sgn}\sigma$ の記号を用いてかくと，

$$F\left(\boldsymbol{e}_{\sigma(1)}, \boldsymbol{e}_{\sigma(2)}, \ldots, \boldsymbol{e}_{\sigma(n)}\right) = \operatorname{sgn}\sigma \cdot F(\boldsymbol{e}_1, \boldsymbol{e}_2, \ldots, \boldsymbol{e}_n)$$

と表わされる．

(1) 式に代入して，(♯) の式，すなわち，(I)，(II) を満たす式 $F(\boldsymbol{a}_1, \boldsymbol{a}_2, \ldots, \boldsymbol{a}_n)$ が次のように表わされることがわかった．

$$(\natural) \quad F(\boldsymbol{a}_1, \boldsymbol{a}_2, \ldots, \boldsymbol{a}_n) = \sum_{\sigma \in S_n} \operatorname{sgn}\sigma\, a_{\sigma(1)1} a_{\sigma(2)2} \cdots a_{\sigma(n)n} \times F(\boldsymbol{e}_1, \boldsymbol{e}_2, \ldots, \boldsymbol{e}_n)$$

行　列　式

(I)，(II) を満たす式 $F(\boldsymbol{e}_1, \boldsymbol{e}_2, \ldots, \boldsymbol{e}_n)$ がさらに条件

$$\text{(IV)} \quad F(\boldsymbol{e}_1, \boldsymbol{e}_2, \ldots, \boldsymbol{e}_n) = 1$$

を満たすとき，$F(\boldsymbol{a}_1, \boldsymbol{a}_2, \ldots, \boldsymbol{a}_n)$ を A の行列式といい

$$\det(A) \quad \text{または} \quad |A|$$

と記す．

$$\det(A) = \sum_{\sigma \in S_n} \operatorname{sgn} \sigma a_{\sigma(1)1} a_{\sigma(2)2} \cdots a_{\sigma(n)n} \tag{2}$$

また，行列 A とは無関係に

$$\begin{vmatrix} a_{11} & a_{12} & \cdots & a_{1n} \\ a_{21} & a_{22} & \cdots & a_{2n} \\ & \cdots\cdots\cdots & & \\ a_{n1} & a_{n2} & \cdots & a_{nn} \end{vmatrix} = \sum_{\sigma \in S_n} \operatorname{sgn} \sigma a_{\sigma(1)1} a_{\sigma(2)2} \cdots a_{\sigma(n)n}$$

とも表わし，(この表記も含めて) これを n 次の行列式という．

【例 1】 $n = 2$ のとき

S_2 の元は，偶置換 $\sigma = \begin{pmatrix} 1 & 2 \\ 1 & 2 \end{pmatrix}$ と奇置換 $\tau = \begin{pmatrix} 1 & 2 \\ 2 & 1 \end{pmatrix}$ とからなる．したがって

$$\begin{aligned} \begin{vmatrix} a_{11} & a_{12} \\ a_{21} & a_{22} \end{vmatrix} &= a_{\sigma(1)1} a_{\sigma(2)2} - a_{\tau(1)1} a_{\tau(2)2} \\ &= a_{11} a_{22} - a_{21} a_{12} \end{aligned}$$

【例 2】 $n = 3$ のとき，

S_3 の元は，$\begin{pmatrix} 1 & 2 & 3 \\ 1 & 2 & 3 \end{pmatrix}$ から出発して，2 つずつおき換えるたびに，得られた置換は奇置換，偶置換と順次変わっていく．

偶置換		奇置換
$\begin{pmatrix} 1 & 2 & 3 \\ 1 & 2 & 3 \end{pmatrix}$	$\xrightarrow{(12)}$	$\begin{pmatrix} 1 & 2 & 3 \\ 2 & 1 & 3 \end{pmatrix}$
	(13) $\swarrow$	
$\begin{pmatrix} 1 & 2 & 3 \\ 2 & 3 & 1 \end{pmatrix}$	$\xrightarrow{(23)}$	$\begin{pmatrix} 1 & 2 & 3 \\ 3 & 2 & 1 \end{pmatrix}$
	(12) $\swarrow$	
$\begin{pmatrix} 1 & 2 & 3 \\ 3 & 1 & 2 \end{pmatrix}$	$\xrightarrow{(13)}$	$\begin{pmatrix} 1 & 2 & 3 \\ 1 & 3 & 2 \end{pmatrix}$

(矢印の上にかいた，たとえば (12) は，とり換えたところが 1 と 2 であることを示す)．したがって，はじめこの表に従って，偶置換の 3 つをとり，次に奇置換の 3 つをとるとして，3 次の行列式の式をかくと，次のようになる．

$$\begin{vmatrix} a_{11} & a_{12} & a_{13} \\ a_{21} & a_{22} & a_{23} \\ a_{31} & a_{32} & a_{33} \end{vmatrix} = \begin{aligned} &a_{11}a_{22}a_{33} + a_{21}a_{32}a_{13} + a_{31}a_{12}a_{23} - a_{21}a_{12}a_{33} \\ &- a_{31}a_{22}a_{13} - a_{11}a_{32}a_{23} \end{aligned}$$

この例 1，例 2 は，第 2 講で与えた 2 次および 3 次の行列式と一致している．

1つの注意

(I)，(II) を満たす式 $F(\boldsymbol{a}_1, \boldsymbol{a}_2, \ldots, \boldsymbol{a}_n)$ が (♮) の形になることはわかったが，実は，逆に (♮) の右辺の形の式が (I)，(II) (あるいは同値な (III)) の性質をもつことも示しておかなくては十分ではない．

(♮) の右辺で表わされる式が (I) を満たすことは，この式が，各列ベクトルの成分について1次式となっていることからわかる (第3講参照．そこでは3次の場合を取り扱っている)．(III) を満たすことは，$\boldsymbol{a}_i$ と $\boldsymbol{a}_j$ を取り換えた

$$F(\boldsymbol{a}_1, \ldots, \boldsymbol{a}_j, \ldots, \boldsymbol{a}_i, \ldots, \boldsymbol{a}_n) \tag{3}$$

から出発して上の議論をたどると，ちょうどこの式は (♮) の式の右辺で，$a_{\sigma(i)i} \Rightarrow a_{\sigma(j)i}, a_{\sigma(j)j} \Rightarrow a_{\sigma(i)j}$ と入れ換えたものとなって表わされることがわかる．(3) 式は $-F(\boldsymbol{a}_1, \ldots, \boldsymbol{a}_i, \ldots, \boldsymbol{a}_j, \ldots, \boldsymbol{a}_n)$ だったから，結局このことは，(♮) の式で $a_{\cdot i}$ を j 番目に，$a_{\cdot j}$ を i 番目に入れ換えると，符号が変わることを示している．

すなわち

(I)，(II) を満たす $\Longleftrightarrow$ (♮)

が完全に示された．

行列式の式の形

行列式 (2) は，1列目から σ (1) 行目の成分をとり，2列目から σ (2) 行目の成分をとり，…，n 列目から $\sigma(n)$ 行目の成分をとってかけ合わせて，σ の偶置換か奇置換かに従って，$+1$，-1 の符号をつけて加え合わせたものである．すなわち，行列式の各項は各列から1つ，各行から1つとる，いろいろのとり方で作り上げられている．

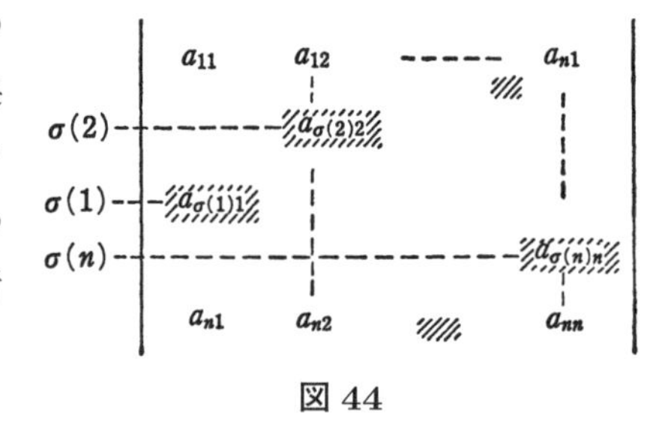

図 44

このことから，たとえば

$$\begin{vmatrix} a_{11} & a_{12} & \cdots & a_{1n} \\ & a_{22} & & * \\ 0 & & \ddots & \\ & & & a_{nn} \end{vmatrix} = a_{11}a_{22}\cdots a_{nn} \tag{4}$$

がわかる．なぜなら，1列目で0でないものは a_{11} だけである．したがって，行

列式の中で1列目からとれるのは1行目の a_{11} だけとなる(それ以外のものをとると0となる). 次に2列目から, 0でないものがとれるのは, 1行目と2行目だけであるが, 1行目はすでに"使った"から, 2行目, すなわち a_{22} しかとれない. 同様に3列目を見ると, 1行目と2行目はすでに"使って"しまったから3行目, すなわち a_{33} しかとれない. このようにして, 行列式の項の中で, 0でないものは

$$a_{11}a_{22}\cdots a_{nn}$$

だけである. この符号はもちろん $+1$ だから, 行列式は(4)式のようになる.

問1 $$\begin{vmatrix} a_{11} & a_{12} & \cdots & a_{1\,n-1} & 3a_{11}+2a_{12} \\ a_{21} & a_{22} & \cdots & a_{2\,n-1} & 3a_{21}+2a_{22} \\ & & \cdots\cdots\cdots & & \\ a_{n1} & a_{n2} & & a_{n\,n-1} & 3a_{n1}+2a_{n2} \end{vmatrix} = 0$$

を示せ.

問2 n 次の行列 A について

$$\det(\alpha A) = \alpha^n \det(A)$$

を示せ.

Tea Time

質問 前講の Tea Time でのゲームの話を友だちにしたところ, ちょっと納得しにくいような顔をして, こんなことをいっていました.「しかし, そうだとすると, 奇置換でおかれた最初の"こま"の配列が, どんなにゲームの天才がでても, けっして偶置換には変えられないという理由が知りたい. ある日, 突然, 思いがけない手段でできるということがないのだろうか」このことは, 多分, 前講で証明を示されなかった, 偶置換はけっして, 2つのものの奇数回のおき換えでは得られないことの証明を聞いているように思います.

答 $\{1, 2, 3, 4\}$ の置換のときに, 偶置換は, 絶対に奇置換とはなりえないことを, 数学的にはどのように証明するかを述べておこう.

4つの変数 x_1, x_2, x_3, x_4 に関する式

$$\prod(x_1, x_2, x_3, x_4) = (x_1 - x_2)(x_1 - x_3)(x_1 - x_4) \times (x_2 - x_3)(x_2 - x_4) \times (x_3 - x_4)$$

を考える．この式の特徴は，x_1, x_2, x_3, x_4 のどの2つをおき換えてみても符号がマイナスになるということである．たとえば x_1 と x_3 をとり換えると

$$\prod(x_3, x_2, x_1, x_4) = -\prod(x_1, x_2, x_3, x_4)$$

いま

$$\sigma = \begin{pmatrix} 1 & 2 & 3 & 4 \\ i_1 & i_2 & i_3 & i_4 \end{pmatrix}$$

が与えられたとしよう．σ は，2つずつのおき換えを繰り返して得られるのだから，

$$\prod(x_{i_1}, x_{i_2}, x_{i_3}, x_{i_4}) = \pm\prod(x_1, x_2, x_3, x_4)$$

となる．この右辺の符号のとり方は，σ が偶置換のときは，おき換えの数が偶数だから $+1$ であり，σ が奇置換のときは -1 である．2つのものをおき換える仕方はいろいろあるとしても，この式の符号は σ によって完全に決まっているのだから，1つの置換 σ が，同時に偶置換であり，奇置換でもあるようなことは，絶対に起こりえない．

第 24 講

行列式の性質

テーマ

- ◆ 列についての行列式の性質
- ◆ 行についての行列式の性質
- ◆ $\det(A) = \det({}^tA)$
- ◆ 行列の積と行列式　$\det(AB) = \det(A)\det(B)$

列についての性質

行列式が (I), (III) を満たすことを，改めてかくと次のようになる．

$$
\text{(I)}\quad \begin{vmatrix} a_{11} & a_{12} & \cdots & \alpha a_{1i}+\beta\tilde{a}_{1i}, & \cdots & a_{1n} \\ a_{21} & a_{22} & \cdots & \alpha a_{2i}+\beta\tilde{a}_{2i}, & \cdots & a_{2n} \\ & & & \cdots\cdots\cdots & & \\ a_{n1} & a_{n2} & \cdots & \alpha a_{ni}+\beta\tilde{a}_{ni}, & \cdots & a_{nn} \end{vmatrix}
$$

$$
= \alpha \begin{vmatrix} a_{11} & \cdots & a_{1i} & \cdots & a_{1n} \\ a_{21} & \cdots & a_{2i} & \cdots & a_{2n} \\ & & \cdots\cdots\cdots & & \\ a_{n1} & \cdots & a_{ni} & \cdots & a_{nn} \end{vmatrix} + \beta \begin{vmatrix} a_{11} & \cdots & \tilde{a}_{1i} & \cdots & a_{1n} \\ a_{21} & \cdots & \tilde{a}_{2i} & \cdots & a_{2n} \\ & & \cdots\cdots\cdots & & \\ a_{n1} & \cdots & a_{ni} & \cdots & a_{nn} \end{vmatrix}
$$

$$
\text{(III)}\quad \begin{vmatrix} a_{11} & \cdots & a_{1i} \cdots a_{1j} & \cdots & a_{1n} \\ a_{21} & \cdots & a_{2i} \cdots a_{2j} & \cdots & a_{2n} \\ & & \cdots\cdots\cdots & & \\ a_{n1} & \cdots & a_{ni} \cdots a_{nj} & \cdots & a_{nn} \end{vmatrix} = - \begin{vmatrix} a_{11} & \cdots & a_{1j} \cdots a_{1i} & \cdots & a_{1n} \\ a_{21} & \cdots & a_{2j} \cdots a_{2i} & \cdots & a_{2n} \\ & & \cdots\cdots\cdots & & \\ a_{n1} & \cdots & a_{nj} \cdots a_{ni} & \cdots & a_{nn} \end{vmatrix}
$$

また (II) を満たすことを使うと，行列式は，i 列に j 列の何倍かを加えても，値が変わらないこともわかる．実際，

$$
\begin{vmatrix} a_{11} & \cdots & a_{1i}+\alpha a_{1j} & \cdots & a_{1j} & \cdots & a_{1n} \\ a_{21} & \cdots & a_{2i}+\alpha a_{2j} & \cdots & a_{2j} & \cdots & a_{2n} \\ & & \cdots\cdots\cdots & & & & \\ a_{n1} & \cdots & a_{ni}+\alpha a_{nj} & \cdots & a_{nj} & \cdots & a_{nn} \end{vmatrix}
$$

$$
= \begin{vmatrix} a_{11} & \cdots & a_{1i} \cdots a_{1j} & \cdots & a_{1n} \\ a_{21} & \cdots & a_{2i} \cdots a_{2j} & \cdots & a_{2n} \\ & & \cdots\cdots\cdots & & \\ a_{n1} & \cdots & a_{ni} \cdots a_{nj} & \cdots & a_{nn} \end{vmatrix} + \alpha \begin{vmatrix} a_{11} & \cdots & a_{1j} \cdots a_{1j} & \cdots & a_{1n} \\ a_{21} & \cdots & a_{2j} \cdots a_{2j} & \cdots & a_{2n} \\ & & \cdots\cdots\cdots & & \\ a_{n1} & \cdots & a_{nj} \cdots a_{nj} & \cdots & a_{nn} \end{vmatrix}
$$

$$= \begin{vmatrix} a_{11} & \cdots & a_{1n} \\ & \cdots\cdots & \\ a_{n1} & \cdots & a_{nn} \end{vmatrix}$$

【例】 $\begin{vmatrix} 1 & 2 & 1 \\ 2 & 4 & -1 \\ 5 & 6 & 0 \end{vmatrix}$　1列目を2倍して2列目から引く

$= \begin{vmatrix} 1 & 0 & 1 \\ 2 & 0 & -1 \\ 5 & -4 & 0 \end{vmatrix}$　1列目から3列目を引く

$= \begin{vmatrix} 0 & 0 & 1 \\ 3 & 0 & -1 \\ 5 & -4 & 0 \end{vmatrix} = 3 \times (-4) = -12$

またここで (IV) は

$$\det(E_n) = \begin{vmatrix} 1 & & 0 \\ & 1 & \\ 0 & \ddots & 1 \end{vmatrix} = 1$$

と表わされることも注意しておこう．

行についての性質

列について成り立つ上の性質に対応することは，行についても成り立つ．

それを示すには，与えられた行列式の，縦と横を入れ換えたもの——転置行列式——

$$\det({}^t A) = \begin{vmatrix} a_{11} & a_{21} & \cdots & a_{n1} \\ a_{12} & a_{22} & \cdots & a_{n2} \\ & \cdots\cdots\cdots & & \\ a_{1n} & a_{2n} & \cdots & a_{nn} \end{vmatrix}$$

が，$\det(A)$ と等しいということを示すとよい（${}^t A$ は A の転置 transpose を示す）．なぜなら，$\det({}^t A)$ に対して (I)，(II)，(III) の性質が成り立つということは，とりも直さず $\det(A)$ の行について，(I)，(II)，(III) に対応する性質が成り立つということだからである．

すなわち

$$\boxed{\det(A) = \det({}^t A)}$$

が成り立つことを示したい.

【証明】 定義にしたがえば

$$\det({}^tA) = \sum_{\sigma \in S_n} \operatorname{sgn} \sigma a_{1\sigma(1)} a_{2\sigma(2)} \cdots a_{n\sigma(n)} \tag{1}$$

である (行列式 A の式と見比べると a_{ij} の添数 i, j の役割が入れ替わったことに注意！). さて

$$\sigma = \begin{pmatrix} 1 & 2 & \cdots & n \\ i_1 & i_2 & \cdots & i_n \end{pmatrix} = \begin{pmatrix} 1 & 2 & \cdots & n \\ \sigma(1) & \sigma(2) & \cdots & \sigma(n) \end{pmatrix}$$

とおくと, 今度は, $(i_1, i_2, \ldots, i_n)$ をもとに戻す置換 $i_1 \to 1, i_2 \to 2, \ldots, i_n \to n$ が考えられる. これを σ^{-1} とおく.

$$\sigma^{-1} = \begin{pmatrix} i_1 & i_2 & \cdots & i_n \\ 1 & 2 & \cdots & n \end{pmatrix}$$

このかき方は, 少し見なれないので, 上列を $1, 2, \ldots, n$ の並びにしようとすると

$$1 \underset{\sigma^{-1}}{\overset{\sigma}{\rightleftarrows}} i_1, \quad \ldots, \quad \sigma^{-1}(1) \underset{\sigma^{-1}}{\overset{\sigma}{\rightleftarrows}} 1, \quad \ldots, \quad \sigma^{-1}(2) \underset{\sigma^{-1}}{\overset{\sigma}{\rightleftarrows}} 2, \quad \ldots, \quad n \underset{\sigma^{-1}}{\overset{\sigma}{\rightleftarrows}} i_n$$

だから

$$\sigma^{-1} = \begin{pmatrix} 1 & 2 & \cdots & n \\ \sigma^{-1}(1) & \sigma^{-1}(2) & \cdots & \sigma^{-1}(n) \end{pmatrix}$$

となる. したがって (1) 式は

$$\det({}^tA) = \sum_{\sigma \in S_n} \operatorname{sgn} \sigma \ a_{\sigma^{-1}(1)1} a_{\sigma^{-1}(2)2} \cdots a_{\sigma^{-1}(n)n}$$

とかき直される. σ に対し, σ^{-1} はもとへ戻す置換だから, σ が偶置換ならば, σ^{-1} も偶置換, 奇置換ならば奇置換である：$\operatorname{sgn} \sigma = \operatorname{sgn} \sigma^{-1}$.

したがって

$$\det({}^tA) = \sum_{\sigma \in S_n} \operatorname{sgn} \sigma^{-1} a_{\sigma^{-1}(1)1} a_{\sigma^{-1}(2)2} \cdots a_{\sigma^{-1}(n)n}$$

となる. σ が S_n をいろいろ動くと, $\tau = \sigma^{-1}$ も, S_n 全体を動く ($\sigma \neq \tau \Rightarrow \sigma^{-1} \neq \tau^{-1}$, このことは $\sigma \to \sigma^{-1}$ という写像が, S_n から S_n への 1 対 1 写像のことを示す). 結局

$$\det({}^tA) = \sum_{\tau \in S_n} \operatorname{sgn} \tau a_{\tau(1)1} a_{\tau(2)2} \cdots a_{\tau(n)n}$$

となり, $\det({}^tA) = \det(A)$ が示された. ∎

行列の積と行列式

A, B を n 次の正方行列とする．このとき，行列の積 AB を考えることができる．このとき，次の公式が成り立つ．

$$\det(AB) = \det(A)\det(B)$$

【証明】　この証明には，第22講，23講にかけて述べた結果，(I)，(II) を満たす列ベクトルに関する式 $F(\boldsymbol{a}_1, \boldsymbol{a}_2, \ldots, \boldsymbol{a}_n)$ は (ﾛ) に限るを用いる．

まず，B の列ベクトルを，$\boldsymbol{b}_1, \boldsymbol{b}_2, \ldots, \boldsymbol{b}_n$ とすると，行列 AB の列ベクトルは

$$A\boldsymbol{b}_1, A\boldsymbol{b}_2, \ldots, A\boldsymbol{b}_n$$

で与えられることを注意しよう．実際たとえば

$$\boldsymbol{b}_1 = \begin{pmatrix} b_{11} \\ b_{21} \\ \vdots \\ b_{n1} \end{pmatrix} \text{ に対して } A\boldsymbol{b}_1 = \begin{pmatrix} \sum_k a_{1k}b_{k1} \\ \sum_k a_{2k}b_{k1} \\ \vdots \\ \sum_k a_{nk}b_{k1} \end{pmatrix} \text{ であり，}$$

$A\boldsymbol{b}_1$ は，行列 AB の第1列となっている．したがって

$$AB = (A\boldsymbol{b}_1, A\boldsymbol{b}_2, \ldots, A\boldsymbol{b}_n)$$

とかいてもよい．

そこでいま便宜上，A をとめて考えることにし

$$F(\boldsymbol{b}_1, \boldsymbol{b}_2, \ldots, \boldsymbol{b}_n) = \det(AB) = \det((A\boldsymbol{b}_1, A\boldsymbol{b}_2, \ldots, A\boldsymbol{b}_n))$$

とおく．

$F(\boldsymbol{b}_1, \boldsymbol{b}_2, \ldots, \boldsymbol{b}_n)$ は (I)，(II) を満たす．

(I) が成り立つこと：

$$\begin{aligned}
&F\bigl(\boldsymbol{b}_1, \ldots, \alpha\boldsymbol{b}_i + \beta\tilde{\boldsymbol{b}}_i, \ldots, \boldsymbol{b}_n\bigr) \\
&= \det\bigl((A\boldsymbol{b}_1, \ldots, A\bigl(\alpha\boldsymbol{b}_i + \beta\tilde{\boldsymbol{b}}_i\bigr), \ldots, A\boldsymbol{b}_n)\bigr) \\
&= \det\bigl((A\boldsymbol{b}_1, \ldots, \alpha A\boldsymbol{b}_i + \beta A\tilde{\boldsymbol{b}}_i, \ldots, A\boldsymbol{b}_n)\bigr) \quad (A\text{ の線形性！}) \\
&= \alpha\det\bigl((A\boldsymbol{b}_1, \ldots, A\boldsymbol{b}_i, \ldots, A\boldsymbol{b}_n)\bigr) \\
&\quad + \beta\det\bigl((A\boldsymbol{b}_1, \ldots, A\tilde{\boldsymbol{b}}_i, \ldots, A\boldsymbol{b}_n)\bigr) \quad (\det\text{ の列に対する線形性！}) \\
&= \alpha F\bigl(\boldsymbol{b}_1, \ldots, \boldsymbol{b}_i, \ldots, \boldsymbol{b}_n\bigr) + \beta F\bigl(\boldsymbol{b}_1, \ldots, \tilde{\boldsymbol{b}}_i, \ldots, \boldsymbol{b}_n\bigr)
\end{aligned}$$

(II) が成り立つこと：

$$F(\boldsymbol{b}_1, \ldots, \boldsymbol{b}_j, \ldots, \boldsymbol{b}_i, \ldots, \boldsymbol{b}_n) = \det((A\boldsymbol{b}_1, \ldots, A\boldsymbol{b}_j, \ldots, A\boldsymbol{b}_i, \ldots, A\boldsymbol{b}_n))$$
$$= -\det((A\boldsymbol{b}_1, \ldots, A\boldsymbol{b}_i, \ldots, A\boldsymbol{b}_j, \ldots, A\boldsymbol{b}_n))$$
$$= -F(\boldsymbol{b}_1, \ldots, \boldsymbol{b}_i, \ldots, \boldsymbol{b}_j, \ldots, \boldsymbol{b}_n)$$

したがって (ŀ) から

$$F(\boldsymbol{b}_1, \boldsymbol{b}_2, \ldots, \boldsymbol{b}_n) = \sum_{\sigma \in S_n} \operatorname{sgn} \sigma \, b_{\sigma(1)1} b_{\sigma(2)2} \cdots b_{\sigma(n)n} \times F(\boldsymbol{e}_1, \boldsymbol{e}_2, \ldots, \boldsymbol{e}_n)$$

ここで

$$\sum_{\sigma \in S_n} \operatorname{sgn} \sigma \, b_{\sigma(1)1} b_{\sigma(2)2} \cdots b_{\sigma(n)n} = \det(B)$$

であり $F(\boldsymbol{e}_1, \boldsymbol{e}_2, \ldots, \boldsymbol{e}_n) = \det(A\boldsymbol{e}_1, A\boldsymbol{e}_2, \ldots, A\boldsymbol{e}_n) = \det(AE_n) = \det(A)$ である.

ゆえに

$$F(\boldsymbol{b}_1, \boldsymbol{b}_2, \ldots, \boldsymbol{b}_n) = \det(B) \cdot \det(A) = \det(A) \cdot \det(B)$$

$F(\boldsymbol{b}_1, \boldsymbol{b}_2, \ldots, \boldsymbol{b}_n) = \det(AB)$ であったから，これで証明された. ∎

特に，A が逆行列をもつとき $A^{-1}A = E_n$ から

$$\det(A^{-1}A) = \det(A^{-1})\det(A) = 1$$

したがって，$\det(A) \neq 0$ であって

$$\boxed{\det(A^{-1}) = \frac{1}{\det(A)}}$$

が成り立つ.

問 1 正方行列がある自然数で $A^k = 0$ を満たすならば，$\det(A) = 0$ を示せ.

問 2 行列式

$$\det(A) = \begin{vmatrix} a_{11} & a_{12} & \cdots & a_{1n} \\ a_{21} & a_{22} & \cdots & a_{2n} \\ \cdots & \cdots & \cdots & \cdots \\ a_{n1} & a_{n2} & \cdots & a_{nn} \end{vmatrix}$$

で，もし $a_{11} \neq 0, a_{22} \neq 0, \ldots, a_{nn} \neq 0$ ならば，第 1 行目の何倍かを 2 行目，…，n 行目から引き，次に第 2 行目の何倍かを 3 行目，…，n 行目から引くという操作で (この操作で行列式の値は変わらない！)，最後に

$$\begin{vmatrix} b_{11} & b_{12} & \cdots & b_{1n} \\ & b_{22} & \ddots & \\ & 0 & & b_{nn} \end{vmatrix}$$

の形まで変形できることを示せ．したがってこのとき $\det(A) = b_{11}b_{22}\cdots b_{nn}$ となる．

注意　$\det(A)$ の対角線の中に 0 のものがあっても，行と列を適当にとり換えて，この形にできるときには，行列式をこのように計算できる．行と列をどのようにとり換えても対角線に 0 が現われるときは，行列式の値は 0 である．

Tea Time

行列の積と行列式の積について

$\det(AB) = \det(A)\det(B)$ という公式は，証明されてしまうと，当り前のように見えて，たくさんの公式の中に埋もれてしまうかもしれない．しかしこの公式の意味するものは，もう少し深いところにある．

行列式は，連立方程式の解の一般的な公式を求めることから，ライプニッツや関孝和によって 17 世紀後半に考えられた．一方，行列の理論は，線形写像の考察から考えられてきたが，この誕生は 19 世紀後半であり，20 世紀になって広く用いられるようになってきたものである．行列式と行列は，その誕生の動機も，誕生の時点もまったく異なっている．もしこの 2 つの理論が交わる場所がないならば，行列式は代数の時間に方程式を取り扱うとき，ついでに話せばよいだろうし，行列は写像を取り扱うとき，別に述べておけばよいだろう．

しかし，実際は，この 2 つの理論は交差するのである．その最初の交差する地点が，$\det(AB) = \det(A)\det(B)$ という公式で与えられている．行列 AB の積は，線形写像の合成写像をもととして得られたものである．したがって，この式の左辺の AB は，線形写像の世界から登場したものである．それがこの簡明な公式によって，まったく別の世界——行列式——と，関係をもってくるようになってくる．この公式の重要さはまさにこの点にある．

第 25 講

正則行列と行列式

テーマ

- ◆ A が正則行列となる条件 $\Longleftrightarrow \det(A) \neq 0$
- ◆ 正則行列と連立方程式
- ◆ 連立方程式の解がただ 1 つ決まる条件は係数のつくる行列式が 0 でないことで与えられる.
- ◆ 逆行列 A^{-1} の具体的な形

正則行列となる条件

n 次の正方行列 A が, 正則行列となる条件は, 行列式を用いて, 簡明に次のようにいい表わすことができる.

> A は n 次の正方行列とする. A が正則行列となる必要かつ十分な条件は, $\det(A) \neq 0$ が成り立つことである.

【証明】 必要性：A が正則行列であるとしよう. そのとき A には逆行列 A^{-1} が存在する. $A^{-1}A = E_n$ である. この行列式をとって前講の公式を用いると

$$\det(A^{-1}A) = \det(A^{-1})\det(A) = \det(E_n) = 1$$

となる. ゆえに $\det(A) \neq 0$.

十分性：第 18 講で述べたように, A が正則となるための必要かつ十分な条件は, A の n 個の列ベクトルが 1 次独立となることである. いま, $\det(A) \neq 0$ のとき A が正則でないと仮定して矛盾を導こう. A が正則でないから, A の列ベクトル $\{\boldsymbol{a}_1, \boldsymbol{a}_2, \ldots, \boldsymbol{a}_n\}$ は 1 次独立でなく, したがって, たとえばある i で

$$\boldsymbol{a}_i = \alpha_1\boldsymbol{a}_1 + \cdots + \alpha_{i-1}\boldsymbol{a}_{i-1} + \alpha_{i+1}\boldsymbol{a}_{i+1} + \cdots + \alpha_n\boldsymbol{a}_n$$

という関係が成り立つ.

$$\det(A) = \det((\boldsymbol{a}_1, \boldsymbol{a}_2, \ldots, \boldsymbol{a}_i, \ldots, \boldsymbol{a}_n))$$

と表わすと，これから

$$\begin{aligned}\det(A) &= \det((\boldsymbol{a}_1, \ldots, \boldsymbol{a}_{i-1}, \alpha_1\boldsymbol{a}_1 + \cdots + \alpha_{i-1}\boldsymbol{a}_{i-1} + \alpha_{i+1}\boldsymbol{a}_{i+1} \\ &\quad + \cdots + \alpha_n\boldsymbol{a}_n, \boldsymbol{a}_{i+1}, \ldots, \boldsymbol{a}_n)) \\ &= \alpha_1 \det\bigl((\underset{\sim}{\boldsymbol{a}_1}, \ldots, \boldsymbol{a}_{i-1}, \underset{\sim}{\boldsymbol{a}_1}, \boldsymbol{a}_{i+1}, \ldots, \boldsymbol{a}_n)\bigr) \\ &\quad + \alpha_2 \det\bigl((\boldsymbol{a}_1, \underset{\sim}{\boldsymbol{a}_2}, \ldots, \boldsymbol{a}_{i-1}, \underset{\sim}{\boldsymbol{a}_2}, \boldsymbol{a}_{i+1}, \ldots, \boldsymbol{a}_n)\bigr) + \cdots \\ &\quad \cdots + \alpha_n \det\bigl((\boldsymbol{a}_1, \ldots, \boldsymbol{a}_{i-1}, \underset{\sim}{\boldsymbol{a}_n}, \boldsymbol{a}_{i+1}, \ldots, \underset{\sim}{\boldsymbol{a}_n})\bigr)\end{aligned}$$

となる．右辺に現われた行列式には，すべて 2 つの列ベクトルで一致したものがある．したがって $\det(A) = 0$ となり，これは矛盾である．　■

正則行列と連立方程式

n 元 1 次の連立方程式

$$(*) \quad \begin{cases} a_{11}x_1 + a_{12}x_2 + \cdots + a_{1n}x_n = d_1 \\ a_{21}x_1 + a_{22}x_2 + \cdots + a_{2n}x_n = d_2 \\ \qquad \cdots\cdots\cdots \\ a_{n1}x_1 + a_{n2}x_2 + \cdots + a_{nn}x_n = d_n \end{cases}$$

を考える．係数のつくる行列を A とする．

$$A = \begin{pmatrix} a_{11} & a_{12} & \cdots & a_{1n} \\ a_{21} & a_{22} & \cdots & a_{2n} \\ & \cdots\cdots\cdots & & \\ a_{n1} & a_{n2} & \cdots & a_{nn} \end{pmatrix}$$

また

$$\boldsymbol{x} = \begin{pmatrix} x_1 \\ \vdots \\ x_n \end{pmatrix}, \quad \boldsymbol{d} = \begin{pmatrix} d_1 \\ \vdots \\ d_n \end{pmatrix}$$

とおくと，$(*)$ は

$$(**) \quad A\boldsymbol{x} = \boldsymbol{d}$$

とかける．

任意に d を与えたとき，$(**)$ を満たす $\boldsymbol{x}$ がただ 1 つ決まるということは，A が逆行列 A^{-1} をもつということ，すなわち A が正則ということと同値であり，このとき

$$\boldsymbol{x} = A^{-1}\boldsymbol{d} \tag{1}$$

となる.

正則という条件は $\det(A) \neq 0$ である．したがってこのことを，$(*)$ の方でいい直すと次のようになる.

> 連立方程式 $(*)$ が，任意の $d_1, d_2, \ldots, d_n$ に対して，ただ 1 つの解 $x_1, x_2, \ldots, x_n$ をもつための必要かつ十分な条件は，$\det(A) \neq 0$ である.

連立方程式の解の公式

$\det(A) \neq 0$ のとき，$(*)$ は，任意の $d_1, d_2, \ldots, d_n$ に対して，ただ 1 つの解 $x_1, x_2, \ldots, x_n$ をもつことがわかったから，今度はこの解を表わす公式をつくろう.

$d_1, d_2, \ldots, d_n$ に対する解を $x_1, x_2, \ldots, x_n$ とする．このとき

$$
\begin{vmatrix} d_1 & a_{12} & \cdots & a_{1n} \\ d_2 & a_{22} & \cdots & a_{2n} \\ & \cdots\cdots\cdots & & \\ d_n & a_{2n} & \cdots & a_{nn} \end{vmatrix}
= \begin{vmatrix} \sum_{i=1}^{n} a_{1i}x_i & a_{12} & \cdots & a_{1n} \\ \sum_{i=1}^{n} a_{2i}x_i & a_{22} & \cdots & a_{2n} \\ & \cdots\cdots\cdots & & \\ \sum_{i=1}^{n} a_{ni}x_i & a_{2n} & \cdots & a_{nn} \end{vmatrix}
$$

$$
= x_1 \begin{vmatrix} a_{11} & a_{12} & \cdots & a_{1n} \\ a_{21} & a_{22} & \cdots & a_{2n} \\ & \cdots\cdots\cdots & & \\ a_{n1} & a_{n2} & \cdots & a_{nn} \end{vmatrix}
+ x_2 \begin{vmatrix} a_{12} & a_{12} & \cdots & a_{1n} \\ \| & \| & & \\ a_{22} & a_{22} & \cdots & a_{2n} \\ \| & \| & \cdots & \\ a_{n2} & a_{n2} & \cdots & a_{nn} \end{vmatrix}
$$

$$
+ x_3 \begin{vmatrix} a_{13} & a_{12} & a_{13} & \cdots & a_{1n} \\ \| & & \| & & \\ a_{23} & a_{22} & a_{23} & \cdots & a_{2n} \\ \| & & \| & \cdots & \\ a_{n3} & a_{n2} & a_{n3} & \cdots & a_{nn} \end{vmatrix} + \cdots
$$

$$
= x_1 \begin{vmatrix} a_{11} & \cdots & a_{1n} \\ & \cdots\cdots & \\ a_{n1} & \cdots & a_{nn} \end{vmatrix} = x_1 \det(A)
$$

ゆえに

$$
x_1 = \frac{\begin{vmatrix} d_1 & a_{12} & \cdots & a_{1n} \\ d_2 & a_{22} & \cdots & a_{2n} \\ & \cdots\cdots\cdots & & \\ d_n & a_{n2} & \cdots & a_{nn} \end{vmatrix}}{\det(A)}
$$

同様にして

$$x_2 = \frac{\begin{vmatrix} a_{11} & d_1 & a_{13} & \cdots & a_{1n} \\ a_{21} & d_2 & a_{23} & \cdots & a_{2n} \\ & \cdots & \cdots & \cdots & \\ a_{n1} & d_n & a_{n3} & \cdots & a_{nn} \end{vmatrix}}{\det(A)}, \quad x_3 = \frac{\begin{vmatrix} a_{11} & a_{12} & d_1 & \cdots & a_{1n} \\ a_{21} & a_{22} & d_2 & \cdots & a_{2n} \\ & \cdots & \cdots & \cdots & \\ a_{n1} & a_{n2} & d_n & \cdots & a_{nn} \end{vmatrix}}{\det(A)}, \quad \cdots$$

が得られる．

逆行列 A^{-1} の形

(1) 式と，連立方程式の解の公式から，A^{-1} の具体的な形を求めることができる．ここでは詳細にはたちいらないが，考え方と結果だけを述べておこう．

まず

$$\begin{vmatrix} a_{11} & a_{12} & \cdots & a_{1n} \\ 0 & a_{22} & \cdots & a_{2n} \\ & \cdots & \cdots & \\ 0 & a_{n2} & \cdots & a_{nn} \end{vmatrix} = a_{11} \times \begin{vmatrix} a_{22} & \cdots & a_{2n} \\ a_{32} & \cdots & a_{3n} \\ a_{n2} & \cdots & a_{nn} \end{vmatrix}$$

であることを注意しておこう．この証明を与えるため，左辺の行列式の2行目以下，2列目以下に注目して，$(n-1)$ 次元の数ベクトル

$$\tilde{\boldsymbol{a}}_2 = \begin{pmatrix} a_{22} \\ a_{32} \\ \vdots \\ a_{n2} \end{pmatrix}, \quad \tilde{\boldsymbol{a}}_3 = \begin{pmatrix} a_{23} \\ a_{33} \\ \vdots \\ a_{n3} \end{pmatrix}, \quad \ldots, \quad \tilde{\boldsymbol{a}}_n = \begin{pmatrix} a_{2n} \\ a_{3n} \\ \vdots \\ a_{nn} \end{pmatrix}$$

を考える．そして

$$F(\tilde{\boldsymbol{a}}_2, \tilde{\boldsymbol{a}}_3, \ldots, \tilde{\boldsymbol{a}}_n) = \begin{vmatrix} a_{11} & a_{12} & \cdots & a_{1n} \\ 0 & a_{22} & \cdots & a_{2n} \\ \vdots & \cdots & \cdots & \\ 0 & a_{n2} & \cdots & a_{nn} \end{vmatrix}$$

とおくと，この式は (I)，(II) を満たし，また

$$F(\tilde{\boldsymbol{e}}_2, \tilde{\boldsymbol{e}}_3, \ldots, \tilde{\boldsymbol{e}}_n) = \begin{vmatrix} a_{11} & 0 & \cdots & 0 \\ 0 & 1 & 0 & \vdots \\ \vdots & 0 & 1 & \vdots \\ \vdots & \vdots & & \ddots \\ 0 & 0 & & 1 \end{vmatrix} = a_{11}$$

だから，(ロ) から，上の式が成り立つことがわかる．

さて，(1) 式で，特に

$$\boldsymbol{d} = \boldsymbol{e}_1 = \begin{pmatrix} 1 \\ 0 \\ \vdots \\ 0 \end{pmatrix}$$

とおくと，

$$\boldsymbol{x} = A^{-1}\boldsymbol{e}_1$$

は，ちょうど A^{-1} の第 1 列目の列ベクトルを与えている．したがって解の公式から A^{-1} の第 1 列目の列ベクトルの成分は，順に

$$\frac{1}{\det(A)}\begin{vmatrix} 1 & a_{12} & \cdots & a_{1n} \\ 0 & a_{22} & \cdots & a_{2n} \\ & \cdots\cdots\cdots & & \\ 0 & a_{n2} & \cdots & a_{nn} \end{vmatrix}, \quad \frac{1}{\det(A)}\begin{vmatrix} a_{11} & 1 & a_{13} & \cdots & a_{1n} \\ a_{21} & 0 & a_{23} & \cdots & a_{2n} \\ & \cdots\cdots\cdots & & & \\ a_{n1} & 0 & a_{n3} & \cdots & a_{nn} \end{vmatrix}, \quad \cdots$$

となる．この 1 番目には，上の結果が使え，2 番目には 1 列目と 2 列目をおき換えると (符号は変わる！)，上の結果が使える．このことから，A^{-1} の 1 列目の成分は

$$\frac{1}{\det(A)}\begin{vmatrix} a_{22} & a_{23} & \cdots & a_{2n} \\ a_{32} & a_{33} & \cdots & a_{3n} \\ & \cdots\cdots\cdots & & \\ a_{n2} & a_{n3} & \cdots & a_{nn} \end{vmatrix}, \quad \frac{-1}{\det(A)}\begin{vmatrix} a_{21} & a_{23} & \cdots & a_{2n} \\ a_{31} & a_{33} & \cdots & a_{3n} \\ & \cdots\cdots\cdots & & \\ a_{n1} & a_{n3} & \cdots & a_{nn} \end{vmatrix}, \quad \cdots$$

となる．

いま

$$\Delta_{ij} = (-1)^{i+j}\begin{vmatrix} a_{11} & a_{12} & \cdots & \boxed{a_{1j}} & \cdots & a_{1n} \\ & & & /\!\!/ & & \\ a_{i1} & a_{i2} & \cdots & a_{ij} & \cdots & a_{in} \\ & & & /\!\!/ & & \\ a_{n1} & a_{n2} & \cdots & a_{nj} & \cdots & a_{nn} \end{vmatrix} \Rightarrow \text{除く}$$

$$\Downarrow$$

除く

とおく．

Δ_{ij} は，A から，i 行と j 列を除いて得られる $(n-1)$ 次の行列式に，符号 $(-1)^{i+j}$ をつけたものである．Δ_{ij} を i 行 j 列についての余因子という．

この記号を使うと，A^{-1} の第 1 列は

$$\frac{1}{\det(A)}\begin{pmatrix} \Delta_{11} \\ \Delta_{12} \\ \vdots \\ \Delta_{1n} \end{pmatrix}$$

と表わされる．同様の推論を，A^{-1} の各列に行なって，結局

$$A^{-1} = \frac{1}{\det(A)} \begin{pmatrix} \Delta_{11} & \Delta_{21} & \cdots & \Delta_{n1} \\ \Delta_{12} & \Delta_{22} & \cdots & \Delta_{n2} \\ & \cdots\cdots\cdots & & \\ \Delta_{1n} & \Delta_{2n} & & \Delta_{nn} \end{pmatrix}$$

となることがわかる．

Tea Time

det(A) ≠ 0 となるとき

$\det(A) \neq 0$ は，A が正則のことと同値である．一方 A が正則のことは，第 21 講の最後で述べたことから，$\operatorname{rank} A = n$ と同値である．したがって

$$\boxed{\det(A) = 0 \Longleftrightarrow \operatorname{rank} A < n}$$

がわかる．第 21 講の Tea Time を参照すると，$\det(A) = 0$ という条件は，次の連立方程式が，$x_1 = x_2 = \cdots = x_n = 0$ 以外に解をもつことと同値な条件となる．

$$\begin{cases} a_{11}x_1 + a_{12}x_2 + \cdots + a_{1n}x_n = 0 \\ a_{21}x_1 + a_{22}x_2 + \cdots + a_{2n}x_n = 0 \\ \cdots\cdots\cdots \\ a_{n1}x_1 + a_{n2}x_2 + \cdots + a_{nn}x_n = 0 \end{cases}$$

質問　4 次の行列式を，偶置換，奇置換に項をふるいわけて計算するのは，大変なことですが，何か，よい計算法はないでしょうか．

答　1 つの計算法は，前講の問 2 に与えてある．別の計算法については，ここで証明を述べる機会はなかったが，4 次の行列式の計算は，余因子を用いる次の公式によって，3 次の行列式の計算に帰着できるのである．

$$\begin{vmatrix} a_{11} & a_{12} & a_{13} & a_{14} \\ a_{21} & a_{22} & a_{23} & a_{24} \\ a_{31} & a_{32} & a_{33} & a_{34} \\ a_{41} & a_{42} & a_{43} & a_{44} \end{vmatrix} = a_{11} \times \Delta_{11} + a_{21} \times \Delta_{21} + a_{31} \times \Delta_{31} + a_{41} \times \Delta_{41}$$

一般には

$$
左辺 = \sum_{j=1}^{n} a_{ij}\Delta_{ij} = \sum_{i=1}^{n} a_{ij}\Delta_{ij}
$$

が成り立つ．同様の公式は，n 次の行列式についても成り立つ．

第 26 講

基底変換から固有値問題へ

テーマ
- ◆ 基底変換再考
- ◆ 新しい問題設定：正則行列 P をとって，$P^{-1}AP$ をできるだけ簡単な形にせよ．
- ◆ 問題の検討：簡単な形とは何か．
- ◆ 正則行列 P をとって，$P^{-1}AP = \begin{pmatrix} \lambda_1 & & 0 \\ & \ddots & \\ 0 & & \lambda_n \end{pmatrix}$ の形にできるか．

基底変換についてもう一度考える

A を n 次の正方行列とする．第 20 講の (★) で示したように，適当な n 次の正則行列 P と Q をとると

$$P^{-1}AQ = \left(\begin{array}{ccc:c} 1 & & 0 & \\ & \ddots & & 0 \\ 0 & & 1 & \\ \hdashline & 0 & \cdots & 0 \end{array}\right)$$

の形となる．

たとえば，2 次の行列の場合 A が角 θ の回転を表わす行列

$$A = \begin{pmatrix} \cos\theta & -\sin\theta \\ \sin\theta & \cos\theta \end{pmatrix}$$

のとき，$Q = E_n$，P^{-1} は A の逆行列 (角 $-\theta$ の回転！)

$$P^{-1} = \begin{pmatrix} \cos\theta & \sin\theta \\ -\sin\theta & \cos\theta \end{pmatrix}$$

をとると $P^{-1}A = \begin{pmatrix} 1 & 0 \\ 0 & 1 \end{pmatrix}$ となる．

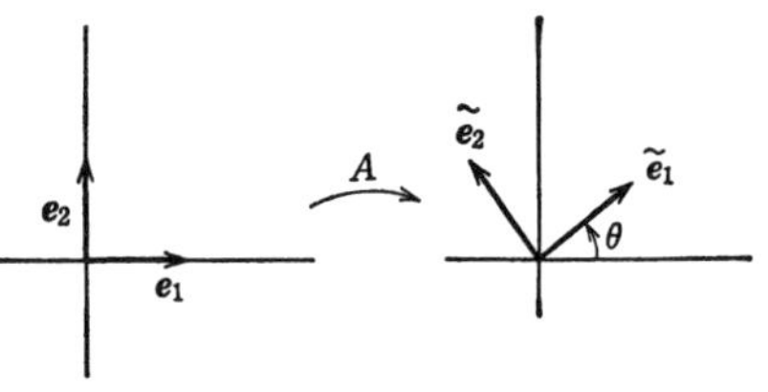

図 45

基底変換の立場からいえば，当り前のことを，単に大げさにいっているように

なるが，図 45 のように，標準基底 $\boldsymbol{e}_1$，$\boldsymbol{e}_2$ を，角 θ だけ回転したものを新しい基底 $\tilde{\boldsymbol{e}}_1$，$\tilde{\boldsymbol{e}}_2$ にとっておくと，この基底変換の行列がちょうど $P(=A)$ となる．そのとき，A を $\boldsymbol{R}^n$ から $\boldsymbol{R}^n$ への写像と考えて，基底 $\{\boldsymbol{e}_1, \boldsymbol{e}_2\}$ と $\{\tilde{\boldsymbol{e}}_1, \tilde{\boldsymbol{e}}_2\}$ に関して新しく，この写像を行列で表わすと

$$\begin{pmatrix} 1 & 0 \\ 0 & 1 \end{pmatrix}$$

となるということである．

次に 3 次の行列

$$A = \begin{pmatrix} 0 & 1 & 0 \\ 0 & 0 & 1 \\ 0 & 0 & 0 \end{pmatrix}$$

が，(★) により

$$P^{-1}AQ = \begin{pmatrix} 1 & 0 & 0 \\ 0 & 1 & 0 \\ 0 & 0 & 0 \end{pmatrix}$$

となる状況をもう少し詳しくみてみよう．A によって標準基底は

$$\boldsymbol{e}_1 \to 0, \quad \boldsymbol{e}_2 \to \boldsymbol{e}_1, \quad \boldsymbol{e}_3 \to \boldsymbol{e}_2$$

へと移される．

このときは，基底変換の行列 Q によって，$\boldsymbol{R}^3$ の標準基底を

$$\boldsymbol{e}_1 \to \tilde{\boldsymbol{e}}_1 = \boldsymbol{e}_2, \quad \boldsymbol{e}_2 \to \tilde{\boldsymbol{e}}_2 = \boldsymbol{e}_3, \quad \boldsymbol{e}_3 \to \tilde{\boldsymbol{e}}_3 = \boldsymbol{e}_1$$

へとかえる．P としては単位行列をとる．このとき

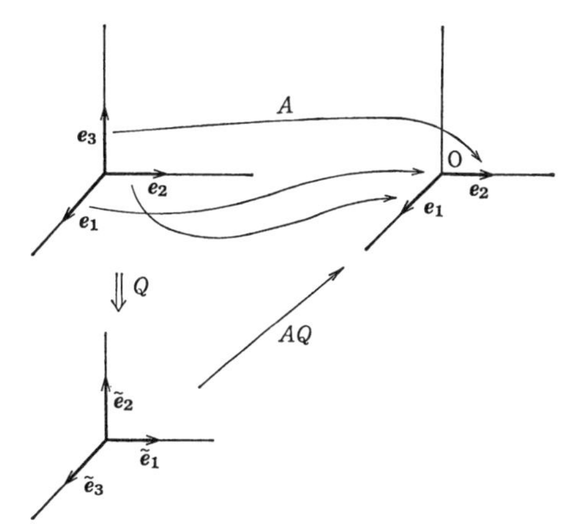

図 46

$$AQ = \begin{pmatrix} 1 & 0 & 0 \\ 0 & 1 & 0 \\ 0 & 0 & 0 \end{pmatrix}$$

となる (図 46).

新しい問題設定

図 46 で見てもわかるように，(★) を理解するためには，$\boldsymbol{R}^n \xrightarrow{A} \boldsymbol{R}^n$ となる $\boldsymbol{R}^n$ を別々に 2 つとってそれぞれの空間で基底をとり換えるというように考えなくてはならない．実際の問題では，$\boldsymbol{R}^n$ をこのように，2 つの空間に分けて考えることは少ないのである．そうすると，正方行列 A が与えられたとき，$\boldsymbol{R}^n$ の基底を適当に 1 つとることにより，A はどのように簡単な形で表わすことができるかということが問題となってくる (第 20 講 Tea Time 参照)．この基底変換の行列を P とすると，問題は次のように定式化される．

> A が与えられたとき，適当に正則行列 P をとることにより
>
> $$P^{-1}AP$$
>
> を，できるだけ簡単な形に表わせ．

問題の検討

この問題設定で，“できるだけ簡単な形”とは，どんなものを考えたらよいのだろうか．まず，(★) を見ると，この場合でも，やはり適当に P をとると

$$P^{-1}AP = \left(\begin{array}{ccc:c} 1 & & 0 & \\ & \ddots & & 0 \\ 0 & & 1 & \\ \hdashline & 0 & & 0 \end{array}\right) \qquad (\,?\,)$$

となるのではないかと予想したくなる．

しかしこの予想 (?) は成り立たない．なぜなら，このことが正しいとすると，A が正則行列のとき，適当な正則行列 P をとると ($\mathrm{rank}\,A = n$ だから)

$$P^{-1}AP = \begin{pmatrix} 1 & & 0 \\ & \ddots & \\ 0 & & 1 \end{pmatrix} = E_n$$

とならなくてはならない．そうするとまず両辺に左から P をかけて $AP = P$．次に両辺に右から P^{-1} をかけて

$$A = E_n$$

となり，A が任意の正則行列であったことに反するからである．

また，上に述べた

$$A = \begin{pmatrix} 0 & 1 & 0 \\ 0 & 0 & 1 \\ 0 & 0 & 0 \end{pmatrix}$$

の場合も，(？) が成り立つとするとおかしなことになる．なぜなら，容易にわかるように，$A^3 = 0$ であるが，もし

$$P^{-1}AP = \left(\begin{array}{cc:c} 1 & 0 & 0 \\ 0 & 1 & 0 \\ \hdashline 0 & 0 & 0 \end{array}\right)$$

とすると，一方では $P^{-1}A^3P = 0$ なのに，他方で

$$\begin{aligned} P^{-1}A^3P &= \left(P^{-1}AP\right)\left(P^{-1}AP\right)\left(P^{-1}AP\right) \\ &= \left(\begin{array}{cc:c} 1 & 0 & 0 \\ 0 & 1 & 0 \\ \hdashline 0 & 0 & 0 \end{array}\right) \quad \text{(この計算は容易にできる)} \end{aligned}$$

となり，矛盾が導かれるからである．

したがって，(？) は放棄しなくてはならない．私たちは改めて次のような“簡単な形”を考えたい．

> A が与えられたとき，適当に正則行列 P をとることにより
>
> $$P^{-1}AP = \begin{pmatrix} \lambda_1 & & & \\ & \lambda_2 & & \text{\huge 0} \\ & & \ddots & \\ \text{\huge 0} & & & \lambda_n \end{pmatrix}$$
>
> と表わせる．ここで $\lambda_1, \ldots, \lambda_n$ は適当な実数である．

この問題の検討

実は，このように問題を設定しても，任意の行列 A に対して，一般にはこのような P を見出すことはできない．

なぜかというと，上の問題が肯定的に解けたとすると，P で基底変換をした最初の基底を $\tilde{\boldsymbol{e}}_1$ とすると，

$$A\tilde{\boldsymbol{e}}_1 = \lambda_1 \tilde{\boldsymbol{e}}_1$$

が成り立たなくてはならない．すなわち，$\tilde{\boldsymbol{e}}_1\ (\neq 0)$ というベクトルは，A によって λ_1 倍される．しかしたとえば角 θ の回転

$$A = \begin{pmatrix} \cos\theta & -\sin\theta \\ \sin\theta & \cos\theta \end{pmatrix}$$

は，任意のベクトルを，θ だけ回転してしまうのだから，このような $\tilde{\boldsymbol{e}}_1$ は存在しえないからである．

またこの問題を一般的に取り扱うためには，考える数の範囲を，実数から複素数まで広げなければならないことも知られている．

しかし，それにもかかわらず，この問題が成り立つときはどのようなときか，また，$\lambda_1, \ldots, \lambda_n$ および基底変換の行列 P は，どのように求めるかは，重要な問題である．これについては，次講以下でさらに論ずることにしよう．

この問題は，数学のいろいろの局面で遭遇するのであって，固有値問題とよばれている．実は，固有値問題を足がかりとして，線形代数は，一層広い現代数学の世界——関数空間の理論——へと進む契機を得たのである．

問 1　$A \neq 0$ が，ある自然数 k で $A^k = 0$ を満たすときには，

$$P^{-1}AP = \begin{pmatrix} \lambda_1 & & & \\ & \lambda_2 & & 0 \\ & & \ddots & \\ 0 & & & \lambda_n \end{pmatrix}$$

となるような正則行列 P は存在しないことを示せ．

Tea Time

質問　関数空間とはどんなものですか．またそれがどうして線形代数の展開する方向となるのですか．

答　いま，数直線上の閉区間 [0, 1] 上で定義された連続関数全体の集り C を考

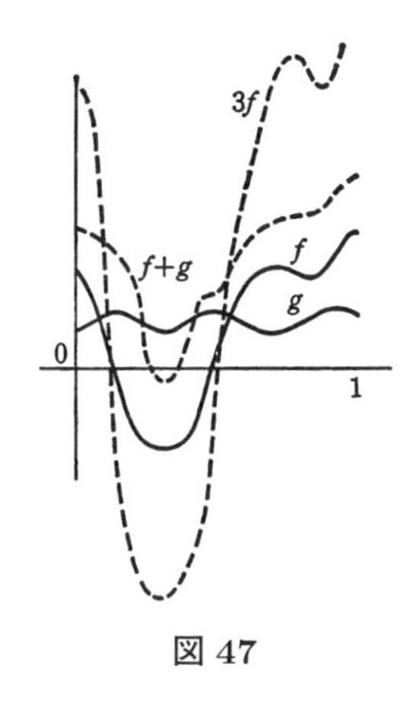

図 47

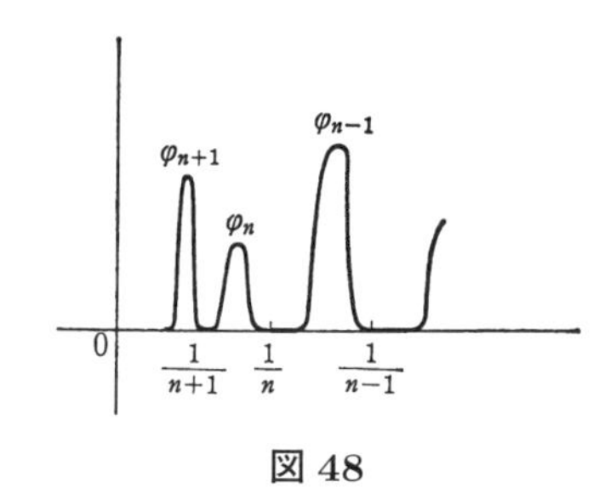

図 48

えてみよう．2つの連続関数 f と g をとると，和 $f+g$ も連続関数となり，また連続関数 f に実数 α をかけることもできる．したがって C には，和とスカラー積の演算が定義され，これらは，演算の基本規則❶〜❽を満たす．

このようにして，C はベクトル空間となるが，この C は有限次元ではない．たとえば，$\left(\frac{1}{n+1}, \frac{1}{n}\right)$ 上で正の値をとるが，それ以外では0となる関数 $\varphi_n(x)$ をとると，

$$\alpha_1\varphi_1(x) + \alpha_2\varphi_2(x) + \cdots + \alpha_n\varphi_n(x) = 0$$

から，常に $\alpha_1 = \alpha_2 = \cdots = \alpha_n = 0$ となり，$\{\varphi_1, \varphi_2, \ldots, \varphi_n\}$ は1次独立となる．n はどんなに大きくとることもできるのだから，C は有限次元ではない．

$f \in C$ に対して，連続関数

$$F(x) = \int_0^x f(t)dt \quad (0 \leqq x \leqq 1)$$

を対応させる写像を T とすると

$$T(f+g) = T(f) + T(g), \quad T(\alpha f) = \alpha T(f)$$

が成り立つ．T はしたがって，C から C への線形写像となる．

このように，C は有限次元のベクトル空間ではないが，積分のようなごく基本的な演算が，線形写像となっている．もしこのような空間にも，ここで述べてきた線形写像のいろいろな考えが拡張されて論ぜられるようになれば，広い応用をもつに違いないと予想されるだろう．このような方向が，関数空間の理論というものを形づくっている．

第 27 講

固有値と固有ベクトル

テーマ

- ◆ 固有値問題の提起
- ◆ 固有値と固有ベクトル
- ◆ 固有値と行列式
- ◆ 固有多項式：固有方程式の解が固有値である.

固有値問題

前講で述べたことを再記し，これを固有値問題という.

[固有値問題]

与えられた n 次の正方行列 A が，どのような条件を満たすとき，適当な正則行列 P をとって

$$P^{-1}AP = \begin{pmatrix} \lambda_1 & & & 0 \\ & \lambda_2 & & \\ & & \ddots & \\ 0 & & & \lambda_n \end{pmatrix} \tag{1}$$

の形にできるか．またこのとき，$\lambda_1, \ldots, \lambda_n, P$ はどのようにして求められるか.

これが成り立つとき，A は P によって対角化されるという.

いま (1) 式を満たすような正則行列 P が存在したとしよう．P は $\boldsymbol{R}^n$ の基底変換を与える行列と考えてよい．P によって，$\boldsymbol{R}^n$ の標準基底 $\boldsymbol{e}_1, \boldsymbol{e}_2, \ldots, \boldsymbol{e}_n$ が，新しい基底 $\tilde{\boldsymbol{e}}_1, \tilde{\boldsymbol{e}}_2, \ldots, \tilde{\boldsymbol{e}}_n$ に移されたとしよう．この新しい基底に関して，行列 A が (1) 式の右辺の形にかき直されたということは，A を $\boldsymbol{R}^n$ から $\boldsymbol{R}^n$ への線形写像と見たとき，

$$A\tilde{\boldsymbol{e}}_1 = \lambda_1\tilde{\boldsymbol{e}}_1, \quad A\tilde{\boldsymbol{e}}_2 = \lambda_2\tilde{\boldsymbol{e}}_2, \quad \ldots, \quad A\tilde{\boldsymbol{e}}_n = \lambda_n\tilde{\boldsymbol{e}}_n \tag{2}$$

が成り立つということである.

すなわち，$\tilde{\boldsymbol{e}}_1, \tilde{\boldsymbol{e}}_2, \ldots, \tilde{\boldsymbol{e}}_n$ は，A によって，同じ方向に何倍かされるベクトルである．この倍率 $\lambda_1, \lambda_2, \ldots, \lambda_n$ が，(1) 式の右辺の行列の対角線に並んでいる．

逆に 1 次独立な n 個のベクトル $\tilde{\boldsymbol{e}}_1, \tilde{\boldsymbol{e}}_2, \ldots, \tilde{\boldsymbol{e}}_n$ で，適当な $\lambda_1, \lambda_2, \ldots, \lambda_n$ をとったとき，(2) 式が成り立つようなものがあれば，P として基底変換 $\{\boldsymbol{e}_1, \boldsymbol{e}_2, \ldots, \boldsymbol{e}_n\} \to \{\tilde{\boldsymbol{e}}_1, \tilde{\boldsymbol{e}}_2, \ldots, \tilde{\boldsymbol{e}}_n\}$ を与える行列をとると (1) 式が成り立つ．

したがって，次の同値性が示された．

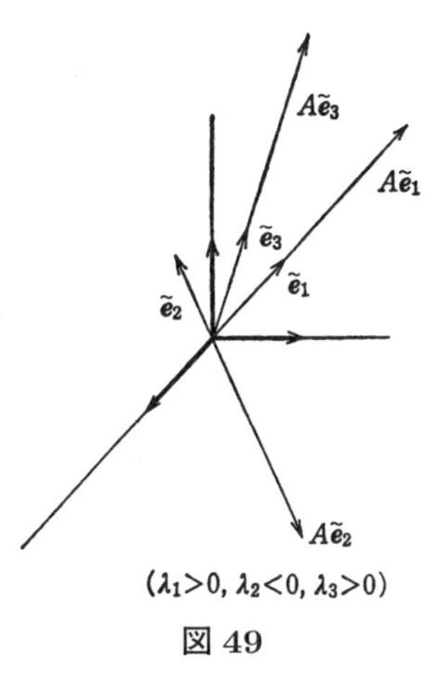

図 49

(1) 式が成り立つ $\Longleftrightarrow$ $A\boldsymbol{x} = \lambda \boldsymbol{x}$ (λ はある実数) を満たすベクトルで n 個の 1 次独立なものが存在する．

固有値と固有ベクトル

基底ベクトルの候補として採用したい $A\boldsymbol{x} = \lambda \boldsymbol{x}$ を満たすベクトル $\boldsymbol{x}$ は，もちろん $\boldsymbol{x} \neq 0$ を満たすものである．

そこで次の基本的な定義をおく．

【定義】 $\mathbf{0}$ でないベクトル $\boldsymbol{x}$ があって

$$A\boldsymbol{x} = \lambda \boldsymbol{x} \tag{3}$$

という関係が成り立つとき，λ を (A の) 固有値という．固有値 λ に対し，(3) 式を満たす $\mathbf{0}$ でないベクトル $\boldsymbol{x}$ を，λ に属する固有ベクトルという．

この言葉を使えば，前に述べたことは

(1) 式が成り立つ $\Longleftrightarrow$ n 個の 1 次独立な固有ベクトルが存在する

となる．

固有値と行列式

実際 (1) 式が成り立つかどうかは，基底ベクトルをいかにとるかにかかっているのだが，いまわかったように求めたい基底ベクトルは，あるとすれば，それは，固有ベクトルとなっていなくてはならない．

しかし，行列 A が与えられたとき，まず求められるのは，固有ベクトルではなくて，A の固有値の方である．

実数 λ が A の固有値とは，$\mathbf{0}$ でないベクトル $\boldsymbol{x}$ で

$$A\boldsymbol{x} = \lambda\boldsymbol{x} \tag{4}$$

を満たすものがあることである．n 次の単位行列 $E = E_n$ を用いて右辺を $\lambda E\boldsymbol{x}$ とかき，右辺を左辺へ移項して整理すると，(4) 式は

$$(\lambda E - A)\boldsymbol{x} = \mathbf{0} \tag{5}$$

となる．

$$A = \begin{pmatrix} a_{11} & a_{12} & \cdots & a_{1n} \\ a_{21} & a_{22} & \cdots & a_{2n} \\ & \cdots\cdots\cdots & & \\ a_{n1} & a_{n2} & \cdots & a_{nn} \end{pmatrix}, \quad \boldsymbol{x} = \begin{pmatrix} x_1 \\ x_2 \\ \vdots \\ x_n \end{pmatrix}$$

とおくと，(5) 式は見なれた連立方程式

$$(*) \quad \begin{cases} (\lambda - a_{11})x_1 - a_{12}x_2 - \cdots - a_{1n}x_n = 0 \\ -a_{21}x_1 + (\lambda - a_{22})x_2 - \cdots - a_{2n}x_n = 0 \\ \qquad\qquad \cdots\cdots\cdots \\ -a_{n1}x_1 - a_{n2}x_2 - \cdots + (\lambda - a_{nn})x_n = 0 \end{cases}$$

の形となる．第 25 講，Tea Time で注意したように，$(*)$ が，$x_1 = x_2 = \cdots = x_n = 0$ 以外の解をもつための必要かつ十分な条件は，この係数のつくる行列式が 0，すなわち

$$\det(\lambda E - A) = 0$$

となることである．

このようにして，固有値を求める問題に，行列式が登場してくることになった．

固有多項式

【**定義**】 $\det(\lambda E - A)$ を λ の多項式と見て，A の固有多項式という．

A の固有多項式を，ここでは，$F_A(\lambda)$ と書こう．

【**例 1**】 $A = \begin{pmatrix} 2 & 3 \\ 1 & -1 \end{pmatrix}$ の固有多項式は

$$F_A(\lambda) = \begin{vmatrix} \lambda - 2 & -3 \\ -1 & \lambda + 1 \end{vmatrix} = (\lambda - 2)(\lambda + 1) - 3 = (\lambda^2 - \lambda - 2) - 3 = \lambda^2 - \lambda - 5$$

【**例 2**】 $A = \begin{pmatrix} 1 & -1 & 0 \\ 0 & 2 & 4 \\ 3 & 1 & -2 \end{pmatrix}$ の固有多項式は

$$F_A(\lambda) = \begin{vmatrix} \lambda - 1 & 1 & 0 \\ 0 & \lambda - 2 & -4 \\ -3 & -1 & \lambda + 2 \end{vmatrix} = \lambda^3 - \lambda^2 - 8\lambda + 20$$

前に述べたことは，次のようにいうこともできる．

λ が A の固有値 $\Longleftrightarrow$ λ が $F_A(\lambda) = 0$ を満たす

例 1 では A の固有値は $\lambda^2 - \lambda - 5 = 0$ の解

$$\lambda = \frac{1 + \sqrt{21}}{2}, \quad \lambda = \frac{1 - \sqrt{21}}{2}$$

で与えられる．例 2 では

$$\lambda^3 - \lambda^2 - 8\lambda + 20 = 0$$

の解が固有値となるが，3 次方程式の解の公式を知らないと，この解を明示するわけにはいかない．固有値を具体的に求めることは，一般には 3 次以上の行列に対しては難しいのである．さらに，この例の場合には，この 3 次方程式の解のうち，1 つは実解であるが，残りの 2 つは虚解である．この虚解を，どのように考えたらよいかということも，この段階はまだよくわからない問題となっている．

固有方程式

λ を未知数 x とおいて得られる方程式

$$F_A(x) = 0$$

を，A の固有方程式 (または特性方程式) という．

$$F_A(x) = \begin{vmatrix} x - a_{11} & -a_{12} & \cdots & -a_{1n} \\ -a_{21} & x - a_{22} & \cdots & -a_{2n} \\ & \cdots & & \cdots \\ -a_{n1} & -a_{n2} & \cdots & x - a_{nn} \end{vmatrix} = 0$$

より，$F_A(x) = 0$ は，n 次の方程式で

$$F_A(x) = x^n + c_1 x^{n-1} + c_2 x^{n-2} + \cdots + c_n = 0$$

ここで

$$c_1 = -(a_{11} + a_{22} + \cdots + a_{nn}), \quad c_n = (-1)^n \det A$$

となることが知られている (演習問題として，確かめてみることもできる).

A の固有方程式の解が，A の固有値を与えるのであるが，たとえ n が 2 のときでも，$F_A(x) = 0$ の解は虚解となることがある．

たとえば，角の回転を表わす行列

$$A = \begin{pmatrix} \cos\theta & -\sin\theta \\ \sin\theta & \cos\theta \end{pmatrix}$$

の固有方程式は

$$\begin{vmatrix} x - \cos\theta & \sin\theta \\ -\sin\theta & x - \cos\theta \end{vmatrix} = (x - \cos\theta)^2 + \sin^2\theta = 0$$

となり，$\sin\theta = 0$ (すなわち $\theta = 0°$ または $180°$) でなければ，この方程式は実解をもたない．もちろんこのことが，角 θ $(\theta \neq 0°, \neq 180°)$ の回転は，固有ベクトルをもたないという，自明な結論を導くことになる．

固有値問題を一般的に取り扱うためには，$F_A(x) = 0$ の解がすべて求められるようなところまで，数の範囲を広げておく必要がある．固有方程式 $F_A(x) = 0$ の解は，一般には実数の中ですべてを求めるわけにはいかないが，数の範囲を実数から複素数へと広げておくと，複素数の中では，すべての解を求めることができる．いわば，方程式論は，複素数の中ではじめて透明になる．

一方，線形写像の理論も，固有値問題を通して，固有方程式と密接に関係するようになってきた．したがって，線形写像の理論も，今までの実数から，複素数へと枠組を広げておいた方が一層見通しよくなる点があるのではないかと予想される．

固有値問題については，少なくとも，この予想は正しい．このようにして，複素数上のベクトル空間，複素数上のベクトル空間の上の線形写像の理論が用意され，展開してくることになる．その理論の実質は，固有値問題に達するまでは，いままでとほとんど平行に論じ，進めていくことができる．

固有値問題に至って，はじめて，実ベクトル空間の観点と，複素ベクトル空間の観点の相違が現われる．その違いは，前に述べたように，$F_A(x)=0$ の解——A の固有値となるべきもの——が，実数の中では，とらえきれないからである．

しかし，この講義の中で，複素ベクトル空間まで論ずることは，はじめから，考えてはいなかった．したがって固有値問題の一般論をこれ以上論ずるわけにはいかない．

次節で，$F_A(x)=0$ の解が，すべて実数のときに限って，$\boldsymbol{R}^2$，$\boldsymbol{R}^3$ 上の線形写像の固有値問題の考え方を述べるにとどめる．

Tea Time

質問　複素数の範囲まで広げて考えておくと，固有方程式 $F_A(x)=0$ の解はすべて固有値と考えることができるのでしょうか．しかし，回転のときなど，どのベクトルも回っていますからどこにも固有ベクトルなどないように思います．

答　複素数まで考える範囲を広げておくと，$F_A(x)=0$ の解 λ は，すべて固有値となり，したがって $A\boldsymbol{x}=\lambda\boldsymbol{x}$ となるベクトル $\boldsymbol{x}$ $(\neq 0)$ が存在することになる．回転のときに，そのようなベクトルがないように感ずるのは，実数の平面 $\boldsymbol{R}^2$ だけを見て，その感じを述べているからである．いま簡単のため，原点を中心として，90° だけ回転する回転を考えてみよう．この回転を表わす行列は

$$A=\begin{pmatrix}0 & -1\\ 1 & 0\end{pmatrix}$$

である．このとき固有方程式は

$$\begin{vmatrix}\lambda & 1\\ -1 & \lambda\end{vmatrix}=0 \quad \text{すなわち} \quad \lambda^2+1=0$$

となる．この解は，$\lambda=i$ と $\lambda=-i$ (i は虚数単位，$i^2=-1$) である．このとき

i に対応する固定ベクトルは $\begin{pmatrix} i \\ 1 \end{pmatrix}$ であり，$-i$ に対応する固有ベクトルは $\begin{pmatrix} -i \\ 1 \end{pmatrix}$ である．実際

$$\begin{pmatrix} 0 & -1 \\ 1 & 0 \end{pmatrix}\begin{pmatrix} i \\ 1 \end{pmatrix} = \begin{pmatrix} -1 \\ i \end{pmatrix} \text{ は } i\begin{pmatrix} i \\ 1 \end{pmatrix} \text{ に等しく，}$$

$$\begin{pmatrix} 0 & -1 \\ 1 & 0 \end{pmatrix}\begin{pmatrix} -i \\ 1 \end{pmatrix} = \begin{pmatrix} -1 \\ -i \end{pmatrix} \text{ は } -i\begin{pmatrix} -i \\ 1 \end{pmatrix} \text{ に等しい．}$$

したがって，$90°$ の回転も，複素数まで広げて考えれば，回転によって i 倍，または $-i$ 倍しかされないベクトルが現われてくることになる．だが，注意することは i 倍とか，$-i$ 倍といったことに，もはやふつうの意味での倍率といった考えは適用できないということである．複素数まで広げた線形代数の理論は，いわば数学の形式の中で完成した姿をとるのである．そしてそれはまた一方では，複素数を背景にして広く展開する，"複素数上の幾何学" とでもいうべきものの基礎を与えている．

第 28 講

固有値問題 (2 次の行列の場合)

テーマ

- ◆ 2 次の行列の固有方程式
- ◆ 異なる固有値をもつとき，常に対角化可能
- ◆ 1 つしか固有値をもたないときは，対角化される場合と，対角化されない場合がある．

ここで取り扱うのは $\boldsymbol{R}^2$ 上の線形写像の固有値問題，あるいは同じことであるが，2 次の行列の固有値問題である．

この場合でも，さらに特別な場合，すなわち行列 A の固有方程式 $F_A(x)=0$ の解が，すべて実数のときだけ考える．

異なる固有値をもつ場合

2 次の行列 $A=\begin{pmatrix} a & b \\ c & d \end{pmatrix}$ の固有方程式

$$F_A(x)=\begin{vmatrix} x-a & -b \\ -c & x-d \end{vmatrix}=(x-a)(x-d)-bc$$

が，2 つの相異なる実解 λ, μ をもつときを考える．

すなわち，$F_A(x)=(x-\lambda)(x-\mu)$ と因数分解されているときを考える．

このとき

> λ に属する固有ベクトル $\tilde{\boldsymbol{e}}_\lambda$，$\mu$ に属する固有ベクトル $\tilde{\boldsymbol{e}}_\mu$ は互いに 1 次独立である．

【証明】 $\tilde{\boldsymbol{e}}_\lambda, \tilde{\boldsymbol{e}}_\mu$ が 1 次独立でないと仮定して矛盾がでることをみよう．このとき，$\tilde{\boldsymbol{e}}_\lambda, \tilde{\boldsymbol{e}}_\mu$ は 1 次従属となるから，必要ならば，λ と μ をとり換えることにより，

$$\tilde{\boldsymbol{e}}_\mu=\alpha\tilde{\boldsymbol{e}}_\lambda \tag{1}$$

と表わされると仮定してよい．この両辺に A を適用すると

$$A\tilde{\boldsymbol{e}}_\mu = \alpha A\tilde{\boldsymbol{e}}_\mu, \quad \text{すなわち} \quad \mu\tilde{\boldsymbol{e}}_\mu = \alpha\lambda\tilde{\boldsymbol{e}}_\lambda \tag{2}$$

また (1) 式の両辺に λ をかけて

$$\lambda\tilde{\boldsymbol{e}}_\mu = \alpha\lambda\tilde{\boldsymbol{e}}_\lambda \tag{3}$$

(3) 式から (2) 式を引いて $(\lambda-\mu)\tilde{\boldsymbol{e}}_\mu = 0$．$\tilde{\boldsymbol{e}}_\mu \neq 0$ だから，これから $\lambda=\mu$ が得られて矛盾が生じた． ∎

λ, μ は，A の固有値だから，それぞれに属する固有ベクトル $\tilde{\boldsymbol{e}}_\lambda, \tilde{\boldsymbol{e}}_\mu$ は少なくとも 1 つは存在する．いま証明したことから，$\{\tilde{\boldsymbol{e}}_\lambda, \tilde{\boldsymbol{e}}_\mu\}$ は，$\boldsymbol{R}^2$ の 1 つの基底となる．

$$A\tilde{\boldsymbol{e}}_\lambda = \lambda\tilde{\boldsymbol{e}}_\lambda, \quad A\tilde{\boldsymbol{e}}_\mu = \mu\tilde{\boldsymbol{e}}_\mu$$

だから，標準基底 $\{\boldsymbol{e}_1, \boldsymbol{e}_2\}$ を，基底 $\{\tilde{\boldsymbol{e}}_\lambda, \tilde{\boldsymbol{e}}_\mu\}$ に変換し，この基底変換の行列を P とすると

$$P^{-1}AP = \begin{pmatrix} \lambda & 0 \\ 0 & \mu \end{pmatrix}$$

となる．すなわち，この場合 A は P によって対角化される：

> A が相異なる 2 つの固有値をもつときには，A は対角化可能である．

【例】 $A = \begin{pmatrix} 2 & 4 \\ 1 & -1 \end{pmatrix}$

$$F_A(x) = \begin{vmatrix} x-2 & -4 \\ -1 & x+1 \end{vmatrix} = (x-2)(x+1)-4 = x^2-x-6 = (x+2)(x-3).$$

したがって A の固有値は，$\lambda=-2$，$\mu=3$ である．

$\lambda=-2$ に属する固有ベクトル $\tilde{\boldsymbol{e}}_\lambda$ を求めるには

$$A\tilde{\boldsymbol{e}}_\lambda = -2\tilde{\boldsymbol{e}}_\lambda$$

すなわち，連立方程式

$$\begin{cases} 2x_1 + 4x_2 = -2x_1 \\ \ \ x_1 - \ \ x_2 = -2x_2 \end{cases}$$

を解いて，$x_1 = x_2 = 0$ 以外の解を 1 つとるとよい．この連立方程式は，$x_1+x_2=0$ という関係と同値だから，

$$\tilde{e}_\lambda = \begin{pmatrix} 1 \\ -1 \end{pmatrix}$$

が得られる．

$\mu=3$ に属する固有ベクトル $\tilde{e}_\mu$ は

$$\begin{cases}2x_1+4x_2=3x_1\\ \ \ x_1-\ \ x_2=3x_2\end{cases}$$

を解いて，$x_1=x_2=0$ 以外の解を 1 つとることにより得られる．この連立方程式は，$x_1-4x_2=0$ と同値だから，

$$\tilde{\boldsymbol{e}}_\mu=\begin{pmatrix}4\\1\end{pmatrix}$$

とおくことができる．

したがって，基底変換 $\{\boldsymbol{e}_1,\boldsymbol{e}_2\}\to\{\tilde{\boldsymbol{e}}_\lambda,\tilde{\boldsymbol{e}}_\mu\}$ を与える行列 P は

$$P=\begin{pmatrix}1&4\\-1&1\end{pmatrix}$$

となり，

$$P^{-1}AP=\begin{pmatrix}-2&0\\0&3\end{pmatrix}\qquad(4)$$

となる (図 50).

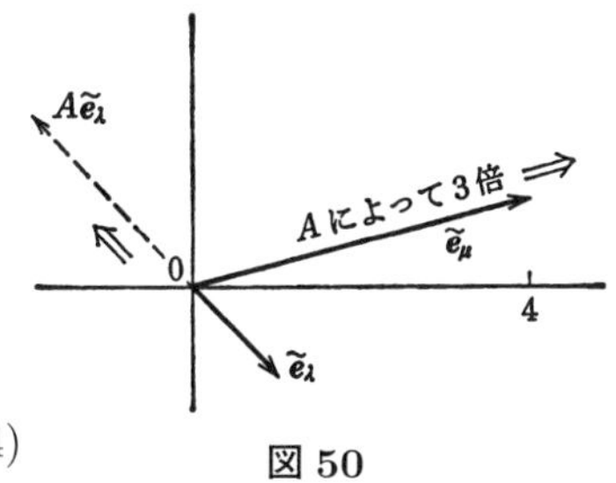

図 50

したがって，写像 A は，$\{\tilde{\boldsymbol{e}}_\lambda,\tilde{\boldsymbol{e}}_\mu\}$ で作る斜交座標系の基本平行四辺形を，$\{-2\tilde{\boldsymbol{e}}_\lambda,3\tilde{\boldsymbol{e}}_\mu\}$ で作る斜交座標系の基本平行四辺形へと移している (図 51).

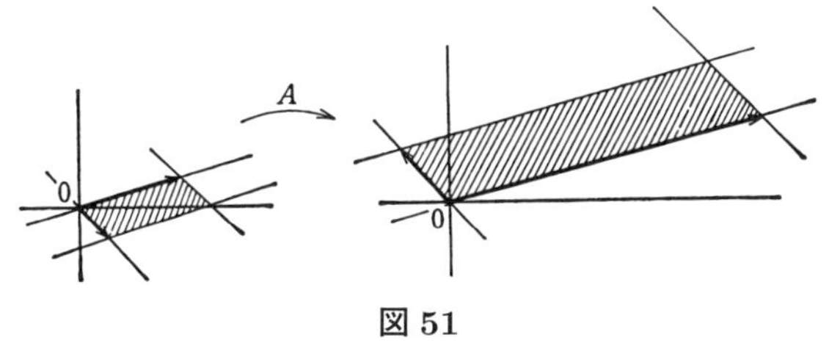

図 51

なお，この例を通して，1 つ注意をつけ加えておこう．いま基底変換の行列として

$$P=\begin{pmatrix}1&4\\-1&1\end{pmatrix}$$

をとったが，この P のとり方は一意的ではない．なぜかというと $\alpha\neq0$，$\beta\neq0$ のとき

$$\alpha\tilde{\boldsymbol{e}}_2=\begin{pmatrix}\alpha\\-\alpha\end{pmatrix},\quad \beta\tilde{\boldsymbol{e}}_\mu=\begin{pmatrix}4\beta\\\beta\end{pmatrix}$$

も，それぞれ，固有値 $\lambda = 2$，$\mu = 3$ に属する固有ベクトルであり，したがって P として，行列

$$\begin{pmatrix} \alpha & 4\beta \\ -\alpha & \beta \end{pmatrix}$$

をとっても，やはり (4) 式は成り立つからである．

固有値が 1 つの場合

たとえば

$$A = \begin{pmatrix} 4 & -1 \\ 1 & 2 \end{pmatrix}$$

の場合を考えると，

$$F_A(x) = \begin{vmatrix} x-4 & 1 \\ -1 & x-2 \end{vmatrix} = x^2 - 6x + 9 = (x-3)^2$$

となり，$F_A(x) = 0$ の解は重解 $x = 3$ となり，固定値は，$\lambda = 3$ しか現われない．

このとき，固有ベクトルを求めてみよう．連立方程式

$$\begin{cases} 4x_1 - x_2 = 3x_1 \\ x_1 + 2x_2 = 3x_2 \end{cases}$$

は，$x_1 - x_2 = 0$ という関係と同値であって，したがって固有ベクトルは

$$\tilde{\boldsymbol{e}} = \begin{pmatrix} 1 \\ 1 \end{pmatrix}$$

一般には，$\alpha\tilde{\boldsymbol{e}}$ $(\alpha \neq 0)$ の形のものしかない．

したがって，この場合，2 つの 1 次独立な固有ベクトルは存在しないから，A は対角化不可能である．

一般の場合を考えてみよう．もし，A がただ 1 つの固有値 λ しかもたないとき，($F_A(x) = (x-\lambda)^2$ となるとき)，A が対角化されたとすると，適当な正則行列 P をとると

$$P^{-1}AP = \begin{pmatrix} \lambda & 0 \\ 0 & \lambda \end{pmatrix}$$

とならなくてはならない．この両辺の左から P，右から P^{-1} をかけてみると

$$A = P\begin{pmatrix} \lambda & 0 \\ 0 & \lambda \end{pmatrix}P^{-1} = \lambda P E_2 P^{-1} = \lambda E_2 = \begin{pmatrix} \lambda & 0 \\ 0 & \lambda \end{pmatrix}$$

となる．したがって，実際は次の結果が成り立つわけである．

> $F_A(x)=0$ が重解 λ をもつとき，A が対角化されるのは，A がすでに対角化された形になっている場合に限る．

問 1　次の行列を対角化せよ．またこのとき，基底変換の行列 P を求めよ．

1) $\begin{pmatrix} 8 & -7 \\ 3 & -2 \end{pmatrix}$,　2) $\begin{pmatrix} -3 & 5 \\ 23 & 15 \end{pmatrix}$

問 2　次の行列は，対角化可能かどうか調べよ．

1) $\begin{pmatrix} 5 & -2 \\ 2 & 1 \end{pmatrix}$,　2) $\begin{pmatrix} 5 & 6 \\ 10 & 8 \end{pmatrix}$

Tea Time

2 次の場合の複素行列

複素数とは $a+ib$ ($i^2=-1; a,b$ は実数) と表わされる数のことである．もっとも，実数だけで考えていると，2 乗して -1 となる数はどこにあるかと聞かれるかもしれない．この問いに答えるためには，実数を数直線で表わしたように，複素数をガウス平面上の点として表わすのがふつうであるが，複素数を行列によって表わしておくこともできる．それは

$$I=\begin{pmatrix} 0 & -1 \\ 1 & 0 \end{pmatrix}$$

という行列の“2 乗”I^2 を計算すると

$$I^2=\begin{pmatrix} -1 & 0 \\ 0 & -1 \end{pmatrix}=-E$$

になることに注意すると

$$a+ib \longleftrightarrow aE+bI=\begin{pmatrix} a & 0 \\ 0 & a \end{pmatrix}+\begin{pmatrix} 0 & -b \\ b & 0 \end{pmatrix}=\begin{pmatrix} a & -b \\ b & a \end{pmatrix}$$

と対応させることができるからである．このとき複素数の演算規則は，右辺では行列の演算規則に対応していることが確かめられる．

さて，いずれにしても，複素数を認めた上で，複素数上の 2 次の行列とは，た

とえば

$$\begin{pmatrix} 2+i & 3-4j \\ 5-\sqrt{2}i & 6i \end{pmatrix}$$

のような行列のことである．このような行列は，

$$z = \begin{pmatrix} z_1 \\ z_2 \end{pmatrix} \quad (z_1, z_2\text{は複素数})$$

と表わされる 2 次元複素数ベクトル空間 $\boldsymbol{C}^2$ 上の線形写像として働く．

このように複素行列まで考えておくと，特性方程式の解が実解の場合も，虚解の場合も考えられて，この講で述べたことは，次のようにまとめて述べることができる．

2 次の複素行列 A が，対角化可能となるための必要かつ十分な条件は，$F_A(x) = 0$ が異なる 2 つの解をもつか，あるいは，A がすでに

$$A = \begin{pmatrix} \lambda & 0 \\ 0 & \lambda \end{pmatrix}$$

と対角化されていることである．

第 29 講

固有値問題 (3 次の行列の場合 I)

テーマ

◆ 3 次の行列の場合
◆ 異なる 3 つの固有値をもつ場合は，固有ベクトルが 1 次独立となり，したがって対角化可能となる．
◆ 固有空間の導入

ここでは，3 次の行列 A の固有値問題を，$F_A(x)=0$ の解が，すべて実数となる場合に限って取り扱う．

異なる固有値をもつ場合

3 次の行列

$$A=\begin{pmatrix} a_{11} & a_{12} & a_{13} \\ a_{21} & a_{22} & a_{23} \\ a_{31} & a_{32} & a_{33} \end{pmatrix}$$

の固有方程式

$$F_A(x)=\begin{vmatrix} x-a_{11} & -a_{12} & -a_{13} \\ -a_{21} & x-a_{22} & -a_{23} \\ -a_{31} & -a_{32} & x-a_{33} \end{vmatrix}=0$$

が，3 つの相異なる実解 λ, μ, ν をもつ場合を考える．

すなわち，$F_A(x)=(x-\lambda)(x-\mu)(x-\nu)$ と因数分解されているときを考える．

このとき，前講と同様に

> λ, μ, ν に属する固有ベクトルを，それぞれ $\tilde{\boldsymbol{e}}_\lambda, \tilde{\boldsymbol{e}}_\mu, \tilde{\boldsymbol{e}}_\nu$ とすると，$\tilde{\boldsymbol{e}}_\lambda, \tilde{\boldsymbol{e}}_\mu, \tilde{\boldsymbol{e}}_\nu$ は互いに 1 次独立である．

が成り立つ．証明も同様にできるが，もう一度述べてみよう．

$\tilde{\boldsymbol{e}}_\lambda, \tilde{\boldsymbol{e}}_\mu, \tilde{\boldsymbol{e}}_\nu$ が 1 次独立でないとして矛盾のでることを見るとよい．いま

$$\tilde{\boldsymbol{e}}_\nu = \alpha\tilde{\boldsymbol{e}}_\lambda + \beta\tilde{\boldsymbol{e}}_\mu$$

という関係があったとする．この式の両辺に A を適用した式と，この式の両辺に ν をかけた式をつくると，$A\tilde{\boldsymbol{e}}_\nu = \nu\tilde{\boldsymbol{e}}_\nu$，$A\tilde{\boldsymbol{e}}_\lambda = \lambda\tilde{\boldsymbol{e}}_\lambda$，$A\tilde{\boldsymbol{e}}_\mu = \mu\tilde{\boldsymbol{e}}_\mu$ に注意して

$$\nu\tilde{\boldsymbol{e}}_\nu = \alpha\lambda\,\tilde{\boldsymbol{e}}_\lambda + \beta\mu\,\tilde{\boldsymbol{e}}_\mu$$

$$\nu\tilde{\boldsymbol{e}}_\nu = \alpha\nu\,\tilde{\boldsymbol{e}}_\lambda + \beta\nu\,\tilde{\boldsymbol{e}}_\mu$$

の 2 式が得られる．辺々引くと

$$0 = \alpha(\lambda-\nu)\tilde{\boldsymbol{e}}_\lambda + \beta(\mu-\nu)\tilde{\boldsymbol{e}}_\mu$$

となる．ここで $\tilde{\boldsymbol{e}}_\lambda, \tilde{\boldsymbol{e}}_\mu$ は，2 つの固有ベクトルで，$\lambda \neq \mu$ だから，前講とまったく同様にして 1 次独立のことがわかる．したがって，λ と μ, ν が相異なることに注意すると，$\alpha = \beta$ でなければならない．これは $\tilde{\boldsymbol{e}}_\nu \neq 0$ と仮定したことに反する．

このような結果が成り立つことを，もう少しわかりやすく説明しておこう．直観的に考えるには，$\lambda > 0$，$\mu > 0$，$\nu > 0$ の場合がよい．空間は，A によって，3 つの独立な方向 $\tilde{\boldsymbol{e}}_\lambda$，$\tilde{\boldsymbol{e}}_\mu$，$\tilde{\boldsymbol{e}}_\nu$ にそれぞれ λ 倍，μ 倍，ν 倍引き延ばされる．$\lambda \neq \mu$ だから，$\tilde{\boldsymbol{e}}_\lambda, \tilde{\boldsymbol{e}}_\mu$ のはる平面上の点は，$\tilde{\boldsymbol{e}}_\lambda$ 方向に λ だけ引っ張られ，$\tilde{\boldsymbol{e}}_\mu$ 方向に μ だけ引っ張られる．したがって図 52 ($\lambda < \mu$ のときを示してある) から明らかなように，この平面上にあって，$\tilde{\boldsymbol{e}}_\lambda$ 方向，$\tilde{\boldsymbol{e}}_\mu$ 方向に載っていないベクトルは必ず方向を変えてしまう．したがって，もう 1 つの固有ベクトル $\tilde{\boldsymbol{e}}_\nu$ は，もしこの平面上にあるとすれば，$\tilde{\boldsymbol{e}}_\lambda$ 方向にあるか，$\tilde{\boldsymbol{e}}_\mu$ 方向になくてはならない．しかしそうだとすると，$\tilde{\boldsymbol{e}}_\nu$ は λ 倍されるか，μ 倍かされてしまう．このことは $A\tilde{\boldsymbol{e}}_\nu = \nu\tilde{\boldsymbol{e}}_\nu$，$\nu \neq \lambda$，$\nu \neq \mu$ に反することになる．したがって，$\tilde{\boldsymbol{e}}_\nu$ の方向は，$\tilde{\boldsymbol{e}}_\lambda, \tilde{\boldsymbol{e}}_\mu$ のはる平面と独立な方向を向いていなくてはならない．

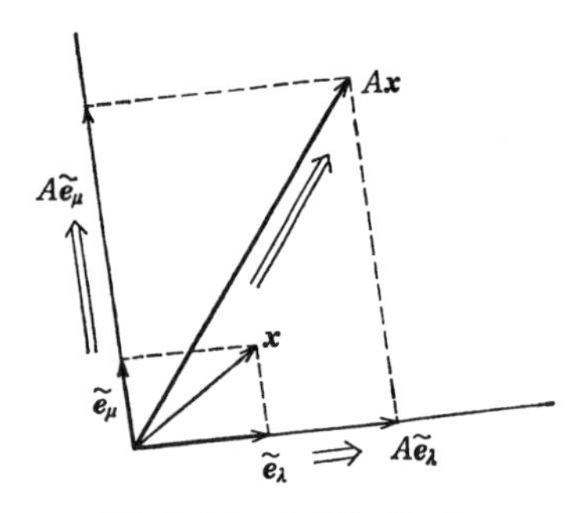

図 52

したがって $\{\tilde{\boldsymbol{e}}_\lambda, \tilde{\boldsymbol{e}}_\mu, \tilde{\boldsymbol{e}}_\nu\}$ は，$\boldsymbol{R}^3$ の新しい基底としてとることができる．標準基底 $\{\boldsymbol{e}_1, \boldsymbol{e}_2, \boldsymbol{e}_3\}$ から $\{\tilde{\boldsymbol{e}}_\lambda, \tilde{\boldsymbol{e}}_\mu, \tilde{\boldsymbol{e}}_\nu\}$ の基底変換の行列を P とすると，

$$P^{-1}AP = \begin{pmatrix} \lambda & 0 & 0 \\ 0 & \mu & 0 \\ 0 & 0 & \nu \end{pmatrix}$$

となる．したがってこの場合，A は P によって対角化可能となる．

A が相異なる 3 つの固有値をもつときには，A は対角化可能である．

例

$A = \begin{pmatrix} 1 & -1 & 4 \\ 3 & 2 & -1 \\ 2 & 1 & -1 \end{pmatrix}$ の対角化を考えてみよう．固有方程式は

$$F_A(x) = \begin{vmatrix} x-1 & 1 & -4 \\ -3 & x-2 & 1 \\ -2 & -1 & x+1 \end{vmatrix} = x^3 - 2x^2 - 5x + 6$$

$$= (x-1)(x+2)(x-3) = 0$$

である．したがって A の固有値は，相異なる 3 つの実数

$$\lambda = 1, \quad \mu = -2, \quad \nu = 3$$

で与えられる．上の結果から，これから直ちに，正則行列 P が存在して

$$P^{-1}AP = \begin{pmatrix} 1 & 0 & 0 \\ 0 & -2 & 0 \\ 0 & 0 & 3 \end{pmatrix} \tag{1}$$

となることが結論されるが，念のためこの P も求めておこう．P は，A の固有ベクトルを求めることによって得られる．

固有値 $\lambda = 1$ に対応する固有ベクトル $\tilde{\boldsymbol{e}}_1$ は，連立方程式

$$(*) \quad \begin{cases} x_1 - \ \ x_2 + 4x_3 = x_1 \\ 3x_1 + 2x_2 - \ \ x_3 = x_2 \\ 2x_1 + \ \ x_2 - \ \ x_3 = x_3 \end{cases} \text{の解により} \quad \tilde{\boldsymbol{e}}_1 = \begin{pmatrix} x_1 \\ x_2 \\ x_3 \end{pmatrix}$$

と表わされる．$(*)$ を解くと

$$x_1 = -x_3, \quad x_2 = 4x_3$$

が得られる．$x_3 = 1$ とおくと $x_1 = -1$，$x_2 = 4$ となり，固有値 1 に属する 1 つの固有ベクトル

$$\tilde{\boldsymbol{e}}_1 = \begin{pmatrix} -1 \\ 4 \\ 1 \end{pmatrix}$$

が得られた．同様にして，固有値 $-2, 3$ に属する固有ベクトルとして

$$\tilde{\boldsymbol{e}}_{-2} = \begin{pmatrix} -1 \\ 1 \\ 1 \end{pmatrix}, \quad \tilde{\boldsymbol{e}}_3 = \begin{pmatrix} 1 \\ 2 \\ 1 \end{pmatrix}$$

が得られる．したがって

$$P = \begin{pmatrix} -1 & -1 & 1 \\ 4 & 1 & 2 \\ 1 & 1 & 1 \end{pmatrix}$$

とおくと，(1) 式が成り立っている．

固 有 空 間

ここで固有空間の概念を導入しておこう．任意の n 次の正方行列 A の固有値 λ に対し

$$E(\lambda) = \{\boldsymbol{x} \mid A\boldsymbol{x} = \lambda\boldsymbol{x}\}$$

とおいて，固有値 λ に対する固有空間という．すなわち $E(\lambda)$ は，λ に属する固有ベクトル全体と，零ベクトルとからなる．

$E(\lambda)$ は $\boldsymbol{R}^n$ の部分空間となる．実際

$$\begin{aligned} \boldsymbol{x}, \boldsymbol{y} \in E(\lambda) &\Longrightarrow A\boldsymbol{x} = \lambda\boldsymbol{x}, \quad A\boldsymbol{y} = \lambda\boldsymbol{y} \\ &\Longrightarrow A(\alpha\boldsymbol{x} + \beta\boldsymbol{y}) = \alpha A\boldsymbol{x} + \beta A\boldsymbol{y} = \alpha\lambda\boldsymbol{x} + \beta\lambda\boldsymbol{y} = \lambda(\alpha\boldsymbol{x} + \beta\boldsymbol{y}) \\ &\Longrightarrow \alpha\boldsymbol{x} + \beta\boldsymbol{y} \in E(\lambda) \end{aligned}$$

したがって $E(\lambda)$ の次元 $\dim E(\lambda)$ を考えることができる．

上に述べた 3 次の行列の例では，固有値 $1, -2, 3$ に対する固有空間の次元はすべて 1 であって，$E(1)$ は $\tilde{\boldsymbol{e}}_1$ のスカラー倍，$E(-2)$ は $\tilde{\boldsymbol{e}}_2$ のスカラー倍，$E(3)$ は $\tilde{\boldsymbol{e}}_3$ のスカラー倍からなっている．これら 3 つの $\boldsymbol{R}^3$ の部分空間が，それぞれ独立な方向にあり，全体として $\boldsymbol{R}^3$ をはっていることを

$$\boldsymbol{R}^3 = E(1) \oplus E(-2) \oplus E(3)$$

と表わし，$\boldsymbol{R}^3$ の A の固有空間による分解という．

問 1　次の行列を対角化せよ．また固有空間を求めよ．

$$\begin{pmatrix} 1 & 0 & 1 \\ 0 & 1 & 1 \\ 1 & 1 & 0 \end{pmatrix}$$

Tea Time

A の巾（べき）を求めてみる

講義の中での例の中で示した結果

$$A = \begin{pmatrix} 1 & -1 & 4 \\ 3 & 2 & -1 \\ 2 & 1 & -1 \end{pmatrix} \Longrightarrow P^{-1}AP = \begin{pmatrix} 1 & 0 & 0 \\ 0 & -2 & 0 \\ 0 & 0 & 3 \end{pmatrix}$$

の応用例を述べておこう．一般に 3 次の行列に対して，$A^2, A^3, \ldots, A^k, \ldots$ のような巾を直接計算することは，手間がかかり，一般の A^k の形を知ることはほとんど不可能に近い．しかし，上の固有値による対角化を用いると，A^k の一般形を求めることができる．

$$\left(P^{-1}AP\right)^k = \begin{pmatrix} 1 & 0 & 0 \\ 0 & -2 & 0 \\ 0 & 0 & 3 \end{pmatrix}\begin{pmatrix} 1 & 0 & 0 \\ 0 & -2 & 0 \\ 0 & 0 & 3 \end{pmatrix}\cdots\begin{pmatrix} 1 & 0 & 0 \\ 0 & -2 & 0 \\ 0 & 0 & 3 \end{pmatrix} = \begin{pmatrix} 1 & 0 & 0 \\ 0 & (-2)^k & 0 \\ 0 & 0 & 3^k \end{pmatrix}$$

一方

$$\left(P^{-1}AP\right)^k = P^{-1}AP \cdot P^{-1}AP \cdot \cdots \cdot P^{-1}AP = P^{-1}A^kP$$

である．したがって

$$P^{-1}A^kP = \begin{pmatrix} 1 & 0 & 0 \\ 0 & (-2)^k & 0 \\ 0 & 0 & 3^k \end{pmatrix}$$

である．ゆえに

$$A^k = P\begin{pmatrix} 1 & 0 & 0 \\ 0 & (-2)^k & 0 \\ 0 & 0 & 3^k \end{pmatrix}P^{-1} \tag{2}$$

P はすでに知っているので，P^{-1} を求めることができる．P^{-1} は

$$P^{-1} = \frac{1}{6}\begin{pmatrix} -1 & 2 & -3 \\ -2 & -2 & 6 \\ 3 & 0 & 3 \end{pmatrix}$$

である．これを (2) 式に代入して計算すると，A^k がわかる．

第 30 講

固有値問題 (3 次の行列の場合 II)

テーマ

◆ 3 次の行列の場合

◆ 固有値が 2 つの場合：対角化できるときと，対角化できないときがある．

◆ 対角化できる条件は，固有値の重複度が固有空間の次元と一致すること

◆ 固有値が 1 つの場合：A が対角化可能となるのは，A 自身がすでに対角型になっているときに限る．

3 次の行列——固有値が 2 つの場合

A を 3 次の行列とし，A の固有方程式 $F_A(x)=0$ が

$$F_A(x)=(x-\lambda)(x-\mu)^2=0$$

と表わされているときを考える．ここで，λ と μ は相異なる実数である．

λ と μ は A の固有値となるから，λ と μ に属する少なくとも 1 つの固有ベクトル $\tilde{\boldsymbol{e}}_\lambda$ と $\tilde{\boldsymbol{e}}_\mu$ は存在する．

$$A\tilde{\boldsymbol{e}}_\lambda=\lambda\tilde{\boldsymbol{e}}_\lambda,\quad A\tilde{\boldsymbol{e}}_\mu=\mu\tilde{\boldsymbol{e}}_\mu$$

このことからまず，λ，μ に対する固有空間 $E(\lambda)$，$E(\mu)$ は，それぞれ $\tilde{\boldsymbol{e}}_\lambda$，$\tilde{\boldsymbol{e}}_\mu$ を含んでいるから

$$\dim E(\lambda)\geqq 1,\quad \dim E(\mu)\geqq 1$$

のことはわかる．

一般に次のことが成り立つ．

> λ が $F_A(x)=0$ の重解でないときには
>
> $$\dim E(\lambda)=1$$

【証明】 $\dim E(\lambda) > 1$ と仮定すると矛盾の生ずることを見るとよい．ここでは $\dim E(\lambda) = 2$ と仮定して矛盾の生ずることを見よう ($\dim E(\lambda) = 3$ と仮定しても同様の議論で矛盾がでる)．

$\dim E(\lambda) = 2$ の仮定から，$E(\lambda)$ には，$E(\lambda)$ の基底を与える 2 つのベクトル $\tilde{\boldsymbol{e}}_\lambda{}'$，$\tilde{\boldsymbol{e}}_\lambda{}''$ が存在する．これらは，A の，λ に属する固有ベクトルである．$\tilde{\boldsymbol{e}}_\lambda{}'$，$\tilde{\boldsymbol{e}}_\lambda{}''$ のはる平面と独立な方向を向く，もう 1 つのベクトル $\tilde{\tilde{\boldsymbol{e}}}$ を任意にとる．このとき $\{\tilde{\boldsymbol{e}}_\lambda{}', \tilde{\boldsymbol{e}}_\lambda{}'', \tilde{\tilde{\boldsymbol{e}}}\}$ は，$\boldsymbol{R}^3$ の基底となる．基底変換 $\{\boldsymbol{e}_1, \boldsymbol{e}_2, \boldsymbol{e}_3\}$ (標準基底) $\rightarrow \{\tilde{\boldsymbol{e}}_\lambda{}', \tilde{\boldsymbol{e}}_\lambda{}'', \tilde{\tilde{\boldsymbol{e}}}\}$ を表わす行列を $\tilde{P}$ とする．

このとき，$A\tilde{\boldsymbol{e}}_\lambda{}' = \lambda\tilde{\boldsymbol{e}}_\lambda{}'$, $A\tilde{\boldsymbol{e}}_\lambda{}'' = \lambda\tilde{\boldsymbol{e}}_\lambda{}''$ に注意すると

$$\tilde{P}^{-1}A\tilde{P} = \begin{pmatrix} \lambda & 0 & a_{13} \\ 0 & \lambda & a_{23} \\ 0 & 0 & a_{33} \end{pmatrix} \tag{1}$$

となる (3 番目の列ベクトルは，もちろん $A\tilde{\tilde{\boldsymbol{e}}}$ を表わしている)．

さて，ここで

$$\boxed{\tilde{P}^{-1}A\tilde{P}\ \text{の固有多項式} = F_A(x)}$$

が成り立つことを示しておこう．実際

$$\begin{aligned} \tilde{P}^{-1}A\tilde{P}\ \text{の固有多項式} &= \det\bigl(xE - \tilde{P}^{-1}A\tilde{P}\bigr) \\ &= \det\bigl(x\tilde{P}^{-1}E\tilde{P} - \tilde{P}^{-1}A\tilde{P}\bigr) \\ &= \det\tilde{P}^{-1}\cdot\det(xE - A)\cdot\det\tilde{P} \\ &= (\det\tilde{P})^{-1}\cdot\det\tilde{P}\cdot\det(xE - A) \\ &= \det(xE - A) = F_A(x) \end{aligned}$$

となるからである．

一方，(1) 式を用いて $\tilde{P}^{-1}A\tilde{P}$ の固有多項式を計算してみると

$$\begin{vmatrix} x-\lambda & 0 & -a_{13} \\ 0 & x-\lambda & -a_{23} \\ 0 & 0 & x-a_{33} \end{vmatrix} = (x-\lambda)^2(x-a_{33})$$

となる．したがって，$F_A(x) = (x-\lambda)^2(x-a_{33})$ となるが，これは λ が $F_A(x) = 0$ の重解のことを示し，矛盾が生じた． ∎

固有値が 2 つのとき，固有値問題が解ける条件

最初の問題設定へと戻って

$$F_A(x) = (x-\lambda)(x-\mu)^2$$

とする．$\lambda \neq \mu$ だから，前講の証明と同様にして，λ に属する固有ベクトルと，μ に属する固有ベクトルは 1 次独立であることがわかる．

A が対角化可能なためには，固有ベクトルからなる基底が選ばれなければならない．しかし，$\dim E(\lambda) = 1$ だから，λ に属する固有ベクトルから基底として採用できるのは 1 つである．したがって残りの 2 つは，固有値 μ に属する固有ベクトルから選び出されていなければならない．すなわち

$$\dim E(\mu) = 2$$

が成り立っていなくてはならない．

逆にこの条件が成り立っていれば，λ に属する固有ベクトル $\tilde{\boldsymbol{e}}_\lambda$ と，μ に属する 1 次独立な 2 つの固有ベクトル $\tilde{\boldsymbol{e}}_\mu, \tilde{\boldsymbol{e}}_\mu{}'$ を，新しい基底ととることにより，A は

$$P^{-1}AP = \begin{pmatrix} \lambda & 0 & 0 \\ 0 & \mu & 0 \\ 0 & 0 & \mu \end{pmatrix}$$

と対角化される．

すなわち，A が対角化される必要十分条件は，

固有値 μ の $F_A(x) = 0$ の解としての重複度 $= \dim E(\mu)$

が成り立つことである．

例

(I)　$A = \begin{pmatrix} 0 & 0 & 1 \\ 0 & 1 & 0 \\ 1 & 0 & 0 \end{pmatrix}$ とする．このとき固有方程式は

$$F_A(x) = \begin{vmatrix} x & 0 & -1 \\ 0 & x-1 & 0 \\ -1 & 0 & x \end{vmatrix} = x^3 - x^2 - x + 1 = (x+1)(x-1)^2 = 0$$

したがって A の固有値は -1 と 1 である．固有値 1 の重複度は 2 である．

いまの場合，$\dim E(1)=2$ となっているかどうかが問題である．そのため，固有値 1 に属する固有ベクトルを求めてみる．それには，次の連立方程式を解くとよい．

$$\begin{cases} \qquad\qquad x_3 = x_1 \\ \qquad x_2 \qquad = x_2 \\ x_1 \qquad\qquad = x_3 \end{cases}$$

この解は明らかに，$x_1=x_3$，かつ x_2 は任意で与えられる．したがって，1 次独立な 2 つの固有ベクトル

$$\begin{pmatrix} 1 \\ 0 \\ 1 \end{pmatrix}, \quad \begin{pmatrix} 0 \\ 1 \\ 0 \end{pmatrix}$$

が存在する．したがって，この場合 $\dim E(1)=2$ となり A は対角化可能である．

固有値 -1 に対する固有ベクトルは

$$\begin{pmatrix} 1 \\ 0 \\ -1 \end{pmatrix}$$

であることが容易にわかる．したがって

$$P=\begin{pmatrix} 1 & 1 & 0 \\ 0 & 0 & 1 \\ -1 & 1 & 0 \end{pmatrix}$$

とおくと

$$P^{-1}AP=\begin{pmatrix} -1 & 0 & 0 \\ 0 & 1 & 0 \\ 0 & 0 & 1 \end{pmatrix}$$

となる．

(II)　$A=\begin{pmatrix} 8 & -8 & -1 \\ 0 & 0 & -1 \\ 0 & 1 & -2 \end{pmatrix}$ とする．このとき固有方程式は

$$F_A(x)=x^3-6x^2-15x-8=(x+1)^2(x-8)$$

となり，A の固有値は -1 と 8 である．この場合 -1 の解の重複度は 2 であるが，

固有空間 $E(-1)$ は，1 次元であって，それは固有ベクトル

$$\begin{pmatrix} 1 \\ 1 \\ 1 \end{pmatrix}$$

ではられている．

したがってこの場合，A は対角化可能でない．

固有値が 1 つの場合

3 次の行列式 A で，固有方程式が

$$F_A(x) = (x - \lambda)^3$$

の形になる場合を考える．このとき，固有値は λ ただ 1 つである．

2 次の行列で固有値が 1 つの場合と同様に考えると，このとき，

$$A \text{ が対角化可能} \iff A = \begin{pmatrix} \lambda & 0 & 0 \\ 0 & \lambda & 0 \\ 0 & 0 & \lambda \end{pmatrix}$$

が成り立つ．

たとえば

$$A = \begin{pmatrix} 0 & 1 & 0 \\ 0 & 0 & 1 \\ 0 & 0 & 0 \end{pmatrix} \text{ のとき} \quad F_A(x) = x^3 = 0$$

となり，A の固有値は，0 だけであるが，A 自身が対角形となっていないので，A は対角化不可能である．

問 1　次の行列を対角化せよ

1) $\begin{pmatrix} 0 & -1 & -2 \\ 0 & 1 & 0 \\ 1 & 1 & 3 \end{pmatrix}$，　2) $\begin{pmatrix} 3 & 2 & 4 \\ 2 & 0 & 2 \\ 4 & 2 & 3 \end{pmatrix}$

Tea Time

質問　2 次，3 次の行列のとき，固有値問題とは，どのようなものかはわかりましたが，このことから，一般の n 次の行列の場合も，大体どのような結果が成り立つか，説明していただくことができるでしょうか．

答　前にも述べたように，固有値問題には，固有方程式 $F_A(x)=0$ が関係してくるから，一般論を展開するには，複素数の範囲まで，行列の理論を一般化しておかなくてはならない．

しかし，$F_A(x)=0$ が実解しかもたないときに限れば，2 次，3 次の行列で述べてきたことは，ほとんどそのまま，n 次の行列の場合にも拡張される．

たとえば，A の固有方程式 $F_A(x)=0$ の解が，すべて重複していないとき，すなわち，

$$F_A(x)=(x-\lambda_1)(x-\lambda_2)\cdots(x-\lambda_n)=0$$

($\lambda_1,\lambda_2,\ldots,\lambda_n$ は相異なる実数) と表わされるときには，A は，必ず対角化可能である．このことは，$\lambda_1,\lambda_2,\ldots,\lambda_n$ に属する固有ベクトル $\tilde{\boldsymbol{e}}_{\lambda_1},\tilde{\boldsymbol{e}}_{\lambda_2},\ldots,\tilde{\boldsymbol{e}}_{\lambda_n}$ が 1 次独立となるということからの結論となる．

$F_A(x)=0$ の解の中に重複しているものがあるときには，固有方程式は

$$F_A(x)=(x-\lambda_1)^{m_1}(x-\lambda_2)^{m_2}\cdots(x-\lambda_s)^{m_s}=0$$

($m_1+m_2+\cdots+m_s=n:\lambda_1,\lambda_2,\ldots,\lambda_s$ は相異なる実数) の形となるが，このとき，A が対角化可能となるための必要十分条件は，

$$\dim E(\lambda_1)=m_1,\quad \dim E(\lambda_2)=m_2,\quad \ldots,\quad \dim E(\lambda_s)=m_s$$

で与えられる．

問題の解答

第 2 講

問 2　1) -5　2) -28　3) $a^3b(b-a)$

第 5 講

問 1　1) ❶, ❷, ❼, ❽が成り立たない.

2) ❶, ❹, ❺, ❻, ❽が成り立たない.

第 6 講

問 1　1) は線形写像. 2) は原点を原点に移していないから, 線形写像でない. 3) は線形写像でない.

第 7 講

問 1　$AB = \begin{pmatrix} 1 & 1 \\ 1 & 2 \end{pmatrix}$, $BA = \begin{pmatrix} 2 & 1 \\ 1 & 1 \end{pmatrix}$

問 2　$A = \begin{pmatrix} a & b \\ c & d \end{pmatrix}$ とする. X として特に $\begin{pmatrix} 1 & 0 \\ 0 & 0 \end{pmatrix}$ をとってみると

$$AX = \begin{pmatrix} a & b \\ c & d \end{pmatrix}\begin{pmatrix} 1 & 0 \\ 0 & 0 \end{pmatrix} = \begin{pmatrix} a & 0 \\ c & 0 \end{pmatrix}, \quad XA = \begin{pmatrix} a & b \\ 0 & 0 \end{pmatrix}$$

$AX = XA$ が成り立つためには $b = c = 0$ でなくてはならない. 次に X として $\begin{pmatrix} 0 & 1 \\ 0 & 0 \end{pmatrix}$ をとってみると

$$AX = \begin{pmatrix} a & 0 \\ 0 & d \end{pmatrix}\begin{pmatrix} 0 & 1 \\ 0 & 0 \end{pmatrix} = \begin{pmatrix} 0 & a \\ 0 & 0 \end{pmatrix}, \quad XA = \begin{pmatrix} 0 & d \\ 0 & 0 \end{pmatrix}$$

したがって $AX = XA$ が成り立つためには $a = d$ でなくてはならない. 結局 A は

$$A = \begin{pmatrix} a & 0 \\ 0 & a \end{pmatrix}$$

の形となる.

第 8 講

問 2　$\tilde{\boldsymbol{f}}_1 = T(\boldsymbol{f}_1)$, $\tilde{\boldsymbol{f}}_2 = T(\boldsymbol{f}_2)$ とおく. $\boldsymbol{R}^2$ のベクトル $\boldsymbol{x}$ は, 基底ベクトル $\{\boldsymbol{f}_1, \boldsymbol{f}_2\}$ を用いても, 基底ベクトル $\{\tilde{\boldsymbol{f}}_1, \tilde{\boldsymbol{f}}_2\}$ を用いても, ただ一通りに表わすことができる. このとき, 線形写像 T は

$$x_1\boldsymbol{f}_1 + x_2\boldsymbol{f}_2 \longrightarrow x_1\tilde{\boldsymbol{f}}_1 + x_2\tilde{\boldsymbol{f}}_2$$

と表わされる．このことから，T が正則写像であることがわかる．

第9講

問1　1) $-\frac{1}{22}\begin{pmatrix}-5 & -3\\ -4 & 2\end{pmatrix}$　2) $\begin{pmatrix}\cos\theta & \sin\theta\\ -\sin\theta & \cos\theta\end{pmatrix}$

問2　AB の列ベクトルは $\begin{pmatrix}1\\2\end{pmatrix}, \begin{pmatrix}2\\4\end{pmatrix} = 2\begin{pmatrix}1\\2\end{pmatrix}$ となっているから 1 次独立でない．したがって AB は正則行列ではない．よって A, B のうち，少なくとも 1 つは正則行列ではない．

第10講

問1　1) 正則写像である．ベクトル $\boldsymbol{x} = \begin{pmatrix}x_1\\x_2\\x_3\end{pmatrix}$ は，この線形写像 T で $\begin{pmatrix}x_1+x_2+x_3\\x_2+x_3\\x_3\end{pmatrix}$ に移されている．このことから，$T(\boldsymbol{x}) = T(\boldsymbol{y})$ ならば $\boldsymbol{x} = \boldsymbol{y}$ がすぐにわかる (3 番目，2 番目，1 番目の順で，成分を等しいとおけ)．

2) $\begin{pmatrix}-1\\-2\\1\end{pmatrix} + \begin{pmatrix}2\\1\\1\end{pmatrix} = \begin{pmatrix}1\\-1\\2\end{pmatrix}$ により，列ベクトルが 1 次独立でない．したがって正則写像でない．

第11講

問1　1)

$$\begin{pmatrix}1 & 2 & -1\\0 & 1 & 1\\2 & 3 & 4\end{pmatrix} \longrightarrow \begin{pmatrix}1 & 2 & -1\\0 & 1 & 1\\0 & -1 & 6\end{pmatrix} \quad (1\text{ 行目の }2\text{ 倍を }3\text{ 行目から引く})$$

$$\longrightarrow \begin{pmatrix}1 & 0 & -3\\0 & 1 & 1\\0 & -1 & 6\end{pmatrix} \quad (2\text{ 行目の }2\text{ 倍を }1\text{ 行目から引く})$$

$$\longrightarrow \begin{pmatrix}1 & 0 & -3\\0 & 1 & 1\\0 & 0 & 7\end{pmatrix} \longrightarrow \begin{pmatrix}1 & 0 & 0\\0 & 1 & 0\\0 & 0 & 1\end{pmatrix} \quad \begin{pmatrix}3\text{ 行目の }\frac{3}{7}, -\frac{1}{7}\text{ を，それぞれ }1\text{ 行目，}\\ 2\text{ 行目に加え，次に，}3\text{ 行目を }7\text{ で割る}\end{pmatrix}$$

問2　$i = 1,\ j = 3$ のときは，$P(1,\ 3;\ c)$ は，基底を

$$\{\boldsymbol{e}_1, \boldsymbol{e}_2, \boldsymbol{e}_3\} \longrightarrow \{\boldsymbol{e}_1, \boldsymbol{e}_2, \boldsymbol{e}_3 + c\boldsymbol{e}_1\}$$

へ移す．

$R(i;c)$ は，i 番目の基底 $\boldsymbol{e}_i$ を c 倍にする．

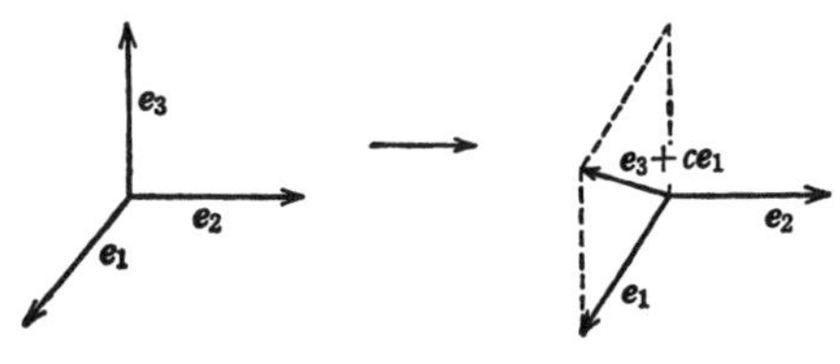

図 A

第12講

問1　$S \circ T$ を表わす行列は

$$AB = \begin{pmatrix} a_{11}b_{11}+a_{12}b_{21} & a_{11}b_{12}+a_{12}b_{22} & a_{11}b_{13}+a_{12}b_{23} \\ a_{21}b_{11}+a_{22}b_{21} & a_{21}b_{12}+a_{22}b_{22} & a_{21}b_{13}+a_{22}b_{23} \end{pmatrix}$$

となる．

第14講

問 1 $\alpha_1\boldsymbol{a}_1+\alpha_2\boldsymbol{a}_2+\cdots+\alpha_{n-1}\boldsymbol{a}_{n-1}+\alpha_n\boldsymbol{a}_n$

$$= \begin{pmatrix} \alpha_1 \\ \alpha_1+\alpha_2 \\ \alpha_2+\alpha_3 \\ \vdots \\ \alpha_{n-1}+\alpha_n \end{pmatrix} = 0$$

とすると，各成分が 0 だから，上から順に，$\alpha_1=0, \alpha_2=0, \ldots, \alpha_n=0$ が得られる．

問 2 1) $\alpha(1+x)+\beta(1-x)+\gamma x^2=0$ とすると

$$(\alpha+\beta)+(\alpha-\beta)x+\gamma x^2=0$$

したがって $\alpha+\beta=0$，$\alpha-\beta=0$，$\gamma=0$ から，$\alpha=\beta=\gamma=0$ となり，1 次独立．

2) $\alpha(2+x+x^2)+\beta(1+x-x^2)+\gamma(6+4x)=0$ とすると

$$(2\alpha+\beta+6\gamma)+(\alpha+\beta+4\gamma)x+(\alpha-\beta)x^2=0$$

x^2 の係数が 0 により，$\alpha=\beta$．したがって，定数項と x の係数が 0 に等しいことから，関係

$$3\alpha+6\gamma=0, \quad 2\alpha+4\gamma=0$$

が成り立つ．この両式はともに $\alpha=-2\gamma$ である．したがって，たとえば，$\alpha=-2$，$\beta=-2$，$\gamma=1$ で，上の関係が成り立ち，1 次独立でない．

第15講

問 1 i 行 j 列の成分 a_{ij} だけが 1，残りが 0 の行列を E_{ij} とおくと，E_{ij} は 1 次独立で，例 4 と同様に，3 次の行列は，$E_{ij}(i,j=1,2,3)$ の 1 次結合で表わされるから，3 次の行列全体のつくるベクトル空間の次元は 9 である．

問 2 1，$1+x$，$(1+x)^2$ は，1 次独立である．なぜなら

$$\begin{aligned} \alpha\cdot 1+\beta(1+x)+\gamma(1+x)^2 &= (\alpha+\beta+\gamma)+(\beta+2\gamma)x+\gamma x^2 \\ &= 0 \end{aligned}$$

とすると，順次，$\gamma=0$，$\beta=0$，$\alpha=0$ が得られるから．$\dim P_2(\boldsymbol{R})=3$ だから，$\{1,\ 1+x,\ (1+x)^2\}$ は，基底となる．

$$2+3x-x^2=2+3x-(1+x)^2+1+2x=-2+5(1+x)-(1+x)^2$$

第17講

問 1 1)

$$AB = \begin{pmatrix} 1 & -1 & 3 \\ 0 & 2 & 4 \end{pmatrix}\begin{pmatrix} 6 & 1 & 0 \\ 0 & 2 & 1 \\ -2 & -1 & 3 \end{pmatrix} = \begin{pmatrix} 0 & -4 & 8 \\ -8 & 0 & 14 \end{pmatrix}$$

2)
$$AB = \begin{pmatrix} 5 & 0 \\ -3 & 1 \\ 1 & -2 \end{pmatrix} \begin{pmatrix} 1 & -2 & 7 & 1 \\ 3 & 0 & 5 & 1 \end{pmatrix} = \begin{pmatrix} 5 & -10 & 35 & 5 \\ 0 & 6 & -16 & -2 \\ -5 & -2 & -3 & -1 \end{pmatrix}$$

問 2　1)　A, A^2, A^3, ... と計算してみると，1 の並ぶ斜めの線が，1 回ごとに右に移動して，n 回積をとると，全部 0 となる．

2)　A の表わす線形写像は，基底を

$$\boldsymbol{e}_1 \to \boldsymbol{0}, \quad \boldsymbol{e}_2 \to \boldsymbol{e}_1, \quad \boldsymbol{e}_3 \to \boldsymbol{e}_2, \quad \ldots, \quad \boldsymbol{e}_n \to \boldsymbol{e}_{n-1}$$

と移している．したがって，A^2 は，A を 2 度繰り返すことにより

$$\boldsymbol{e}_1 \to \boldsymbol{0}, \quad \boldsymbol{e}_2 \to \boldsymbol{0}, \quad \boldsymbol{e}_3 \to \boldsymbol{e}_1, \quad \ldots, \quad \boldsymbol{e}_n \to \boldsymbol{e}_{n-2}$$

となることがわかる．以下同様にして結局，A^n は，すべての $\boldsymbol{e}_i \to \boldsymbol{0}$ とする．

第19講

問 1
$$A = \begin{pmatrix} 1 & 1 & -1 \\ 3 & 1 & 1 \\ 1 & -1 & 0 \end{pmatrix}$$ とする．

$$A \xrightarrow{Q(1,3)} \begin{pmatrix} 1 & -1 & 0 \\ 3 & 1 & 1 \\ 1 & 1 & -1 \end{pmatrix} \xrightarrow{P(2,1;-3)} \begin{pmatrix} 1 & -1 & 0 \\ 0 & 4 & 1 \\ 1 & 1 & -1 \end{pmatrix}$$

$$\xrightarrow{P(3,1;-1)} \begin{pmatrix} 1 & -1 & 0 \\ 0 & 4 & 1 \\ 0 & 2 & -1 \end{pmatrix} \xrightarrow{Q(2,3)} \begin{pmatrix} 1 & -1 & 0 \\ 0 & 2 & -1 \\ 0 & 4 & 1 \end{pmatrix}$$

$$\xrightarrow{R\left(2;\frac{1}{2}\right)} \begin{pmatrix} 1 & -1 & 0 \\ 0 & 1 & -\dfrac{1}{2} \\ 0 & 4 & 1 \end{pmatrix} \xrightarrow{P(1,2;1)} \begin{pmatrix} 1 & 0 & -\dfrac{1}{2} \\ 0 & 1 & -\dfrac{1}{2} \\ 0 & 4 & 1 \end{pmatrix}$$

$$\xrightarrow{P(3,2;-4)} \begin{pmatrix} 1 & 0 & -\dfrac{1}{2} \\ 0 & 1 & -\dfrac{1}{2} \\ 0 & 0 & 3 \end{pmatrix} \xrightarrow{R\left(3;\frac{1}{3}\right)} \begin{pmatrix} 1 & 0 & -\dfrac{1}{2} \\ 0 & 1 & -\dfrac{1}{2} \\ 0 & 0 & 1 \end{pmatrix}$$

$$\xrightarrow{P\left(1,3;\frac{1}{2}\right)} \quad \xrightarrow{P\left(2,3;\frac{1}{2}\right)} \begin{pmatrix} 1 & 0 & 0 \\ 0 & 1 & 0 \\ 0 & 0 & 1 \end{pmatrix}$$

したがって

$$A = Q(1,3)\ P(2,1;3)\ P(3,1;1)\ Q(2,3)\ R(2;2) \cdot$$
$$P(1,2;-1)\ P(3,2;4)\ R(3;3)\ P\left(1,3;\frac{1}{2}\right)\ P\left(2,3;\frac{1}{2}\right)$$

となる．

問 2　$Q(i,j) = P(i,j;-1)\ R(j;-1)\ P(j,i;-1)\ P(i,j;1)$ と表わされる．この右辺は，i 行と j 行の 1 列だけとって書くと，簡単に，次のように表わされる．

$$\begin{array}{l} i: \\ j: \end{array} \begin{pmatrix} a \\ b \end{pmatrix} \longrightarrow \begin{pmatrix} a+b \\ b \end{pmatrix} \longrightarrow \begin{pmatrix} a+b \\ -a \end{pmatrix} \longrightarrow \begin{pmatrix} a+b \\ a \end{pmatrix} \longrightarrow \begin{pmatrix} b \\ a \end{pmatrix}$$

第20講

問 1　1)

$$\begin{pmatrix} 2 & 1 & 1 \\ 3 & -1 & 0 \end{pmatrix} \xrightarrow[\text{右}]{Q(1,3)} \begin{pmatrix} 1 & 1 & 2 \\ 0 & -1 & 3 \end{pmatrix} \xrightarrow[\text{左}]{P(1,2;1)} \begin{pmatrix} 1 & 0 & 5 \\ 0 & -1 & 3 \end{pmatrix}$$

$$\xrightarrow[\text{左}]{R(2;-1)} \begin{pmatrix} 1 & 0 & 5 \\ 0 & 1 & -3 \end{pmatrix} \xrightarrow[\text{右}]{P(1,3;\,-5)} \begin{pmatrix} 1 & 0 & 0 \\ 0 & 1 & -3 \end{pmatrix}$$

$$\xrightarrow[\text{右}]{P(2,3;3)} \begin{pmatrix} 1 & 0 & 0 \\ 0 & 1 & 0 \end{pmatrix}$$

2)

$$\begin{pmatrix} 0 & 1 & -1 \\ 1 & 1 & 0 \\ 1 & 0 & 1 \end{pmatrix} \xrightarrow[\text{左}]{Q(1,3)} \begin{pmatrix} 1 & 0 & 1 \\ 1 & 1 & 0 \\ 0 & 1 & -1 \end{pmatrix} \xrightarrow[\text{左}]{P(2,1;-1)} \begin{pmatrix} 1 & 0 & 1 \\ 0 & 1 & -1 \\ 0 & 1 & -1 \end{pmatrix}$$

$$\xrightarrow[\text{左}]{P(3,2;-1)} \begin{pmatrix} 1 & 0 & 1 \\ 0 & 1 & -1 \\ 0 & 0 & 0 \end{pmatrix} \xrightarrow[\text{右}]{P(1,3;\,-1)} \begin{pmatrix} 1 & 0 & 0 \\ 0 & 1 & -1 \\ 0 & 0 & 0 \end{pmatrix}$$

$$\xrightarrow[\text{右}]{P(2,3;1)} \begin{pmatrix} 1 & 0 & 0 \\ 0 & 1 & 0 \\ 0 & 0 & 0 \end{pmatrix}$$

3)

$$\begin{pmatrix} 1 & 1 \\ 2 & 4 \\ -1 & 3 \end{pmatrix} \xrightarrow[\text{右}]{P(1,2;-1)} \begin{pmatrix} 1 & 0 \\ 2 & 2 \\ -1 & 4 \end{pmatrix} \xrightarrow[\text{右}]{P(2,1;-1)} \begin{pmatrix} 1 & 0 \\ 0 & 2 \\ -5 & 4 \end{pmatrix}$$

$$\xrightarrow[\text{左}]{R\left(2;\frac{1}{2}\right)} \begin{pmatrix} 1 & 0 \\ 0 & 1 \\ -5 & 4 \end{pmatrix} \xrightarrow[\text{左}]{P(3,1;5)} \begin{pmatrix} 1 & 0 \\ 0 & 1 \\ 0 & 4 \end{pmatrix}$$

$$\xrightarrow[\text{左}]{P(3,2;-4)} \begin{pmatrix} 1 & 0 \\ 0 & 1 \\ 0 & 0 \end{pmatrix}$$

第21講

問 2　1) 2) の右辺の形をみると，$r \leqq m$，$r \leqq n$ のことは明らかである．したがって，$r \leqq \mathrm{Min}(m,n)$.

2)

$$\begin{aligned} \operatorname{rank} A = n &\iff \dim \operatorname{Im} T = n \\ &\iff \dim \operatorname{Im} T = \dim \boldsymbol{V} \\ &\iff \dim \operatorname{Ker} T = \boldsymbol{0} \quad ((1)\text{ 式による}) \end{aligned}$$

すなわち，$A\boldsymbol{x} = \boldsymbol{0}$ となる $\boldsymbol{x}$ は $\boldsymbol{0}$ しかない．したがって $A\boldsymbol{x} = A\boldsymbol{y}$ とすると，$A(\boldsymbol{x}-\boldsymbol{y}) = \boldsymbol{0} \Longrightarrow \boldsymbol{x}-\boldsymbol{y} = \boldsymbol{0} \Longrightarrow \boldsymbol{x} = \boldsymbol{y}$ となり，A は 1 対 1 である．

問 3　A，B の表わす線形写像の核と像を，$\operatorname{Ker} A$，$\operatorname{Ker} B$: $\operatorname{Im} A$，$\operatorname{Im} B$ のように，A，B で直接表わすことにする．このとき，$AB = 0$ は，$\operatorname{Im} B$ の A による像が 0 のことを示している．

すなわち

$$\operatorname{Im} B \subset \operatorname{Ker} A$$

よって,

$$\operatorname{rank} B \leqq \dim \operatorname{Ker} A = n - \operatorname{rank} A \quad ((1)\text{ 式による})$$

したがって

$$\operatorname{rank} A + \operatorname{rank} B \leqq n$$

第23講

問 1

$$\begin{vmatrix} a_{11} & \cdots & a_{1n-1} & 3a_{11}+2a_{12} \\ & \cdots\cdots & & \\ a_{n1} & & a_{nn-1} & 3a_{n1}+2a_{n2} \end{vmatrix} = 3\begin{vmatrix} a_{11} & \cdots & a_{1n-1} & a_{11} \\ & \cdots\cdots & & \\ a_{n1} & & a_{nn-1} & a_{n1} \end{vmatrix} + 2\begin{vmatrix} a_{11} & a_{12} & \cdots & a_{1n-1} & a_{12} \\ & & \cdots\cdots & & \\ a_{n1} & a_{n2} & \cdots & a_{nn-1} & a_{n2} \end{vmatrix} = 0$$

問 2

$$\det(\alpha A) = \begin{vmatrix} \alpha a_{11} & \alpha a_{12} & \cdots & \alpha a_{1n} \\ \alpha a_{21} & \cdots & \cdots & \alpha a_{2n} \\ & \cdots\cdots & & \\ \alpha a_{n1} & \cdots & & \alpha a_{nn} \end{vmatrix} = \alpha^n \begin{vmatrix} a_{11} & a_{12} & \cdots & a_{1n} \\ a_{21} & & \cdots & a_{2n} \\ & \cdots\cdots & & \\ a_{n1} & \cdots & & a_{nn} \end{vmatrix} = \alpha^n \det(A)$$

(各行から 1 つずつ α が因数としてでてくる)

第24講

問 1　$\det(A^k) = 0$. よって　$\det(A)^k = \det(A^k) = 0$ から, $\det A = 0$.

第26講

問 1　$A^k = 0$ とする. もしこのとき

$$P^{-1}AP = \begin{pmatrix} \lambda_1 & & 0 \\ & \ddots & \\ 0 & & \lambda_n \end{pmatrix}$$

となったとすると

$$0 = P^{-1}A^kP = (P^{-1}AP)(P^{-1}AP)\cdots(P^{-1}AP) = \begin{pmatrix} {\lambda_1}^k & & 0 \\ & \ddots & \\ 0 & & {\lambda_n}^k \end{pmatrix}$$

から, ${\lambda_1}^k = \cdots = {\lambda_n}^k = 0$. したがってまた $\lambda_1 = \cdots = \lambda_k = 0$ となる. このことは, $P^{-1}AP = 0$ を示し, $A = P0P^{-1} = 0$ となり, $A \neq 0$ に反する.

第28講

問 1　1) $A = \begin{pmatrix} 8 & -7 \\ 3 & -2 \end{pmatrix}$ とする.

$$F_A(x) = \begin{vmatrix} x-8 & 7 \\ -3 & x+2 \end{vmatrix} = (x-8)(x+2)+21$$
$$= x^2 - 6x + 5 = (x-1)(x-5)$$

したがって A の固有値は 1 と 5.

1 に属する 1 つの固有ベクトルは

$$\begin{cases} 8x_1 - 7x_2 = x_1 \\ 3x_1 - 2x_2 = x_2 \end{cases} \Longrightarrow x_1 = x_2; \quad \text{したがって} \begin{pmatrix} 1 \\ 1 \end{pmatrix}$$

5 に属する 1 つの固有ベクトルは

$$\begin{cases} 8x_1 - 7x_2 = 5x_1 \\ 3x_1 - 2x_2 = 5x_2 \end{cases} \Longrightarrow x_2 = \frac{3}{7}x_1; \quad \text{したがって} \begin{pmatrix} 7 \\ 3 \end{pmatrix}$$

よって

$$P = \begin{pmatrix} 1 & 7 \\ 1 & 3 \end{pmatrix}$$

とおくと,

$$P^{-1}AP = \begin{pmatrix} 1 & 0 \\ 0 & 5 \end{pmatrix}$$

2) $A = \begin{pmatrix} -3 & 5 \\ 23 & 15 \end{pmatrix}$ とする.

$$F_A(x) = \begin{vmatrix} x+3 & -5 \\ -23 & x-15 \end{vmatrix} = x^2 - 12x - 160$$
$$= (x-20)(x+8)$$

したがって A の固有値は，20 と -8.

20 に属する 1 つの固有ベクトルは

$$\begin{cases} -3x_1 + 5x_2 = 20x_1 \\ 23x_1 + 15x_2 = 20x_2 \end{cases} \Longrightarrow x_2 = \frac{23}{5}x_1; \quad \text{したがって} \begin{pmatrix} 5 \\ 23 \end{pmatrix}$$

-8 に属する 1 つの固有ベクトルは

$$\begin{cases} -3x_1 + 5x_2 = -8x_1 \\ 23x_1 + 15x_2 = -8x_2 \end{cases} \Longrightarrow x_2 = -x_1; \quad \text{したがって} \begin{pmatrix} 1 \\ -1 \end{pmatrix}$$

よって

$$P = \begin{pmatrix} 5 & 1 \\ 23 & -1 \end{pmatrix}$$

とおくと

$$P^{-1}AP = \begin{pmatrix} 20 & 0 \\ 0 & -8 \end{pmatrix}$$

問 2　1) $A = \begin{pmatrix} 5 & -2 \\ 2 & 1 \end{pmatrix}$ とおくと

$$F_A(x) = \begin{vmatrix} x-5 & 2 \\ -2 & x-1 \end{vmatrix} = (x-3)^2$$

したがって固有値は，3 ただ 1 つである．A は対角型でないから，A は，対角化できない.

2) $A = \begin{pmatrix} 5 & 6 \\ 10 & 8 \end{pmatrix}$ とおくと，

$$F_A(x) = x^2 - 13x - 20$$

$F_A(x) = 0$ は異なる 2 つの実解 (固有値！) をもつから，A は対角化可能である．

第29講

問 1　$A = \begin{pmatrix} 1 & 0 & 1 \\ 0 & 1 & 1 \\ 1 & 1 & 0 \end{pmatrix}$ とおく．

$$F_A(x) = \begin{vmatrix} x-1 & 0 & -1 \\ 0 & x-1 & -1 \\ -1 & -1 & x \end{vmatrix} = (x-1)(x+1)(x-2)$$

したがって A の固有値は 1，-1，2.

1 に属する 1 つの固有ベクトルは

$$\begin{cases} x_1 + x_3 = x_1 \\ x_2 + x_3 = x_2 \\ x_1 + x_2 = x_3 \end{cases} \Longrightarrow \begin{cases} x_1 + x_2 = 0 \\ x_3 = 0 \end{cases}; \quad \text{したがって} \begin{pmatrix} 1 \\ -1 \\ 0 \end{pmatrix}$$

同様にして，固有値 -1，2 に属する固有ベクトルを求めてみると，それぞれ

$$\begin{pmatrix} -1 \\ -1 \\ 2 \end{pmatrix}, \quad \begin{pmatrix} 1 \\ 1 \\ 1 \end{pmatrix}$$

が，1 つの固有ベクトルとなっていることがわかる．

したがって

$$P = \begin{pmatrix} 1 & -1 & 1 \\ -1 & -1 & 1 \\ 0 & 2 & 1 \end{pmatrix}$$

とおくと

$$P^{-1}AP = \begin{pmatrix} 1 & 0 & 0 \\ 0 & -1 & 0 \\ 0 & 0 & 2 \end{pmatrix}$$

第30講

問 1　1) $A = \begin{pmatrix} 0 & -1 & -2 \\ 0 & 1 & 0 \\ 1 & 1 & 3 \end{pmatrix}$ とする．

$$F_A(x) = \begin{vmatrix} x & 1 & 2 \\ 0 & x-1 & 0 \\ -1 & -1 & x-3 \end{vmatrix} = (x-1)^2(x-2)$$

したがって A の固有値は 1 と 2.

1 に属する固有ベクトルは

$$\begin{cases} \quad - x_2 - 2x_3 = x_1 \\ \quad x_2 \qquad\quad = x_2 \\ x_1 + x_2 + 3x_3 = x_3 \end{cases} \Longrightarrow x_1 + x_2 + 2x_3 = 0$$

の解から得られる．ここから，2 つの 1 次独立な固有ベクトル

$$\begin{pmatrix} -2 \\ 0 \\ 1 \end{pmatrix}, \quad \begin{pmatrix} 0 \\ -2 \\ 1 \end{pmatrix}$$

が存在することがわかる．

2 に属する 1 つの固有ベクトルは

$$\begin{pmatrix} 1 \\ 0 \\ -1 \end{pmatrix}$$

である．

したがって

$$P = \begin{pmatrix} -2 & 0 & 1 \\ 0 & -2 & 0 \\ 1 & 1 & -1 \end{pmatrix}$$

とおくと，

$$P^{-1}AP = \begin{pmatrix} 1 & 0 & 0 \\ 0 & 1 & 0 \\ 0 & 0 & 2 \end{pmatrix}$$

2) $A = \begin{pmatrix} 3 & 2 & 4 \\ 2 & 0 & 2 \\ 4 & 2 & 3 \end{pmatrix}$ とおく．

$$F_A(x) = \begin{vmatrix} x-3 & -2 & -4 \\ -2 & x & -2 \\ -4 & -2 & x-3 \end{vmatrix} = (x+1)^2(x-8)$$

したがって A の固有値は -1 と 8.

-1 に属する固有ベクトルは

$$\begin{cases} 3x_1 + 2x_2 + 4x_3 = -x_1 \\ 2x_1 \qquad\quad + 2x_3 = -x_2 \\ 4x_1 + 2x_2 + 3x_3 = -x_3 \end{cases} \Longrightarrow 2x_1 + x_2 + 2x_3 = 0$$

の解から得られる．ここから，2 つの 1 次独立な固有ベクトル

$$\begin{pmatrix} 0 \\ 2 \\ -1 \end{pmatrix}, \quad \begin{pmatrix} 1 \\ 0 \\ -1 \end{pmatrix}$$

が存在することがわかる．

8 に属する 1 つの固有ベクトルは

$$\begin{pmatrix} 2 \\ 1 \\ 2 \end{pmatrix}$$

である．したがって

$$P = \begin{pmatrix} 0 & 1 & 2 \\ 2 & 0 & 1 \\ -1 & -1 & 2 \end{pmatrix}$$

とおくと，

$$P^{-1}AP = \begin{pmatrix} -1 & 0 & 0 \\ 0 & -1 & 0 \\ 0 & 0 & 8 \end{pmatrix}$$

索　　引

タ　行

ナ　行

ハ　行

ラ　行

ワ　行

著者略歴

志賀浩二（しが こうじ）

1930年　新潟県に生まれる
1955年　東京大学大学院数物系数学科修士課程修了
東京工業大学理学部教授，桐蔭横浜大学工学部教授などを歴任
東京工業大学名誉教授，理学博士
2024年　逝去
受　賞　第1回日本数学会出版賞
著　書　「数学30講シリーズ」（全10巻，朝倉書店），
「数学が生まれる物語」（全6巻，岩波書店），
「中高一貫数学コース」（全11巻，岩波書店），
「大人のための数学」（全7巻，紀伊國屋書店）など多数

数学30講シリーズ2
新装改版 線形代数30講　　定価はカバーに表示

1988年3月20日　初　版第1刷
2023年4月25日　　　第28刷
2024年9月1日　新装改版第1刷

著　者　志　賀　浩　二
発行者　朝　倉　誠　造
発行所　株式会社　朝　倉　書　店

東京都新宿区新小川町6-29
郵便番号　162-8707
電　話　03(3260)0141
F A X　03(3260)0180
https://www.asakura.co.jp

〈検印省略〉

© 2024〈無断複写・転載を禁ず〉

中央印刷・渡辺製本

ISBN 978-4-254-11882-7 C3341　　Printed in Japan

JCOPY ＜出版者著作権管理機構 委託出版物＞

本書の無断複写は著作権法上での例外を除き禁じられています．複写される場合は，そのつど事前に，出版者著作権管理機構（電話 03-5244-5088，FAX 03-5244-5089，e-mail: info@jcopy.or.jp）の許諾を得てください．

集合・位相・測度

志賀 浩二 (著)

A5 判／256 頁　978-4-254-11110-1 C3041　定価 5,500 円（本体 5,000 円＋税）

集合・位相・測度は，数学を学ぶ上でどうしても越えなければならない 3 つの大きな峠ともいえる。カントルの独創で生まれた集合論から無限概念を取り入れたルベーグ積分論までを，演習問題とその全解答も含めて解説した珠玉の名著。

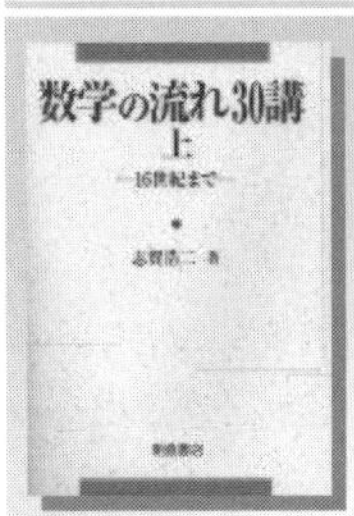

数学の流れ 30 講 （上）―16 世紀まで―

志賀 浩二 (著)

A5 判／208 頁　978-4-254-11746-2 C3341　定価 3,190 円（本体 2,900 円＋税）

数学とはいったいどんな学問なのか，それはどのようにして育ってきたのか，その時代背景を考察しながら珠玉の文章で読者と共に旅する。〔内容〕水源は不明でも／エジプトの数学／アラビアの目覚め／中世イタリア都市の繁栄／大航海時代／他。

数学の流れ 30 講 （中）―17 世紀から 19 世紀まで―

志賀 浩二 (著)

A5 判／240 頁　978-4-254-11747-9 C3341　定価 3,740 円（本体 3,400 円＋税）

微積分はまったく新しい数学の世界を生んだ。本書は巨人ニュートン，ライプニッツ以降の 200 年間の大河の流れを旅する。〔内容〕ネピアと対数／微積分の誕生／オイラーの数学／フーリエとコーシーの関数／アーベル，ガロアからリーマンへ

数学の流れ 30 講 （下）―20 世紀数学の広がり―

志賀 浩二 (著)

A5 判／232 頁　978-4-254-11748-6 C3341　定価 3,520 円（本体 3,200 円＋税）

20 世紀数学の大変貌を示す読者必読の書。〔内容〕20 世紀数学の源泉（ヒルベルト，カントル，他）／新しい波（ハウスドルフ，他）／ユダヤ数学（ハンガリー，ポーランド）／ワイル／ノイマン／ブルバキ／トポロジーの登場／抽象数学の総合化

アティヤ科学・数学論集 数学とは何か

志賀 浩二 (編訳)

A5 判／200 頁　978-4-254-10247-5 C3040　定価 2,750 円（本体 2,500 円＋税）

20 世紀を代表する数学者マイケル・アティヤのエッセイ・講演録を独自に編訳した世界初の試み。数学と物理的実在／科学者の責任／ 20 世紀後半の数学などを題材に，深く・やさしく読者に語りかける。アティヤによる書き下ろし序文付き。

はじめからの数学 1 数について （普及版）

志賀 浩二 (著)

B5 判／152 頁　978-4-254-11535-2 C3341　定価 3,190 円（本体 2,900 円＋税）

数学をもう一度初めから学ぶとき“数”の理解が一番重要である。本書は自然数，整数，分数，小数さらには実数までを述べ，楽しく読み進むうちに十分深い理解が得られるように配慮した数学再生の一歩となる話題の書。【各巻本文二色刷】

はじめからの数学 2 式について （普及版）

志賀 浩二 (著)

B5 判／200 頁　978-4-254-11536-9 C3341　定価 3,190 円（本体 2,900 円＋税）

点を示す等式から，範囲を示す不等式へ，そして関数の世界へ導く「式」の世界を展開。〔内容〕文字と式／二項定理／数学的帰納法／恒等式と方程式／ 2 次方程式／多項式と方程式／連立方程式／不等式／数列と級数／式の世界から関数の世界へ。

はじめからの数学 3 関数について （普及版）

志賀 浩二 (著)

B5 判／192 頁　978-4-254-11537-6 C3341　定価 3,190 円（本体 2,900 円＋税）

‘動き’を表すためには，関数が必要となった。関数の導入から，さまざまな関数の意味とつながりを解説。〔内容〕式と関数／グラフと関数／実数，変数，関数／連続関数／指数関数，対数関数／微分の考え／微分の計算／積分の考え／積分と微分

朝倉 数学辞典

川又 雄二郎・坪井 俊・楠岡 成雄・新井 仁之 (編)

B5 判／776 頁　978-4-254-11125-5 C3541　定価 19,800 円（本体 18,000 円＋税）

大学学部学生から大学院生を対象に，調べたい項目を読めば理解できるよう配慮したわかりやすい中項目の数学辞典。高校程度の事柄から専門分野の内容までの数学諸分野から327項目を厳選して五十音順に配列し，各項目は2〜3ページ程度の，読み切れる量でページ単位にまとめ，可能な限り平易に解説する。〔内容〕集合，位相，論理／代数／整数論／代数幾何／微分幾何／位相幾何／解析／特殊関数／複素解析／関数解析／微分方程式／確率論／応用数理／他。

プリンストン 数学大全

砂田 利一・石井 仁司・平田 典子・二木 昭人・森 真 (監訳)

B5 判／1192 頁　978-4-254-11143-9 C3041　定価 19,800 円（本体 18,000 円＋税）

「数学とは何か」「数学の起源とは」から現代数学の全体像，数学と他分野との連関までをカバーする，初学者でもアクセスしやすい総合事典。プリンストン大学出版局刊行の大著「The Princeton Companion to Mathematics」の全訳。ティモシー・ガワーズ，テレンス・タオ，マイケル・アティヤほか多数のフィールズ賞受賞者を含む一流の数学者・数学史家がやさしく読みやすいスタイルで数学の諸相を紹介する。「ピタゴラス」「ゲーデル」など96人の数学者の評伝付き。

上記価格は 2024 年 7 月現在

【新装改版】

数学30講シリーズ

（全10巻）

志賀浩二［著］

柔らかい語り口と問答形式のコラムで数学のたのしみを感得できる卓越した数学入門書シリーズ．読み継がれるロングセラーを次の世代へつなぐ新装改版・全10巻！

---

1. 微分・積分30講　208頁（978-4-254-11881-0）
2. 線形代数30講　216頁（978-4-254-11882-7）
3. 集合への30講　196頁（978-4-254-11883-4）
4. 位相への30講　228頁（978-4-254-11884-1）
5. 解析入門30講　260頁（978-4-254-11885-8）
6. 複素数30講　232頁（978-4-254-11886-5）
7. ベクトル解析30講　244頁（978-4-254-11887-2）
8. 群論への30講　244頁（978-4-254-11888-9）
9. ルベーグ積分30講　256頁（978-4-254-11889-6）
10. 固有値問題30講　260頁（978-4-254-11890-2）